普通高等学校机械类一流本科专业建设精品教材

机械精度设计与检测基础

(第二版)

翟国栋　编著

科 学 出 版 社

北　京

内 容 简 介

“机械精度设计与检测基础”课程是高等院校机械类和仪器仪表类必修的主干技术基础课程，是联系设计课程与工艺课程的纽带。本书包括绪论、尺寸精度设计、几何精度设计与检测、测量技术与数据处理、光滑工件尺寸的检测、尺寸链基础、表面粗糙度精度设计及其检测、滚动轴承与孔轴结合的精度设计、键连接的精度设计与检测、螺纹结合的精度设计与检测、渐开线圆柱齿轮传动的精度设计与检测、机械精度设计实例等。

本书可作为高等院校相关专业的本科生教材，也可供各类工程技术人员参考。

图书在版编目(CIP)数据

机械精度设计与检测基础/翟国栋编著. —2版. —北京：科学出版社，2022.7
普通高等学校机械类一流本科专业建设精品教材
ISBN 978-7-03-072665-0

Ⅰ. ①机… Ⅱ. ①翟… Ⅲ. ①机械-精度-设计-高等学校-教材 ②机械元件-检测-高等学校-教材 Ⅳ. ①TH122 ②TH13

中国版本图书馆 CIP 数据核字（2022）第 111070 号

责任编辑：邓 静 毛 莹／责任校对：张小霞
责任印制：张 伟／封面设计：迷底书装

科学出版社 出版
北京东黄城根北街 16 号
邮政编码：100717
http://www.sciencep.com
北京九州迅驰传媒文化有限公司 印刷
科学出版社发行 各地新华书店经销
*
2016 年 9 月第 一 版 开本：787 × 1092 1/16
2022 年 7 月第 二 版 印张：13 1/2
2024 年 1 月第八次印刷 字数：350 000

定价：59.00 元

(如有印装质量问题，我社负责调换)

前　言

本书是北京高等学校重点优质本科课程的配套教材。本书是在第一版教材的基础上，坚持“少而精”和“学以致用”的原则，根据教学改革及学科发展的需要，同时结合相关师生的教材使用反馈意见，对内容进行了精选、改写、调整和补充。本书更新了国家标准，补充了结合工程实际应用的例题和习题，根据认知规律将几何精度设计内容调整到几何公差与几何误差检测之后，着重加强精度设计实例的分析，力争提高学生的精度设计能力。本书主要有以下特点。

(1) 本书借鉴经典教材的理论体系，在保持理论体系完整性的同时，精选教学内容，突出精度设计主线并强化理论联系实际，设置结合工程应用的实例，培养学生的工程应用能力。

(2) 采用最新颁布的相关国家标准，融入作者多年的教学经验，力求遵循教学规律，便于学生掌握和自学。

(3) 紧跟学科发展，及时反映最新成果。

(4) 将精度设计与精度检测相结合，保持知识的连贯性。

(5) 本书可提供配套电子课件，供教师教学参考。

本书由中国矿业大学 (北京) 翟国栋编著，感谢汪爱明、程洁在审阅和授课过程中提出的宝贵意见，感谢研究生孟俐利、徐晨、吴飞、陈巧珍等在资料整理、校对等方面的辛苦工作，感谢本科生康宁、成相宜、李明阳、关贞成、孙倩等在使用过程中所提出的意见和建议。在本书的编写过程中，参考和引用了国内外有关研究者的部分研究成果，参考文献中已经一一列举，在此表示衷心的感谢！本书的出版得到了中国矿业大学 (北京) 教材建设项目 (J200516) 的资助。

由于作者水平有限，书中疏漏和不妥之处在所难免，恳请广大读者批评指正。

作　者

2022 年 1 月

目　录

第 1 章　绪　　论

在机械产品的设计过程中，一般需要进行三方面的分析计算。

(1) 运动分析与计算：根据机器或机构应实现的运动，由运动学原理，确定机器或机构合理的传动系统，选择合适的机构或元件，以保证实现预定的动作，满足机器或机构运动方面的要求。

(2) 强度分析与计算：根据强度、刚度等方面的要求，确定各个零件合理的公称尺寸，进行合理的结构设计，使其在工作时能承受规定的负荷，达到强度和刚度方面的要求。

(3) 精度分析与计算：零件公称尺寸确定后，还需要进行精度分析与计算，以确定产品各个部件的装配精度以及零件的几何参数和公差。

本书主要讨论机械精度的分析与计算。研究机器的精度时，要处理好机器的使用要求与制造工艺的矛盾。解决的方法是规定合理的公差，并用检测手段保证其贯彻实施。机械精度设计涉及机械设计、机械制造工艺、机械制造计量测试、质量管理与质量控制等多种学科，是与机械工业发展密切相关的一门综合性应用技术基础学科。

机械精度设计的任务就是根据使用要求对经过参数设计阶段确定的机械零件的几何参数合理地给出尺寸公差、几何公差和表面粗糙度，以此控制加工误差，从而保证产品的各项性能要求。

1.1　互换性原则

1.1.1　互换性的含义

自行车的螺母损坏了或丢失了，汽车、缝纫机、金属切削机床的零部件坏了，怎么办呢？买一个相同规格的合格品换上，便能很快使它们恢复原有的使用功能。为什么呢？因为它们都是按互换性要求生产的，即这些零部件具有相互替换的性质。

在机械制造业中，互换性是指按照规定技术要求制造的同一规格的零部件，在装配和更换时，不做任何选择、附加调整或修配就能达到预定使用性能要求的特性。零部件的互换性包括几何参数的互换性 (尺寸、形状、位置、表面微观形状误差等) 和功能互换性 (力学性能、物理化学性能等)，本课程只讨论几何参数的互换性。

1.1.2　互换性的作用

互换性对现代化机械制造业具有重要的意义。只有机械零部件具有互换性，才有可能将一台复杂的机器中成千上万的零部件分散到不同的车间、工厂进行高效率的专业化生产，然后再集中到总装车间或总装厂进行装配。

(1) 在制造方面，互换性有利于组织大规模专业化生产，有利于采用先进工艺设备和高效率的专用设备，有利于进行计算机辅助制造，有利于实现加工和装配过程的机械化、自动化，从而减轻劳动强度、提高生产效率、保证产品质量、降低生产成本。

(2) 在设计方面，按互换性进行设计，可以最大限度地采用标准件、通用件，如滚动轴承、螺钉、销钉、键等，从而大大减少计算、绘图等工作量，使设计简便，缩短设计周期，并有利于产品品种的多样化和计算机辅助设计，有利于开发系列产品，不断地改善产品结构、提高产品性能。

(3) 在使用维修方面，零部件具有互换性，可以及时更换那些已经磨损或损坏的零部件，因此，减少了机器的维修时间和费用，增加了机器的平均无故障工作时间，保证机器能够连续而持久地运转，提高了设备的利用率。在航天、航空、核工业、能源、国防等特殊领域或行业，零部件的互换性所起的作用是难以用金钱来衡量的，其意义更为重大。

1.1.3　互换性的分类

(1) 互换性按互换程度可分为完全互换性和不完全互换性。

完全互换性简称互换性，是指零部件在装配或更换时，不做任何选择，不需调整或修配，装配后满足预定的性能要求，如日常生活中所用电灯泡的互换性。概率互换 (大数互换性) 属于完全互换性，这种互换性是以一定置信水平为依据，如置信水平为 95%、99%等，使加工好的规格相同的大多数零部件不需要任何挑选、调整、修配等辅助处理，在几何参数上就具有彼此互相替换的性能。

不完全互换性也称有限互换性，是指零部件在装配或更换前，允许有附加选择；装配时允许有附加的调整或辅助加工；装配后能满足使用要求。不完全互换性可以采用分组互换法、调整法、修配法等不同方法来实现。

通常情况下，使用要求与制造水平、经济效益没有矛盾时，可采用完全互换；反之采用不完全互换。厂际协作往往要求完全互换。部件或构件在同一厂制造和装配时，可采用不完全互换。

(2) 对于标准部件或机构来说，互换性又可分为内互换与外互换。

内互换是指标准部件内部各零件间几何参数的互换性。外互换是指标准部件与其相配件间的互换性。如滚动轴承，其外圈外径与机座孔、内圈内径与轴颈的配合为外互换；外圈、内圈滚道与滚动体间的配合为内互换。

1.1.4　互换性的实现

若将同一规格零件的几何量制作得完全相同显然可以实现互换，但这在生产上不可能 (总会存在加工误差)，且没有必要。在零部件实际制造过程中，由于加工设备、工具不可避免地存在误差，要使同一规格的一批零件或部件几何参数的实际值完全相同是不可能的，它们之间或多或少会存在差异。因此，要保证其具有互换性，就要按照统一的标准进行设计、制造、装配、检验等。

1.2　加工误差、公差与测量

1. 加工误差

加工误差是指加工过程中产生的尺寸、几何形状和相互位置误差以及表面精度误差。随着制造技术水平的提高，可以减小加工误差，但永远不可能消除加工误差。加工误差可分为以下几种。

(1) 尺寸误差：指加工后零件的实际尺寸和理想尺寸之差，如直径误差、孔距误差等。

(2) 形状误差：指加工后零件的实际表面形状相对其理想形状的差异或偏离程度，如直线度、圆柱度等。

(3) 位置误差：指加工后零件的表面、轴线或对称平面之间的相互位置相对其理想位置的差异或偏离程度，如垂直度、位置度等。

(4) 表面粗糙度：指零件加工表面上具有的较小间距和峰谷所形成的微观几何形状误差。

2. 公差

若加工制成的一批零件的实际尺寸等于理论值，即这些零件完全相同，虽具有互换性，但这在生产上不可能，且没有必要。而实际上只要求零件的实际参数值变动不大，保证零件充分近似即可。

公差是指允许尺寸、形状和位置误差变动的范围，即由设计人员给定的允许零件的最大误差，用以限制加工误差。公差越小，加工越困难，生产成本就越高。建立各种几何参数的公差标准是实现零件误差控制和保证互换性的基础。

3. 测量

完工后的零件是否满足公差要求，要通过检测加以判断。检测包含检验与测量。检验是指确定零件的几何参数是否在规定的极限范围内，并判断其是否合格。测量是将被测量与作为计量单位的标准量进行比较，以确定被测量的具体数值的过程。技术测量的研究内容包括统一计量单位和测试理论。统一计量单位是要确定出计量单位以及传递量值；测试理论包括制定计量标准、设计计量器具、培训计量人员等。

因此，合理确定公差与正确进行检测，是保证产品质量、实现互换性生产的两个必不可少的条件和手段。

1.3 标准与标准化

1.3.1 标准和标准化的含义

现代化工业生产的特点是规模大，协作单位多，互换性要求高。为了正确协调各生产部门和准确衔接各生产环节，需要有一种协调手段来使分散的、局部的生产部门和生产环节保持必要的技术统一而成为一个有机的整体，以实现互换性生产。标准与标准化正是联系这种关系的主要途径和手段，是实现互换性的基础。

1. 标准的含义

标准是对重复性事物(产品、零件、部件)和概念(术语、规则、代号和量值)所做的统一规定。它以科学、技术和实践经验的综合成果为基础，经有关方面协商一致，由主管机构批准，以特定形式发布，作为共同遵守的准则和依据。

2. 标准化的含义

标准化包括制定、发布、贯彻实施以及不断修订标准的全部活动过程，其核心是贯彻实施标准。标准化是以标准的形式体现的，是一个不断循环、不断提高的过程。

1.3.2 标准的分类和分级

1. 标准的分类

按标准的不同性质可分为技术标准、生产组织标准和经济管理标准三类，技术标准是对产品和工程建设质量、规格及检验方面所做的技术规定，包括基础标准、产品标准、方法标准、安全卫生标准与环境保护标准等。按标准的法律属性可分为强制性标准和推荐性标准。按标准使用程度不同可分为基础标准和一般标准。基础标准是指在一定范围内作为其他标准的基础、被普遍使用并具有广泛指导意义的标准，如机械制图、公差与配合、计量单位、优先数系等标准。一般标准是指在一定范围内普遍使用，具有广泛指导意义的标准。

2. 标准的分级

标准制定的范围不同，其级别也不一样。我国标准分为国家标准 (GB)、地方标准、行业标准和企业标准 (QB) 四个级别，如机械标准 (JB) 属行业标准。从世界范围看，还有国际标准 (如 ISO) 和国际区域性标准 (如 IEC)。

3. 标准化的意义

标准化是组织现代化大生产的重要手段，是实现专业化协作生产的必要前提，是科学管理的重要组成部分。标准化同时是联系科研、设计、生产、流通和使用等方面的纽带，是使整个社会经济合理化的技术基础。标准化也是发展贸易、提高产品国际市场竞争能力的技术保证。

1.4 优先数和优先数系

1.4.1 数值标准化的意义

制定公差标准以及设计零件的结构参数时，都需要通过数值表示。任何产品的参数值不仅与自身的技术特性有关，还直接、间接地影响与其配套系列产品的参数值。在机械设计中，常常需要确定很多参数，而这些参数往往不是孤立的，一旦选定，这个数值就会按照一定规律，向一切有关的参数传播，称为“数值扩散”。例如，螺栓的尺寸一旦确定，将会影响螺母的尺寸、丝锥板牙的尺寸、螺栓孔的尺寸以及加工螺栓孔的钻头的尺寸等。由于数值如此不断关联、不断传播，所以，机械产品中的各种技术参数都不能随意确定。为满足不同的需求，产品必然出现不同的规格，形成系列产品。产品数值杂乱无章会给组织生产、协作配套、使用维修带来困难，所以技术参数应在一个理想的、统一的数系 (优先数系) 中选取。

1.4.2 优先数系——数值标准化

优先数系是一种十进制的几何级数。国家标准《优先数和优先数系》(GB/T 321—2005) 规定了 5 个不同公比的十进制近似等比数列作为优先数系，分别用系列代号 R5、R10、R20、R40、R80 表示，依次称为 R5 系列、R10 系列、R20 系列、R40 系列、R80 系列。前四项为基本系列，也是常用的系列；R80 为补充系列，仅用于参数分级很细或基本系列中的优先数不能满足需要的场合。各系列的公比分别为

$$\text{R5 系列公比为 } q_5 = \sqrt[5]{10} \approx 1.60$$

$$\text{R10 系列公比为 } q_{10} = \sqrt[10]{10} \approx 1.25$$

$$\text{R20 系列公比为 } q_{20} = \sqrt[20]{10} \approx 1.12$$

$$\text{R40 系列公比为 } q_{40} = \sqrt[40]{10} \approx 1.06$$

$$\text{R80 系列公比为 } q_{80} = \sqrt[80]{10} \approx 1.03$$

其中，优先数系中的每一个数 (项值) 即为优先数。

优先数系的应用原则为先基本系列再补充系列，先大公比后小公比。实际应用时均采用理论公比经圆整后的近似值。根据圆整的精确程度可分为计算值和常用值。计算值是对理论值取 5 位有效数字的近似值，在做参数系列的精确计算时可以代替理论值。常用值是通常使用的，即通常所称的优先数，取 3 位有效数字。优先数系的基本系列 (常用值) 见表 1.1。

表 1.1　优先数系的基本系列（常用值）(摘自 GB/T 321—2005)

R5	1.00		1.60		2.50		4.00		6.30		10.00
R10	1.00	1.25	1.60	2.00	2.50	3.15	4.00	5.00	6.30	8.00	10.00
R20	1.00	1.12	1.25	1.40	1.60	1.80	2.00	2.24	2.50	2.80	3.15
	3.55	4.00	4.50	5.00	5.60	6.30	7.10	8.00	9.00	10.00	
R40	1.00	1.06	1.12	1.18	1.25	1.32	1.40	1.50	1.60	1.70	1.80
	1.90	2.00	2.12	2.24	2.36	2.50	2.65	2.80	3.00	3.15	3.35
	3.55	3.75	4.00	4.25	4.50	4.75	5.00	5.30	5.60	6.00	6.30
	6.70	7.10	7.50	8.00	8.50	9.00	9.50	10.00			

1.5　机械精度设计的主要方法

机械精度设计的方法主要有类比法、计算法和试验法三种。

1. 类比法

类比法就是与经过实际使用证明合理的类似产品上的相应要素相比较，确定所设计零件几何要素精度的方法。

采用类比法进行精度设计时，必须正确选择类比产品，分析它与所设计产品在使用条件和功能要求等方面的异同，并考虑实际生产条件、制造技术的发展、市场供求信息等多种因素。采用类比法进行精度设计的基础是资料的收集、分析与整理。类比法是大多数零件几何要素精度设计采用的方法。类比法也称经验法。

2. 计算法

计算法就是根据由某种理论建立起来的功能要求与几何要素公差之间的定量关系，计算确定零件几何要素的精度。

例如，根据液体润滑理论计算确定滑动轴承的最小间隙；根据弹性变形理论计算确定圆柱结合的过盈；根据机构精度理论和概率设计方法计算确定传动系统中各传动件的精度等。

目前，用计算法确定零件几何要素的精度，只适用于某些特定的场合，而且，用计算法得到的公差，往往还需要根据多种因素进行调整。

3. 试验法

试验法就是先根据一定条件，初步确定零件要素的精度，并据此进行试制，再将试制产品在规定的使用条件下运转，同时，对其各项技术性能指标进行监测，并与预定的功能要求相比较，根据比较结果再对原设计进行确认或修改。经过反复试验和修改，就可以最终确定满足功能要求的合理设计。试验法的设计周期较长且费用较高，因此主要用于新产品设计中个别重要因素的精度设计。

迄今为止，机械精度设计仍处于以经验设计为主的阶段。大多数要素的机械精度都是采用类比的方法凭实际工作经验确定的。

计算机科学的兴起与发展为机械设计提供了先进的手段和工具。但是，在计算机辅助设计 (CAD) 领域中，计算机辅助公差设计 (CAT) 发展较慢。究其原因是，不仅需要建立和完善精度设计的理论与方法，而且要建立具有实用价值和先进水平的数据库以及相应的软件系统，只有这样才可能使计算机辅助公差设计进入实用化阶段。

1.6 本课程的性质及任务

“机械精度设计与检测基础”课程是高等学校机械类和仪器仪表类专业一门重要的技术基础课，是联系设计课程与工艺课程的纽带，是从基础课学习过渡到专业课学习的桥梁。

通过本课程的学习，学生应达到以下要求：

(1) 掌握公差与配合的基本概念。

(2) 掌握几何量公差标准及其应用原则。

(3) 根据机器和零件的功能要求，选用合适的公差与配合进行精度设计，并正确标注到图样上。

(4) 掌握一般几何参数测量与数据处理的基础知识。

(5) 掌握机械精度检测方法，学会使用常用的计量器具进行精度检测。

本课程是机械类、仪器仪表类专业本科生必修的一门主干技术基础课，其目的就是培养学生进行机械精度设计的能力，兼顾培养学生对机械精度要求和检测的理解能力，为学生进行机械设计奠定基础。

习　题　1

1-1　完全互换和不完全互换有什么区别？各应用于什么场合？

1-2　什么是标准、标准化？

1-3　公差、检测、标准化与互换性有什么关系？

1-4　什么是优先数？我国标准采用了哪些系列？

1-5　建立公差、检测与标准化机制有何重要意义？

1-6　按标准颁发的级别分，我国标准有哪几类？

1-7　什么叫互换性？互换性的分类有哪些？

1-8　生产中常用的互换性有几种？采用不完全互换的条件和意义是什么？

1-9　互换性在机械制造中有何重要意义？是否只适用于大批量生产？

第 2 章　尺寸精度设计

2.1　基本概念

2.1.1　有关孔和轴的定义

1. 孔

孔通常指工件的圆柱形内表面，也包括其他由单一尺寸确定的非圆柱形内表面 (由两平行平面或切面形成的包容面) 部分，其尺寸由 D 表示，如图 2.1 所示。

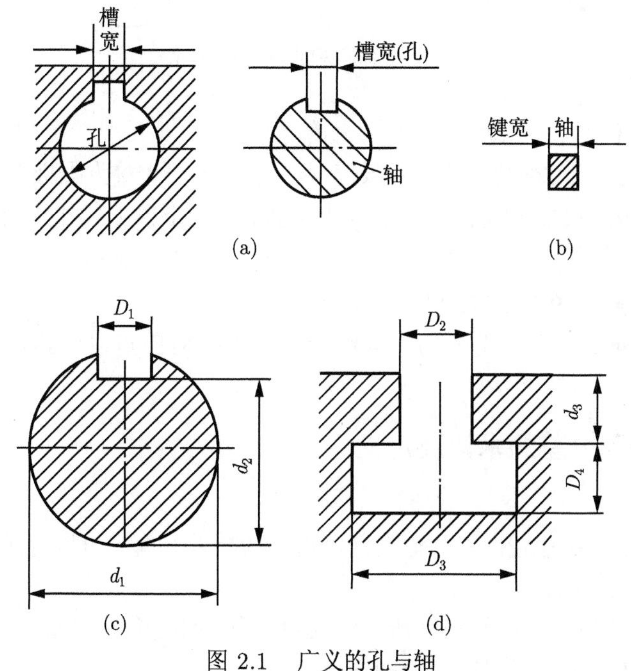

图 2.1　广义的孔与轴

2. 轴

轴通常指工件的圆柱形外表面，也包括其他由单一尺寸确定的非圆柱形外表面 (由两平行平面或切面形成的被包容面) 部分，其尺寸由 d 表示，如图 2.1 所示。

注：从装配关系上讲，孔是包容面，轴是被包容面；从加工过程看，随着余量的切除，孔的尺寸由小变大，轴的尺寸由大变小。

2.1.2　有关尺寸的术语及定义

1. 尺寸

尺寸是以特定单位表示线性尺寸的数值。它由数字和长度单位 (如 mm) 组成，用以表示长度的大小，如直径、长度、宽度、深度、中心距等。

2. 公称尺寸 (D、d)

公称尺寸是指设计给定的尺寸。公称尺寸是设计者根据零件的使用要求，通过强度、刚度等方面的计算或结构需要，并考虑工艺方面的其他要求后，经过化整确定的，它一般应按标准尺寸选取，以减少定值刀具、量具和夹具的规格数量。

3. 实际 (组成) 要素

实际 (组成) 要素是接近实际要素所限定的工件实际表面的组成要素部分，即实际工件表面上的几何要素，如图 2.2 所示。

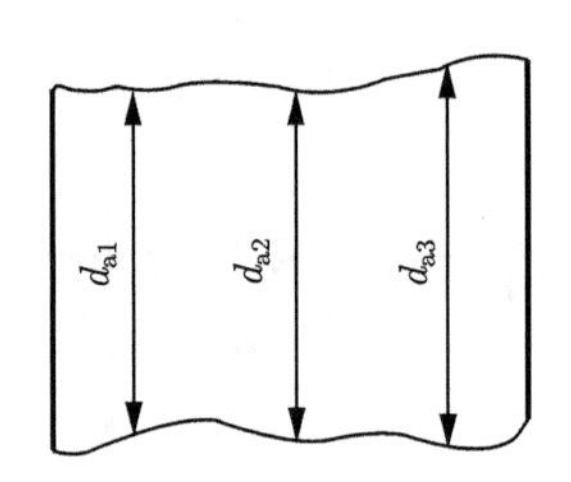

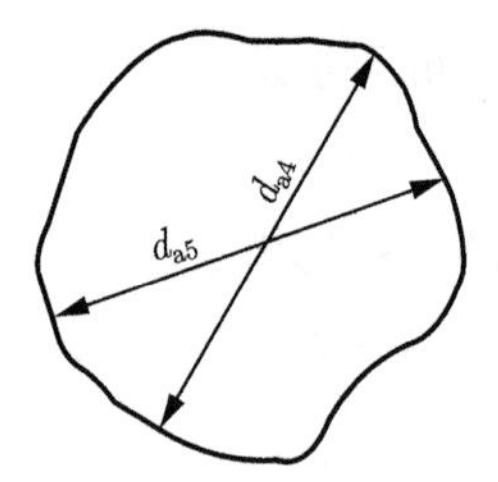

图 2.2 轴的实际 (组成) 要素

4. 极限尺寸 (D_{max}、d_{max}、D_{min}、d_{min})

极限尺寸是指允许尺寸变化的两个界限值，其中较大的一个称为上极限尺寸 (D_{max}、d_{max})，较小的一个称为下极限尺寸 (D_{min}、d_{min})。孔和轴的上、下极限尺寸分别为 D_{max}、d_{max} 和 D_{min}、d_{min}。

5. 提取组成要素的局部尺寸 (D_a、d_a)

提取组成要素的局部尺寸是一切提取组成要素上两对应点之间距离的统称，如图 2.2 所示。

2.1.3 有关偏差和公差的术语及定义

1. 尺寸偏差

尺寸偏差是指某一尺寸减去其公称尺寸所得的代数差。偏差可以为正、负或零值。

1) 实际偏差 (Ea、ea)

实际 (组成) 要素减去其公称尺寸所得的代数差称为实际偏差。计算式如下。

孔的实际偏差 $\mathrm{Ea} = D_a - D$；轴的实际偏差 $\mathrm{ea} = d_a - d$。

2) 极限偏差 (ES、es，EI、ei)

极限尺寸减去公称尺寸所得的代数差称为极限偏差。其中上极限尺寸减去公称尺寸所得的代数差称为上极限偏差 (ES、es)，下极限尺寸减去公称尺寸所得的代数差称为下极限偏差 (EI、ei)。上极限偏差与下极限偏差统称为极限偏差。计算式如下。

孔：上极限偏差 $\mathrm{ES} = D_{max} - D$；下极限偏差：$\mathrm{EI} = D_{min} - D$。

轴：上极限偏差 $\mathrm{es} = d_{max} - d$；下极限偏差：$\mathrm{ei} = d_{min} - d$。

2. 尺寸公差 (简称公差) (T_h、T_s)

尺寸公差是指允许尺寸的变动量。它等于上极限尺寸与下极限尺寸代数差的绝对值，也等于上、下极限偏差代数差的绝对值。公差取绝对值，不存在负值，也不允许为零。计算式如下。

孔的公差：$T_{\mathrm{h}} = |D_{\max} - D_{\min}| = |\mathrm{ES} - \mathrm{EI}|$。

轴的公差：$T_{\mathrm{s}} = |d_{\max} - d_{\min}| = |\mathrm{es} - \mathrm{ei}|$。

可以看出公差值无正负含义，它表示尺寸变动范围的大小，不应出现“+”、“−”号。而偏差是以公称尺寸为基数，从偏离公称尺寸的角度来表述有关尺寸的术语，它有正负之分。

轴和孔的公称尺寸、极限尺寸、极限偏差和尺寸公差之间的关系如图 2.3 所示。

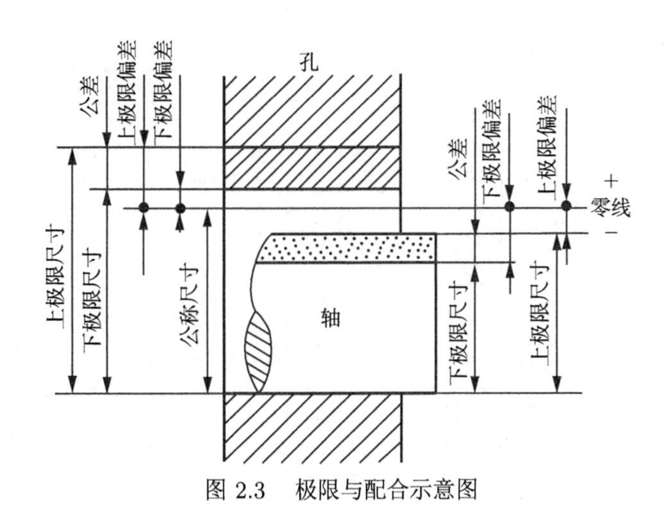

图 2.3　极限与配合示意图

3. 尺寸公差带图

公差带图由零线和公差带组成。由于公差或偏差的数值比公称尺寸的数值小得多，在图中不便用同一比例表示，同时为了简化，在分析有关问题时，不画出孔、轴的结构，只画出放大的孔、轴公差区域和位置，采用这种表达方法的图形，称为公差带图，如图 2.4 所示。

1) 零线

在公差带图中，零线表示公称尺寸的一条基准直线。通常零线沿水平方向绘制，零线以上为正，以下为负，即正偏差位于零线上方，负偏差位于零线下方。

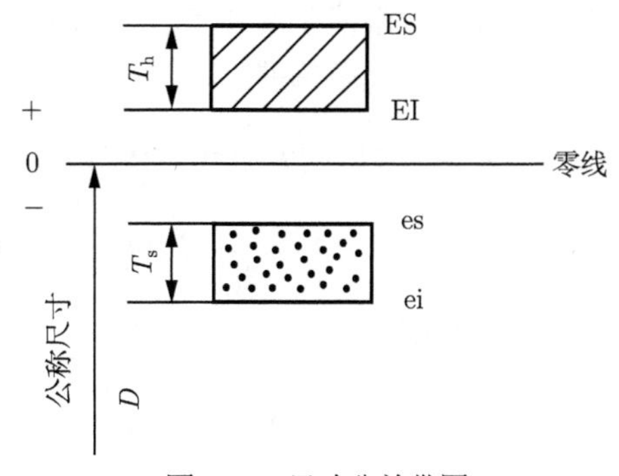

图 2.4　尺寸公差带图

2) 公差带

在公差带图中，公差带是由代表上、下极限偏差的两平行直线所限定的区域。公差带在零线垂直方向上的宽度代表公差值，在零线方向上的长度可适当选取。通常，孔公差带用斜线表示，轴公差带用网点表示。尺寸单位用毫米 (mm) 表示，偏差及公差单位用微米 (μm) 表示，单位省略不写。

3) 公差带的两要素

公差带包括了公差带大小与公差带位置两个要素。在国家标准中，公差带大小由标准公差确定 (表 2.1)，公差带位置由基本偏差确定 (详见 2.2.2 节)。基本偏差是确定公差带相对于零线位置的那个极限偏差，它可以是上极限偏差或下极限偏差，一般为靠近零线的那个极限偏差。

表 **2.1　公称尺寸至 3150mm 的标准公差数值** (摘自 GB/T 1800.1—2020)

公称尺寸/mm		标准公差等级																	
		IT1	IT2	IT3	IT4	IT5	IT6	IT7	IT8	IT9	IT10	IT11	IT12	IT13	IT14	IT15	IT16	IT17	IT18
大于	至	μm											mm						
—	3	0.8	1.2	2	3	4	6	10	14	25	40	60	0.1	0.14	0.25	0.4	0.6	1	1.4
3	6	1	1.5	2.5	4	5	8	12	18	30	48	75	0.12	0.18	0.3	0.48	0.75	1.2	1.8
6	10	1	1.5	2.5	4	6	9	15	22	36	58	90	0.15	0.22	0.36	0.58	0.9	1.5	2.2
10	18	1.2	2	3	5	8	11	18	27	43	70	110	0.18	0.27	0.43	0.7	1.1	1.8	2.7
18	30	1.5	2.5	4	6	9	13	21	33	52	84	130	0.21	0.33	0.52	0.84	1.3	2.1	3.3
30	50	1.5	2.5	4	7	11	16	25	39	62	100	160	0.25	0.39	0.62	1	1.6	2.5	3.9
50	80	2	3	5	8	13	19	30	46	74	120	190	0.3	0.46	0.74	1.2	1.9	3	4.6
80	120	2.5	4	6	10	15	22	35	54	87	140	220	0.35	0.54	0.87	1.4	2.2	3.5	5.4
120	180	3.5	5	8	12	18	25	40	63	100	160	250	0.4	0.63	1	1.6	2.5	4	6.3
180	250	4.5	7	10	14	20	29	46	72	115	185	290	0.46	0.72	1.15	1.85	2.9	4.6	7.2
250	315	6	8	12	16	23	32	52	81	130	210	320	0.52	0.81	1.3	2.1	3.2	5.2	8.1
315	400	7	9	13	18	25	36	57	89	140	230	360	0.57	0.89	1.4	2.3	3.6	5.7	8.9
400	500	8	10	15	20	27	40	63	97	155	250	400	0.63	0.97	1.55	2.5	4	6.3	9.7
500	630	9	11	16	22	32	44	70	110	175	280	440	0.7	1.1	1.75	2.8	4.4	7	11
630	800	10	13	18	25	36	50	80	125	200	320	500	0.8	1.25	2	3.2	5	8	12.5
800	1000	11	15	21	28	40	56	90	140	230	360	560	0.9	1.4	2.3	3.6	5.6	9	14
1000	1250	13	18	24	33	47	66	105	165	260	420	660	1.05	1.65	2.6	4.2	6.6	10.5	16.5
1250	1600	15	21	29	39	55	78	125	195	310	500	780	1.25	1.95	3.1	5	7.8	12.5	19.5
1600	2000	18	25	35	46	65	92	150	230	370	600	920	1.5	2.3	3.7	6	9.2	15	23
2000	2500	22	30	41	55	78	110	175	280	440	700	1100	1.75	2.8	4.4	7	11	17.5	28
2500	3150	26	36	50	68	96	135	210	330	540	860	1350	2.1	3.3	5.4	8.6	13.5	21	33

【例 2-1】已知孔、轴公称尺寸为 25mm，孔的极限尺寸：$D_{\max} = 25.021\text{mm}$，$D_{\min} = 25\text{mm}$；轴的极限尺寸：$d_{\max} = 24.980\text{mm}$，$d_{\min} = 24.967\text{mm}$。求孔、轴的极限偏差及公差，并画出公差带图。

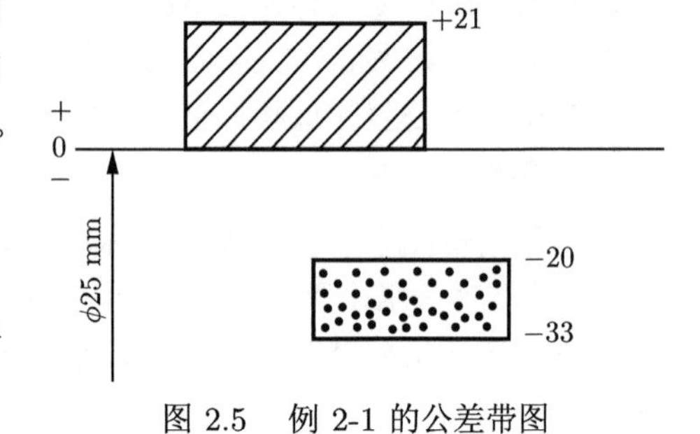

图 2.5　例 2-1 的公差带图

解：孔的极限偏差

$$\text{ES} = D_{\max} - D = (25.021 - 25)\text{mm} = +0.021\text{mm}$$

$$\text{EI} = D_{\min} - D = (25 - 25)\text{mm} = 0\text{mm}$$

轴的极限偏差

$$\text{es} = d_{\max} - d = (24.980 - 25)\text{mm} = -0.020\text{mm}$$

$$\text{ei} = d_{\min} - d = (24.967 - 25)\text{mm} = -0.033\text{mm}$$

孔的公差

$$T_{\text{h}} = |D_{\max} - D_{\min}| = |25.021 - 25|\,\text{mm} = 0.021\text{mm}$$

轴的公差

$$T_{\text{s}} = |d_{\max} - d_{\min}| = |24.980 - 24.967|\,\text{mm} = 0.013\text{mm}$$

公差带图如图 2.5 所示。

2.1.4 有关配合的术语及定义

孔、轴公差带相对于零线位置不同，装配后松紧不同，即反映了不同的配合性质。

1. 配合

公称尺寸相同的相互结合的孔和轴公差带之间的关系称为配合。

配合条件是一孔一轴相结合，而且孔、轴公称尺寸相同。

配合性质：反映装配后松紧程度和松紧变化程度，以相互结合的孔和轴公差带之间的关系来确定，如图 2.6 所示。

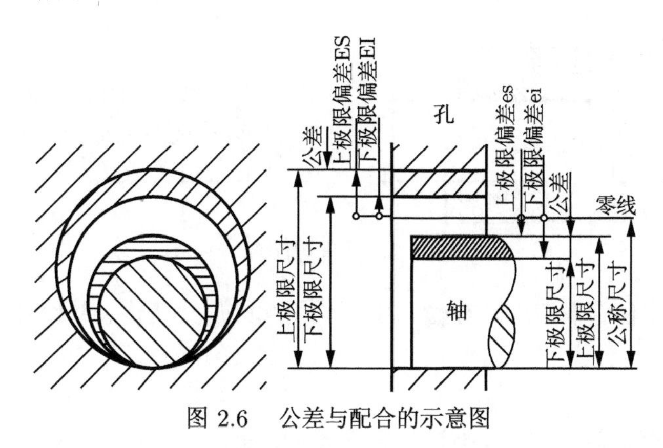

图 2.6　公差与配合的示意图

2. 间隙或过盈

孔的尺寸减去相配合的轴的尺寸所得的代数差为正时称为间隙，用符号 X 表示；为负时称为过盈，用符号 Y 表示，如图 2.7 所示。注意间隙数值前必标“+”号，如 +0.025mm；过盈数值前必标“−”号，如 −0.020mm；“+”、“−”号在配合中仅代表间隙与过盈的意思，不可与一般数值大小相混。

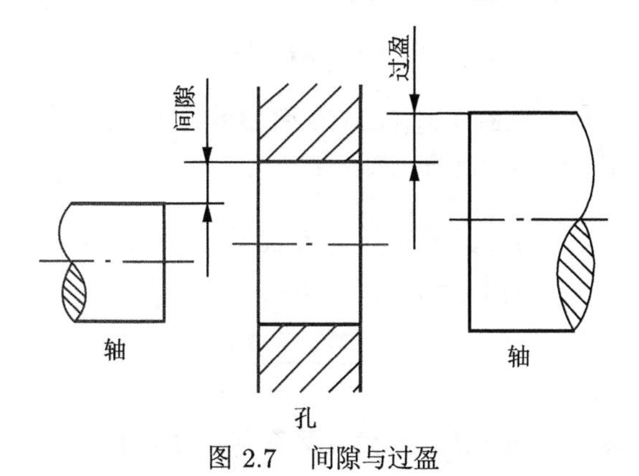

图 2.7　间隙与过盈

3. 配合的种类

根据相互结合的孔、轴公差带之间的相对位置关系，配合可分为三类。

1) 间隙配合

间隙配合指具有间隙 (包括最小间隙等于零) 的配合。此时，孔的公差带在轴的公差带之上，如图 2.8 所示。

由于孔、轴的实际 (组成) 要素允许在各自公差带内变动，所以孔、轴配合的间隙也是变动的。其配合性质用最大间隙 $X_{\max}$(配合中最松状态)、最小间隙 $X_{\min}$(配合中最紧状态) 和平均间隙 X_{av} 表示，计算式如下：

$$X_{\max} = D_{\max} - d_{\min} = \mathrm{ES} - \mathrm{ei}$$
$$X_{\min} = D_{\min} - d_{\max} = \mathrm{EI} - \mathrm{es}$$
$$X_{\mathrm{av}} = \frac{X_{\max} + X_{\min}}{2}$$

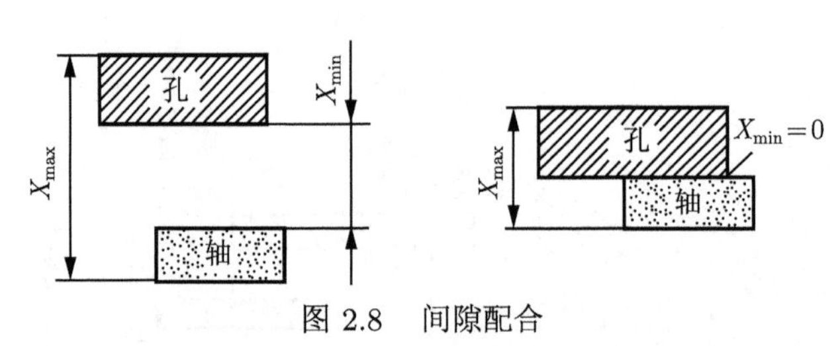

图 2.8　间隙配合

间隙的作用在于储存润滑油、补偿温度变化引起的尺寸变化、补偿弹性变形及制造与安装误差等。

2) 过盈配合

过盈配合指具有过盈 (包括最小过盈等于零) 的配合。此时，孔的公差带在轴的公差带的下方，如图 2.9 所示。

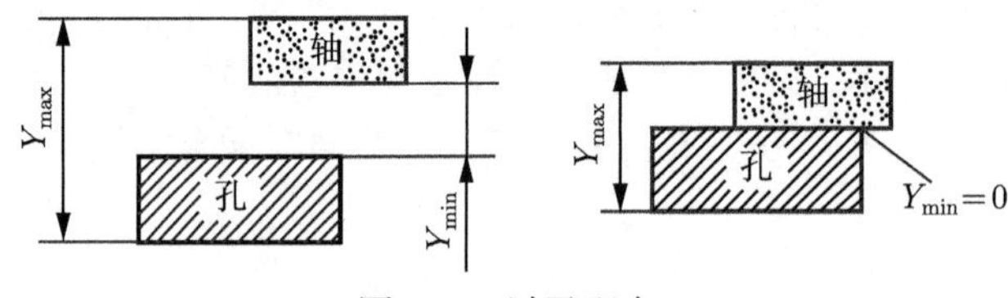

图 2.9　过盈配合

过盈配合的性质可用最大过盈 $Y_{\max}$(过盈配合中最紧状态)、最小过盈 $Y_{\min}$(过盈配合中最松状态) 和平均过盈 Y_{av} 表示，计算式如下：

$$Y_{\max} = D_{\min} - d_{\max} = \mathrm{EI} - \mathrm{es}$$
$$Y_{\min} = D_{\max} - d_{\min} = \mathrm{ES} - \mathrm{ei}$$
$$Y_{\mathrm{av}} = \frac{Y_{\max} + Y_{\min}}{2}$$

过盈配合用于孔、轴的紧固连接，不允许两者有相对运动。

$Y_{\min} = 0$ 时标准规定仍属过盈配合。注意：$Y_{\min} = 0$、$X_{\min} = 0$ 两者概念不同。

$X_{\min} = 0$ 时，$D_{\min} - d_{\max} = 0$ 是孔轴配合的最紧状态，孔公差带在轴公差带之上；$Y_{\min} = 0$ 时，$D_{\max} - d_{\min} = 0$ 是孔轴配合的最松状态，轴公差带在孔公差带之上。

3) 过渡配合

过渡配合指可能具有间隙或过盈的配合。此时，孔的公差带与轴的公差带相互交叠，如图 2.10 所示。

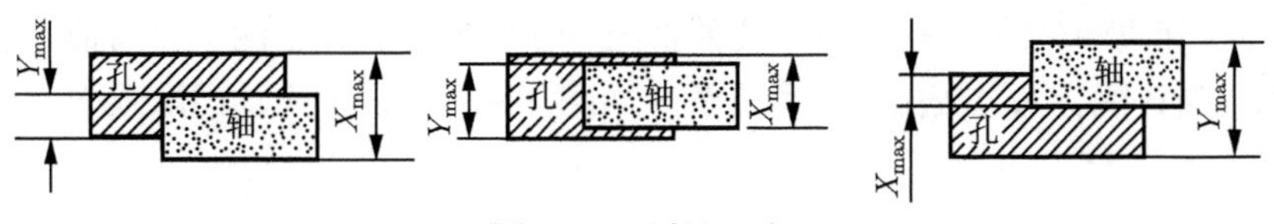

图 2.10　过渡配合

过渡配合是介于间隙配合与过盈配合之间的一类配合，但其间隙与过盈都不大。其性质用最大间隙 $X_{\max}$(过渡配合中最松状态)、最大过盈 $Y_{\max}$(过渡配合中最紧状态) 和平均间隙 X_{av} 或平均过盈 Y_{av} 表示，计算式如下：

$$X_{\max} = D_{\max} - d_{\min} = \text{ES} - \text{ei}$$
$$Y_{\max} = D_{\min} - d_{\max} = \text{EI} - \text{es}$$
$$X_{\text{av}}(\text{或}Y_{\text{av}}) = \frac{X_{\max} + Y_{\max}}{2}$$

X_{av}(或 Y_{av}) 计算的结果为正时是平均间隙，表示偏松的过渡配合；为负时是平均过盈，表示偏紧的过渡配合。$X_{\max}$、$Y_{\max}$ 表示过渡配合中允许间隙和过盈变动的两个界限值；在过渡配合中，存在间隙和过盈，而对一个具体的实际零件进行装配时，只能得到间隙或过盈，即只能得其一。过渡配合主要用于孔、轴间的定位连接，既要求装拆方便，又要求对中性好。

4. 配合公差 (T_{f})

配合公差是指允许间隙或过盈的变动量。配合公差是一个没有符号的绝对值。其大小为配合最松状态时的极限间隙 (或极限过盈) 与配合最紧状态时的极限间隙 (或极限过盈) 的代数差的绝对值，计算式如下。

间隙配合：

$$T_{\text{f}} = |X_{\max} - X_{\min}| = T_{\text{h}} + T_{\text{s}}$$

过盈配合：

$$T_{\text{f}} = |Y_{\min} - Y_{\max}| = T_{\text{h}} + T_{\text{s}}$$

过渡配合：

$$T_{\text{f}} = |X_{\max} - Y_{\max}| = T_{\text{h}} + T_{\text{s}}$$

配合公差等于相配合孔的公差与轴的公差之和，即 $T_{\text{f}} = T_{\text{h}} + T_{\text{s}}$，因此配合精度的高低是由相互配合的孔和轴的精度所决定的。配合公差反映配合精度的高低，若要提高配合精度，就必须提高相互配合的孔与轴的加工精度。

5. 配合公差带图

配合公差可以用配合公差带图来表示，其特点是：①零线以上的纵坐标为正值，代表间隙；零线以下的纵坐标为负值，代表过盈。②符号 Ⅱ 代表配合公差带。当配合公差带 Ⅱ 完全处在零线上方时，是间隙配合；当配合公差带 Ⅱ 完全处在零线下方时，是过盈配合；当配合公差带 Ⅱ 跨在零线上时，是过渡配合。③配合公差带的上下两端的纵坐标值，代表孔、轴配合的极限间隙值或极限过盈值。

【例 2-2】 计算 $\phi30^{+0.021}_{0}$mm 孔与 $\phi30^{+0.021}_{+0.008}$mm 轴配合的极限间隙或极限过盈、平均间隙或平均过盈、配合公差，并绘制配合公差带图。

解：根据题目要求绘制孔轴配合的公差带图，如图 2.11 所示。图中孔与轴的公差带相互交叠，可以判断该配合为过渡配合，所以最大间隙、最大过盈、平均间隙或平均过盈、配合公差计算如下：

$$X_{\max} = \mathrm{ES} - \mathrm{ei} = (+0.021)\mathrm{mm} - (+0.008)\mathrm{mm} = +0.013\mathrm{mm}$$
$$Y_{\max} = \mathrm{EI} - \mathrm{es} = 0 - (+0.021)\mathrm{mm} = -0.021\mathrm{mm}$$
$$Y_{\mathrm{av}} = \frac{X_{\max} + Y_{\max}}{2} = \frac{+0.013 - 0.021}{2}\mathrm{mm} = -0.004\mathrm{mm}$$
$$T_{\mathrm{f}} = |X_{\max} - Y_{\max}| = |(+0.013) - (-0.021)|\,\mathrm{mm} = 0.034\mathrm{mm}$$

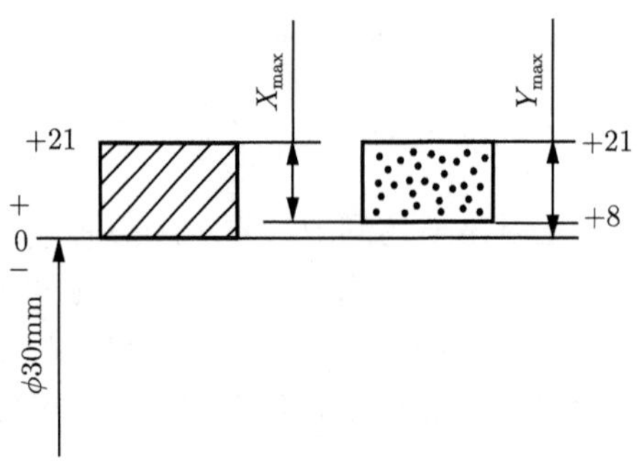

图 2.11　例 2-2 的配合公差带图

【例 2-3】　计算孔 $\phi50^{+0.025}_{0}$mm 与轴 $\phi50^{-0.025}_{-0.041}$mm 的配合、孔 $\phi50^{+0.025}_{0}$mm 与轴 $\phi50^{+0.059}_{+0.043}$mm 配合、孔 $\phi50^{+0.025}_{0}$mm 与轴 $\phi50^{+0.018}_{+0.002}$mm 配合的极限间隙或极限过盈、配合公差并画出配合公差带图。

解：

(1) $X_{\max} = \mathrm{ES} - \mathrm{ei} = +0.066\mathrm{mm}, X_{\min} = \mathrm{EI} - \mathrm{es} = +0.025\mathrm{mm}, T_{\mathrm{f}} = 0.041\mathrm{mm}$。

(2) $Y_{\max} = \mathrm{EI} - \mathrm{es} = -0.059\mathrm{mm}, Y_{\min} = \mathrm{ES} - \mathrm{ei} = -0.018\mathrm{mm}, T_{\mathrm{f}} = 0.041\mathrm{mm}$。

(3) $X_{\max} = \mathrm{ES} - \mathrm{ei} = +0.023\mathrm{mm}, Y_{\max} = \mathrm{EI} - \mathrm{es} = -0.018\mathrm{mm}, T_{\mathrm{f}} = 0.041\mathrm{mm}$。

配合公差带图如图 2.12 所示。

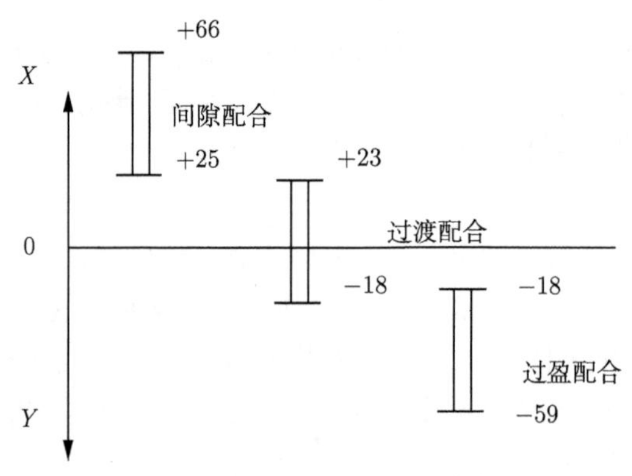

图 2.12　例 2-3 的配合公差带图

2.2　公差与配合国家标准

2.2.1　标准公差系列

标准公差系列是国家标准规定的一系列标准公差数值，用以确定公差带的大小。标准公差的数值取决于孔或轴的标准公差等级和公称尺寸。

1. 标准公差等级及其代号

确定尺寸精确程度的等级称为标准公差等级。它由标准公差代号 IT 和公差等级数字组合表示，如 IT7。当其与代表基本偏差的字母一起组成公差带时，省略 IT 字母，如 H7。

国家标准设置了 20 个公差等级，各级标准公差的代号为 IT01，IT0，IT1，IT2，…，IT18。IT01 精度最高，其余依次降低，标准公差值依次增大，如表 2.1 所示。IT6 可读作标准公差 6 级或简称 6 级公差。

2. 标准公差因子 (i、I) 及公差等级系数 (a)

标准公差因子 i(单位：μm) 是用以确定标准公差的基本单位，是制定标准公差数值表的基础。由大量的试验与统计分析得知，该因子是公称尺寸的函数。对于公称尺寸 $\leqslant 500$mm 的尺寸段，标准公差因子 $i = 0.45\sqrt[3]{D} + 0.001D$，式中 D 为公称尺寸段的几何平均值。

公差等级系数 a 是 IT5～IT18 的各级公差所包含的标准公差因子数，在公称尺寸一定的情况下，a 值反映了加工方法的难易程度，是决定标准公差大小的参数。IT5～IT18 的标准公差、公差等级系数、标准公差因子和公称尺寸的关系计算式如下：

$$
\begin{aligned}
&\mathrm{IT} = a \times i(I) \\
&D \leqslant 500\mathrm{mm} : i = 0.45\sqrt[3]{D} + 0.001D \\
&500\mathrm{mm} < D \leqslant 3150\mathrm{mm} : I = 0.004D + 2.1
\end{aligned}
$$

式中，a 为公差等级系数；D 为公称尺寸段的几何平均值 (mm)；i 与 I 为标准公差因子 (μm)。

标准公差因子 i 计算式中右边第一项主要反映的是加工误差与公称尺寸符合立方抛物线规律；第二项主要反映的是温度影响而引起的测量误差，此项和公称尺寸呈线性关系。

在公称尺寸 ≤500mm 的常用尺寸范围内，各级标准公差的计算式如表 2.2 所示。

表 2.2　公称尺寸 ≤500mm 的各级标准公差的计算式

公差等级	IT01			IT0			IT1		IT2		IT3		IT4	
公差值	$0.3+0.008D$			$0.5+0.012D$			$0.8+0.020D$		$\mathrm{IT1}\left(\frac{\mathrm{IT5}}{\mathrm{IT1}}\right)^{\frac{1}{4}}$		$\mathrm{IT1}\left(\frac{\mathrm{IT5}}{\mathrm{IT1}}\right)^{\frac{1}{2}}$		$\mathrm{IT1}\left(\frac{\mathrm{IT5}}{\mathrm{IT1}}\right)^{\frac{3}{4}}$	
公差等级	IT5	IT6	IT7	IT8	IT9	IT10	IT11	IT12	IT13	IT14	IT15	IT16	IT17	IT18
公差值	$7i$	$10i$	$16i$	$25i$	$40i$	$64i$	$100i$	$160i$	$250i$	$400i$	$640i$	$1000i$	$1600i$	$2500i$

3. 尺寸分段

根据标准公差计算式来看，每一个公称尺寸都应当有一个相应的公差值。但在实际生产中，公称尺寸很多，会形成一个庞大的公差数值表，反而给生产带来许多困难。实际上，公差等级相同而公称尺寸相近时的公差数值差别并不大。机械产品中，公称尺寸不大于 500mm 的尺寸段在生产中应用最广，该尺寸段称为常用尺寸段。为了简化标准公差数值表，国标采用了公称尺寸分段的方法。对同一尺寸段内的所有公称尺寸，在公差等级相同的情况下，规定相同的标准公差。国家标准对公称尺寸进行了分段，公称尺寸分段见表 2.1。对同一尺寸段内所有的公称尺寸规定了相同的标准公差因子。同一尺寸分段内按首尾两尺寸的几何平均值作为公式中的 D 值，即 $D=\sqrt{D_1\times D_2}$。代入标准公差、标准公差因子计算式和表 2.2 的计算式，可算出各尺寸段各标准公差等级的标准公差值，如表 2.1 所示。

【**例 2-4**】公称尺寸为 ϕ30mm，求 IT6 的值。

解：查表 2.1 得 ϕ30mm 属于 18～30mm 尺寸分段。

计算直径 $D=\sqrt{18\times 30}\approx 23.24(\text{mm})$。

标准公差因子 $i=0.45\sqrt[3]{D}+0.001D=0.45\times\sqrt[3]{23.24}+0.001\times 23.24\approx 1.31(\mu\text{m})$。

查表 2.2 得 $\text{IT6}=10i=10\times 1.31=13.1(\mu\text{m})$。

经尾数圆整，得 $\text{IT6}=13\mu\text{m}$。

表 2.1 中的标准公差值就是经这样的计算，按规则圆整后得出的。

2.2.2 基本偏差系列

基本偏差是用于确定公差带相对零线位置的那个极限偏差，一般指靠近零线的那个偏差。基本偏差决定了公差带的位置。基本偏差原则上与公差等级无关。它可以是上极限偏差或下极限偏差。即当公差带位于零线上方时，其基本偏差为下极限偏差，当公差带位于零线下方时，其基本偏差为上极限偏差。

1. 基本偏差代号

国家标准对孔和轴分别规定了 28 种基本偏差，其代号用拉丁字母表示，小写代表轴，大写代表孔。在 26 个字母中，除去易与其他含义混淆的 I(i)、L(l)、O(o)、Q(q)、W(w) 5 个字母外，采用 21 个单写字母和 7 个双字母 CD(cd)、EF(ef)、FG(fg)、JS(js)、ZA(za)、ZB(zb)、ZC(zc)，其中 JS 和 js 在各个公差等级中完全对称，因此，其基本偏差可为上极限偏差 (+IT/2)，也可为下极限偏差 (−IT/2)。这 28 种基本偏差代号反映 28 种公差带的位置，构成了基本偏差系列，如图 2.13 所示。

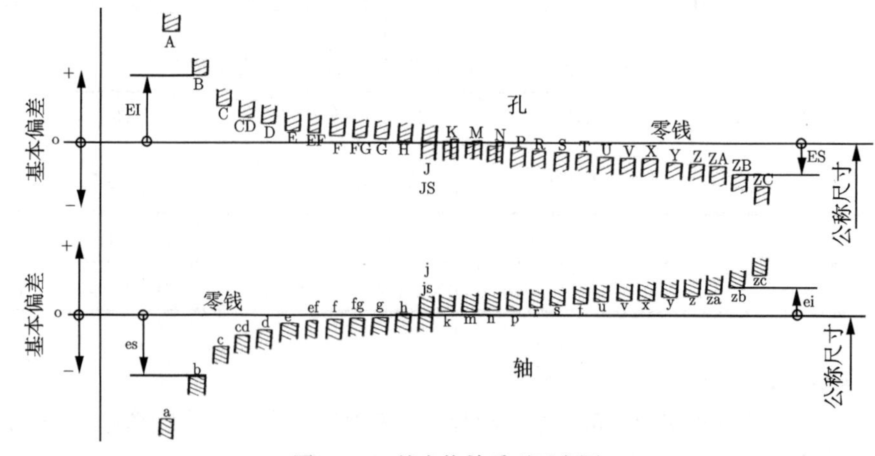

图 2.13　基本偏差系列示意图

图 2.13 中公差带的一端是封闭的，它表示基本偏差，可查孔、轴的基本偏差表确定其数值。另一端是开口的，它的位置将取决于标准公差。

(1) 轴的基本偏差 a～h 为上极限偏差 es，孔的基本偏差 A～H 为下极限偏差 EI，它们的绝对值依次减小，其中 h 和 H 的基本偏差为零。标准规定：基准孔以 H 为代号，基准轴以 h 为代号。

(2) 轴的基本偏差 js 和孔的基本偏差 JS 的公差带相对于零线对称分布，故基本偏差可以是上极限偏差，也可以是下极限偏差，其值为标准公差的 1/2(±IT/2)。

(3) 轴的基本偏差 j～zc 为下极限偏差 ei，孔的基本偏差 J～ZC 为上极限偏差 ES，其绝对值依次增大。孔、轴基本偏差系列特点见表 2.3。

表 2.3　基本偏差系列特点

基本偏差系列	基本偏差代号	基本偏差	基本偏差值变化规律	另一极限偏差
孔的基本偏差系列	A～H	EI	大 → 小	ES
	JS	EI(或 ES)	IT/2	ES(或 EI)
	J～ZC	ES	小 → 大	EI
轴的基本偏差系列	a～h	es	大 → 小	ei
	js	es(或 ei)	IT/2	ei(或 es)
	j～zc	ei	小 → 大	es

注：孔和轴的基本偏差原则上不随公差等级变化，只有极少数基本偏差 (j、js、k) 例外。

2. 配合制

配合制是以两个相配合的零件中的一个零件为基准件，并确定其公差带的位置，而改变另一个零件的公差带位置，从而形成各种配合的制度。改变孔和轴的公差带位置可以得到很多种配合，为便于现代化生产，国家标准中规定了两种配合制：基孔制和基轴制。

1) 基孔制

基孔制是基本偏差一定的孔的公差带，与不同基本偏差的轴公差带形成各种配合的一种制度。如图 2.14(a) 所示，基孔制配合中的孔称为基准孔，其代号为 H，基本偏差为下极限偏差，数值为零，即 EI = 0。

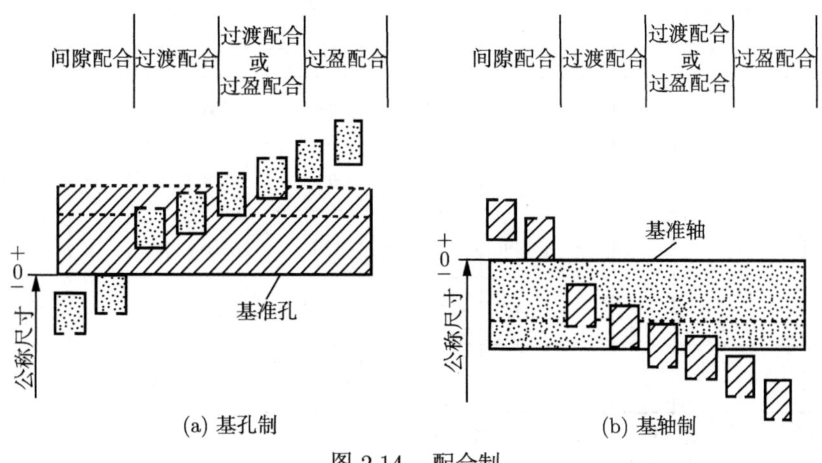

图 2.14　配合制

表 2.4　轴的基本偏差表

公称尺寸/mm		基本偏差数值(上极限偏差 es)														
大于	至	所有标准公差等级												IT5 和 IT6	IT7	IT8
		a	b	c	cd	d	e	ef	f	fg	g	h	js	j		
—	3	−270	−140	−60	−34	−20	−14	−10	−6	−4	−2	0	偏差$=\pm\frac{IT}{2}$	−2	−4	−6
3	6	−270	−140	−70	−46	−30	−20	−14	−10	−6	−4	0		−2	−4	—
6	10	−280	−150	−80	−56	−40	−25	−18	−13	−8	−5	0		−2	−5	—
10	14	−290	−150	−95	—	−50	−32	—	−16	—	−6	0		−3	−6	—
14	18															
18	24	−300	−160	−110	—	−65	−40	—	−20	—	−7	0		−4	−8	—
24	30															
30	40	−310	−170	−120	—	−80	−50	—	−25	—	−9	0		−5	−10	—
40	50	−320	−180	−130												
50	65	−340	−190	−140	—	−100	−60	—	−30	—	−10	0		−7	−12	—
65	80	−360	−200	−150												
80	100	−380	−220	−170	—	−120	−72	—	−36	—	−12	0		−9	−15	—
100	120	−410	−240	−180												
120	140	−460	−260	−200	—	−145	−85	—	−43	—	−14	0		−11	−18	—
140	160	−520	−280	−210												
160	180	−580	−310	−230												
180	200	−660	−340	−240	—	−170	−100	—	−50	—	−15	0		−13	−21	—
200	225	−740	−380	−260												
225	250	−820	−420	−280												
250	280	−920	−480	−300	—	−190	−110	—	−56	—	−17	0		−16	−26	—
280	315	−1050	−540	−330												
315	355	−1200	−600	−360	—	−210	−125	—	−62	—	−18	0		−18	−28	—
355	400	−1350	−680	−400												
400	450	−1500	−760	−440	—	−230	−135	—	−68	—	−20	0		−20	−32	—
450	500	−1650	−840	−480												
500	560	—	—	—	—	−260	−145	—	−76	—	−22	0		—	—	—
560	630	—	—	—												
630	710	—	—	—	—	−290	−160	—	−80	—	−24	0		—	—	—
710	800															
800	900	—	—	—	—	−320	−170	—	−86	—	−26	0		—	—	—
900	1000															
1000	1120	—	—	—	—	−350	−195	—	−98	—	−28	0		—	—	—
1120	1250															
1250	1400	—	—	—	—	−390	−220	—	−110	—	−30	0		—	—	—
1400	1600															
1600	1800	—	—	—	—	−430	−240	—	−120	—	−32	0		—	—	—
1800	2000															
2000	2240	—	—	—	—	−480	−260	—	−130	—	−34	0		—	—	—
2240	2500															

注：(1) 公称尺寸小于或等于1mm时，基本偏差a和b均不采用。

(2) 公差带js7~js11，若IT值是奇数，则取偏差$=\pm\frac{ITn-1}{2}$。

(摘自GB/T 1800.1—2020)　　单位：μm

基本偏差数值(下极限偏差 ei)															
IT4~IT7	≤IT3,>IT7	所有标准公差等级													
k		m	n	p	r	s	t	u	v	x	y	z	za	zb	zc
0	0	+2	+4	+6	+10	+14	—	+18	—	+20	—	+26	+32	+40	+60
+1	0	+4	+8	+12	+15	+19	—	+23	—	+28	—	+35	+42	+50	+80
+1	0	+6	+10	+15	+19	+23	—	+28	—	+34	—	+42	+52	+67	+97
+1	0	+7	+12	+18	+23	+28	—	+33	—	+40	—	+50	+64	+90	+130
									+39	+45	—	+60	+77	+108	+150
+2	0	+8	+15	+22	+28	+35	—	+41	+47	+54	+63	+73	+98	+136	+188
							+41	+48	+55	+64	+75	+88	+118	+160	+218
+2	0	+9	+17	+26	+34	+43	+48	+60	+68	+80	+94	+112	+148	+200	+274
							+54	+70	+81	+97	+114	+136	+180	+242	+325
+2	0	+11	+20	+32	+41	+53	+66	+87	+102	+122	+144	+172	+226	+300	+405
					+43	+59	+75	+102	+120	+146	+174	+210	+274	+360	+480
+3	0	+13	+23	+37	+51	+71	+91	+124	+146	+178	+214	+258	+335	+445	+585
					+54	+79	+104	+144	+172	+210	+254	+310	+400	+525	+690
+3	0	+15	+27	+43	+63	+92	+122	+170	+202	+248	+300	+365	+470	+620	+800
					+65	+100	+134	+190	+228	+280	+340	+415	+535	+700	+900
					+68	+108	+146	+210	+252	+310	+380	+465	+600	+780	+1000
+4	0	+17	+31	+50	+77	+122	+166	+236	+284	+350	+425	+520	+670	+880	+1150
					+80	+130	+180	+258	+310	+385	+470	+575	+740	+960	+1250
					+84	+140	+196	+284	+340	+425	+520	+640	+820	+1050	+1350
+4	0	+20	+34	+56	+94	+158	+218	+315	+385	+475	+580	+710	+920	+1200	+1550
					+98	+170	+240	+350	+425	+525	+650	+790	+1000	+1300	+1700
+4	0	+21	+37	+62	+108	+190	+268	+390	+475	+590	+730	+900	+1150	+1500	+1900
					+114	+208	+294	+435	+530	+660	+820	+1000	+1300	+1650	+2100
+5	0	+23	+40	+68	+126	+232	+330	+490	+595	+740	+920	+1100	+1450	+1850	+2400
					+132	+252	+360	+540	+660	+820	+1000	+1250	+1600	+2100	+2600
0	0	+26	+44	+78	+150	+280	+400	+600	—	—	—	—	—	—	—
					+155	+310	+450	+660	—	—	—	—	—	—	—
0	0	+30	+50	+88	+175	+340	+500	+740	—	—	—	—	—	—	—
					+185	+380	+560	+840	—	—	—	—	—	—	—
0	0	+34	+56	+100	+210	+430	+620	+940	—	—	—	—	—	—	—
					+220	+470	+680	+1050	—	—	—	—	—	—	—
0	0	+40	+66	+120	+250	+520	+780	+1150	—	—	—	—	—	—	—
					+260	+580	+840	+1300	—	—	—	—	—	—	—
0	0	+48	+78	+140	+300	+640	+960	+1450	—	—	—	—	—	—	—
					+330	+720	+1050	+1600	—	—	—	—	—	—	—
0	0	+58	+92	+170	+370	+820	+1200	+1850	—	—	—	—	—	—	—
					+400	+920	+1350	+2000	—	—	—	—	—	—	—
0	0	+68	+110	+195	+440	+1000	+1500	+2300	—	—	—	—	—	—	—
					+460	+1100	+1650	+2500	—	—	—	—	—	—	—

2) 基轴制

基轴制是基本偏差一定的轴的公差带，与不同基本偏差的孔公差带形成各种配合的一种制度。如图 2.14(b) 所示。基轴制配合中的轴称为基准轴，其代号为 h，基本偏差为上极限偏差，数值为零，即 es = 0。

3. 各种基本偏差所形成配合的特征

1) 间隙配合

孔：基本偏差代号为 A～H 的孔与基准轴相配合形成间隙配合，其基本偏差 (封口一端) 为 EI，EI 的数值依次减小，其未封口一端为 ES，ES = EI + IT。H 的基本偏差 EI = 0。

轴：基本偏差代号为 a～h 的轴与基准孔相配合形成间隙配合，其基本偏差 (封口一端) 为 es，es 的数值依次降低，其未封口一端为 ei，ei = es − IT。h 的基本偏差 es = 0。

2) 过渡配合

js、j、k、m、n(或 JS、J、K、M、N) 五种基本偏差的轴 (或孔) 与基准孔 H(或基准轴 h) 形成过渡配合。其中 JS、J、K、M、N 基本偏差 (封口一端) 为 ES，依次增大，未封口一端为 EI，EI = ES − IT。其中，JS 对称于零线，即 ES = IT/2, EI = −IT/2。

js、j、k、m、n 基本偏差 (封口一端) 为 ei，依次增大，未封口一端为 es，es = ei + IT。其中，js 对称于零线，即 es = IT/2, ei = −IT/2。

3) 过盈配合

p～zc(或 P～ZC) 等 12 种基本偏差的轴 (或孔) 与基准孔 H(或基准轴 h) 形成过盈配合。其中 P～ZC 基本偏差 (封口一端) 为 ES，依次增大，未封口一端为 EI，EI = ES − IT。

p～zc 基本偏差 (封口一端) 为 ei，依次增大，未封口一端为 es，es = ei + IT。

4. 轴的基本偏差数值

轴的基本偏差数值是以基孔制配合为基础，根据各种配合的要求经过理论计算、科学试验和统计分析得出一系列计算公式经计算而来的，计算结果按一定规则将尾数圆整后就是轴的基本偏差表，见表 2.4。

实际应用时直接查表 2.4 获得基本偏差。

轴的基本偏差构成如下规律。

(1) a～h 的轴与基准孔 (H) 组成间隙配合，其最小间隙量等于基本偏差的绝对值，其中，a、b、c 用于大间隙或热动配合，以考虑发热膨胀的影响；d、e、f 主要用于旋转运动，以保证良好的液体摩擦；g 主要用于滑动和半液体摩擦，或用于定位配合；cd、ef、fg 适用于小尺寸的旋转运动，如钟表行业，其基本偏差的绝对值分别按 c 与 d、e 与 f、f 与 g 基本偏差的绝对值的几何平均值确定。h 与 H 形成最小间隙等于零的一种配合，常用于定位配合。

(2) j～n 主要用于过渡配合，以保证配合时有较好的对中及定心，基本偏差的数值基本上根据经验与统计的方法确定。其中 j 只有 IT5、IT6、IT7、IT8 四个公差等级，目前主要用于与轴承相配合的孔和轴。

(3) p～zc 主要用于过盈配合，以保证孔、轴结合时具有足够的连接强度，并能正常地传递转矩，常按所需的最小过盈和相配基准制孔的公差等级来确定基本偏差值。

当轴的基本偏差确定后，轴的另一个极限偏差可根据下列公式计算：

$$\mathrm{es} = \mathrm{ei} + T_\mathrm{s} \text{ 或 } \mathrm{ei} = \mathrm{es} - T_\mathrm{s}$$

【**例 2-5**】查表确定 $\phi 25\mathrm{g}7$ 的极限偏差。

解: 查表 2.4 得 $\phi 25$ 属于 24～30mm 尺寸段，该轴的基本偏差为上极限偏差 $\mathrm{es}=-7\mu\mathrm{m}$，查表 2.1 得该轴的标准公差 $\mathrm{IT7}=21\mu\mathrm{m}$。

因此该轴的另一个极限偏差为下极限偏差：

$$\mathrm{ei}=\mathrm{es}-\mathrm{IT7}=(-7-21)\mu\mathrm{m}=-28\mu\mathrm{m}$$

5. 孔的基本偏差数值

公称尺寸 ⩽500mm 时，孔的基本偏差是由轴的基本偏差换算得到的，分为通用规则和特殊规则。换算的基本原则为基孔制、基轴制同名配合的配合性质相同，即基本偏差字母代号同名的孔和轴，分别构成的基轴制与基孔制的配合 (这样的配合称为同名配合)，在孔、轴为同一公差等级或孔比轴低一级的条件下 (如 H9/f9 与 F9/h9、H7/p6 与 P7/h6)，其配合的性质必须相同 (即具有相同的极限间隙或极限过盈)，如 $\phi 40\mathrm{H8}/\phi 40\mathrm{a7}$ 与 $\phi 40\mathrm{A8}/\phi 40\mathrm{h7}$ 的配合性质相同。

通用规则：同一字母表示的孔、轴基本偏差的绝对值相等，而符号相反。

对于 A～H　　$\mathrm{EI}=-\mathrm{es}$

对于 $>$ IT8 的 K、M、N　　$\mathrm{ES}=-\mathrm{ei}$

对于 $>$ IT7 的 P～ZC　　$\mathrm{ES}=-\mathrm{ei}$

基本偏差 A～H 的换算过程如图 2.15 所示。

根据基孔制、基轴制同名配合的配合性质相同，则由图 2.15 可知：$X_{\min}=X'_{\min}$，即

$$\mathrm{EI}=-\mathrm{es}$$

上式说明 A～H 的数值 EI 等于 a～h 数值 es 的相反数 (倒影关系)。

特殊规则：由于在高精度等级中，孔比同级的轴加工难，因此，标准规定，按孔的公差等级比轴低一级来考虑配合。对于公称尺寸为 3～500mm，标准公差等级 ⩽ IT8 的 K、M、N 及标准公差等级 ⩽IT7 的 P～ZC 孔的基本偏差 ES 与同字母的轴的基本偏差 ei 的符号相反，而绝对值相差一个值，即

$$\mathrm{ES}=-\mathrm{ei}+\Delta$$
$$\Delta=\mathrm{IT}_n-\mathrm{IT}_{n-1}=T_\mathrm{h}-T_\mathrm{s}$$

式中，IT_n 为孔的标准公差值；IT_{n-1} 为比孔高一级的轴的标准公差值。

实际应用时，直接查表 2.5 获得基本偏差。

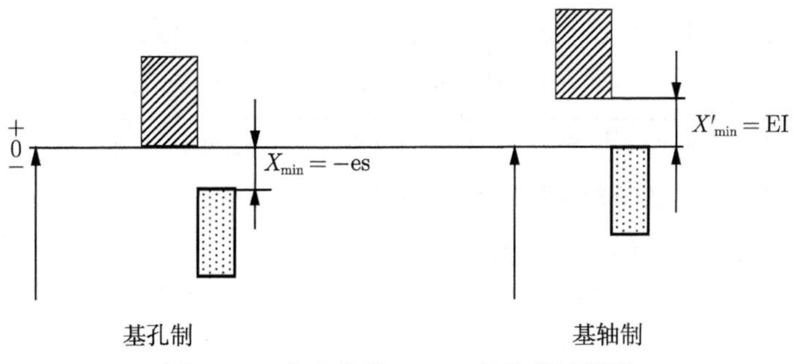

图 2.15　基本偏差 A～H 的换算过程图

表 2.5　孔的基本偏差数值

公称尺寸/mm		基本偏差数值																				
		下极限偏差 EI												上极限偏差 ES								
大于	至	所有标准公差等级												IT6	IT7	IT8	≤IT8	>IT8	≤IT8	>IT8	≤IT8	>IT8
		A	B	C	CD	D	E	EF	F	FG	G	H	JS	J			K		M		N	
—	3	+270	+140	+60	+34	+20	+14	+10	+6	+4	+2	0	偏差 $=\pm\frac{IT}{2}$	+2	+4	+6	0	0	−2	−2	−4	−4
3	6	+270	+140	+70	+46	+30	+20	+14	+10	+6	+4	0		+5	+6	+10	−1+Δ	—	−4+Δ	−4	−8+Δ	0
6	10	+280	+150	+80	+56	+40	+25	+18	+13	+8	+5	0		+5	+8	+12	−1+Δ	—	−6+Δ	−6	−10+Δ	0
10	14	+290	+150	+95	—	+50	+32	—	+16	—	+6	0		+6	+10	+15	−1+Δ	—	−7+Δ	−7	−12+Δ	0
14	18											0										
18	24	+300	+160	+110	—	+65	+40	—	+20	—	+7	0		+8	+12	+20	−2+Δ	—	−8+Δ	−8	−15+Δ	0
24	30											0										
30	40	+310	+170	+120	—	+80	+50	—	+25	—	+9	0		+10	+14	+24	−2+Δ	—	−9+Δ	−9	−17+Δ	0
40	50	+320	+180	+130								0										
50	65	+340	+190	+140	—	+100	+60	—	+30	—	+10	0		+13	+18	+28	−2+Δ	—	−11+Δ	−11	−20+Δ	0
65	80	+360	+200	+150								0										
80	100	+380	+220	+170	—	+120	+72	—	+36	—	+12	0		+16	+22	+34	−3+Δ	—	−13+Δ	−13	−23+Δ	0
100	120	+410	+240	+180								0										
120	140	+460	+260	+200	—	+145	+85	—	+43	—	+14	0		+18	+26	+41	−3+Δ	—	−15+Δ	−15	−27+Δ	0
140	160	+520	+280	+210								0										
160	180	+580	+310	+230								0										
180	200	+660	+340	+240	—	+170	+100	—	+50	—	+15	0		+22	+30	+47	−4+Δ	—	−17+Δ	−17	−31+Δ	0
200	225	+740	+380	+260								0										
225	250	+820	+420	+280								0										
250	280	+920	+480	+300	—	+190	+110	—	+56	—	+17	0		+25	+36	+55	−4+Δ	—	−20+Δ	−20	−34+Δ	0
280	315	+1050	+540	+330								0										
315	355	+1200	+600	+360	—	+210	+125	—	+62	—	+18	0		+29	+39	+60	−4+Δ	—	−21+Δ	−21	−37+Δ	0
355	400	+1350	+680	+400								0										
400	450	+1500	+760	+440	—	+230	+135	—	+68	—	+20	0		+33	+43	+66	−5+Δ	—	−23+Δ	−23	−40+Δ	0
450	500	+1650	+840	+480								0										
500	560	—	—	—	—	+260	+145	—	+76	—	+22	0		—	—	—	0	—	−26	—	−44	
560	630											0										
630	710	—	—	—	—	+290	+160	—	+80	—	+24	0		—	—	—	0	—	−30	—	−50	
710	800											0										
800	900	—	—	—	—	+320	+170	—	+86	—	+26	0		—	—	—	0	—	−34	—	−56	
900	1000											0										
1000	1120	—	—	—	—	+350	+195	—	+98	—	+28	0		—	—	—	0	—	−40	—	−66	
1120	1250											0										
1250	1400	—	—	—	—	+390	+220	—	+110	—	+30	0		—	—	—	0	—	−48	—	−78	
1400	1600											0										

注：(1) 公称尺寸小于或等于1mm时，基本偏差的A和B及大于IT8的N均不采用。

(2) JS的数值，对IT7~IT11，若IT*n*的数值为奇数，则取 $JS=\pm\frac{ITn-1}{2}$。

(3) 特殊情况，当公称尺寸为250~315mm时，M6的ES等于−9(代替−11)。

(4) 对小于或等于1T8的K、M、N和小于或等于1T7的P至ZC，所需Δ值从续表右侧栏选取。

(摘自GB/T 1800.1—2020)　　　　　　单位：μm

基本偏差数值													Δ值					
上极限偏差 ES													标准公差等级					
≤IT7 P至ZC	标准公差等级大于IT7												IT3	IT4	IT5	IT6	IT7	IT8
	P	R	S	T	U	V	X	Y	Z	ZA	ZB	ZC						
在大于IT7的相应数值上增加一个Δ值	−6	−10	−14	—	−18	—	−20	—	−26	−32	−40	−60	0	0	0	0	0	0
	−12	−15	−19	—	−23	—	−28	—	−35	−42	−50	−80	1	1.5	1	3	4	6
	−15	−19	−23	—	−28	—	−34	—	−42	−52	−67	−97	1	1.5	2	3	6	7
	−18	−23	−28	—	−33	—	−40	—	−50	−64	−90	−130	1	2	3	3	7	9
						−39	−45	—	−60	−77	−108	−150						
	−22	−28	−35	—	−41	−47	−54	−63	−73	−98	−136	−188	1.5	2	3	4	8	12
				−41	−48	−55	−64	−75	−88	−118	−160	−218						
	−26	−34	−43	−48	−60	−68	−80	−94	−112	−148	−200	−274	1.5	3	4	5	9	14
				−54	−70	−81	−97	−114	−136	−180	−242	−325						
	−32	−41	−53	−66	−87	−102	−122	−144	−172	−226	−300	−405	2	3	5	6	11	16
		−43	−59	−75	−102	−120	−146	−174	−210	−274	−360	−480						
	−37	−51	−71	−91	−124	−146	−178	−214	−258	−335	−445	−585	2	4	5	7	13	19
		−54	−79	−104	−144	−172	−210	−254	−310	−400	−525	−690						
	−43	−63	−92	−122	−170	−202	−248	−300	−365	−470	−620	−800	3	4	6	7	15	23
		−65	−100	−134	−190	−228	−280	−340	−415	−535	−700	−900						
		−68	−108	−146	−210	−252	−310	−380	−465	−600	−780	−1000						
	−50	−77	−122	−166	−236	−284	−350	−425	−520	−670	−880	−1150	3	4	6	9	17	26
		−80	−130	−180	−258	−310	−385	−470	−575	−740	−960	−1250						
		−84	−140	−196	−284	−340	−425	−520	−640	−820	−1050	−1350						
	−56	−94	−158	−218	−315	−385	−475	−580	−710	−920	−1200	−1550	4	4	7	9	20	29
		−98	−170	−240	−350	−425	−525	−650	−790	−1000	−1300	−1700						
	−62	−108	−190	−268	−390	−475	−590	−730	−900	−1150	−1500	−1900	4	5	7	11	21	32
		−114	−208	−294	−435	−530	−660	−820	−1000	−1300	−1650	−2100						
	−68	−126	−232	−330	−490	−595	−740	−920	−1100	−1450	−1850	−2400	5	5	7	13	23	34
		−132	−252	−360	−540	−660	−820	−1000	−1250	−1600	−2100	−2600						
	−78	−150	−280	−400	−600	—	—	—	—	—	—	—	—	—	—	—	—	—
		−155	−310	−450	−660	—	—	—	—	—	—	—	—	—	—	—	—	—
	−88	−175	−340	−500	−740	—	—	—	—	—	—	—	—	—	—	—	—	—
		−185	−380	−560	−840	—	—	—	—	—	—	—	—	—	—	—	—	—
	−100	−210	−430	−620	−940	—	—	—	—	—	—	—	—	—	—	—	—	—
		−220	−470	−680	−1050	—	—	—	—	—	—	—	—	—	—	—	—	—
	−120	−250	−520	−780	−1150	—	—	—	—	—	—	—	—	—	—	—	—	—
		−260	−580	−840	−1300	—	—	—	—	—	—	—	—	—	—	—	—	—
	−140	−300	−640	−960	−1450	—	—	—	—	—	—	—	—	—	—	—	—	—
		−330	−720	−1050	−1600	—	—	—	—	—	—	—	—	—	—	—	—	—

6. 基孔制、基轴制同名配合的配合性质问题

基孔制或基轴制中，基本偏差代号相当，孔、轴公差等级同级或孔比轴低一级的配合称为同名配合。

间隙配合：所有基孔制或基轴制的同名间隙配合的配合性质相同。

过渡配合、过盈配合：高精度时，孔的基本偏差用特殊规则换算，孔比轴低一级，同名配合的配合性质才相同。低精度时，孔的基本偏差用通用规则换算，孔、轴必须同级，同名配合的配合性质才相同，即

$D \leqslant 500\text{mm}$ 的 $>$ IT8 的 K、M、N 以及 $>$ IT7 的 P～ZC，还有 $D > 500\text{mm}$、$D < 3\text{mm}$ 的所有 J～ZC 形成配合时，必须采用孔、轴同级。

$D \leqslant 500\text{mm}$ 的 $\leqslant$IT8 的 J、K、M、N 以及 $\leqslant$ IT7 的 P～ZC 形成配合时，必须采用孔比轴低一级。

2.2.3 公差带代号、配合代号及其在图样上的标注

1. 公差带代号

孔、轴的公差带代号由基本偏差代号和公差等级数字组成。如 H8、F7、K7、P7 等为孔的公差带代号；h7、f6、r6、p6 等为轴的公差带代号。对称偏差表示为 $\phi10\text{JS}5(\pm0.003)$。

2. 配合代号

配合代号用孔、轴公差带的组合表示，写成分数形式，分子为孔的公差带代号，分母为轴的公差带代号，如 $\dfrac{\text{H7}}{\text{f6}}$ 或 H7/f6。若指某公称尺寸的配合，则公称尺寸标在配合代号之前，如 $\phi25\dfrac{\text{H7}}{\text{f6}}$ 或 $\phi25\text{H7/f6}$。

3. 尺寸公差与配合在图样上的标注

孔、轴公差带在零件图上主要标注公称尺寸和极限偏差数值，零件图上尺寸公差的标注方法有以下三种。

(1) 公称尺寸 + 尺寸公差带代号，如 $\phi30\text{H8}$、$\phi30\text{f7}$，如图 2.16(a) 所示。

(2) 公称尺寸 $+\dfrac{\text{上极限偏差}}{\text{下极限偏差}}$，如 $\phi30^{+0.033}_{0}$、$\phi30^{-0.020}_{-0.041}$，如图 2.16(b) 所示。

(3) 公称尺寸 + 尺寸公差带代号 $+\left(\dfrac{\text{上极限偏差}}{\text{下极限偏差}}\right)$，如 $\phi30\text{H8}\left(^{+0.033}_{0}\right)$、$\phi30\text{f7}\left(^{-0.020}_{-0.041}\right)$，如图 2.16(c) 所示。

孔、轴公差带在装配图上主要标注公称尺寸和配合代号，由相互配合的孔和轴的公差带代号以分式形式组成：分母为轴的公差带代号、分子为孔的公差带代号，如 $\phi30\dfrac{\text{H7}}{\text{f6}}$、$\phi30\text{H7/f6}$，如图 2.17 所示。

【例 2-6】 试查表确定 $\phi50\text{H7/p6}$ 和 $\phi50\text{P7/h6}$ 两种配合的孔、轴极限偏差，画出它们的公差带图，并说明它们的配合性质是否相同。

解：查表 2.1 得 $\text{IT6} = 0.016\text{mm}$，$\text{IT7} = 0.025\text{mm}$。

(1) 基孔制配合 $\phi50\text{H7/p6}$。

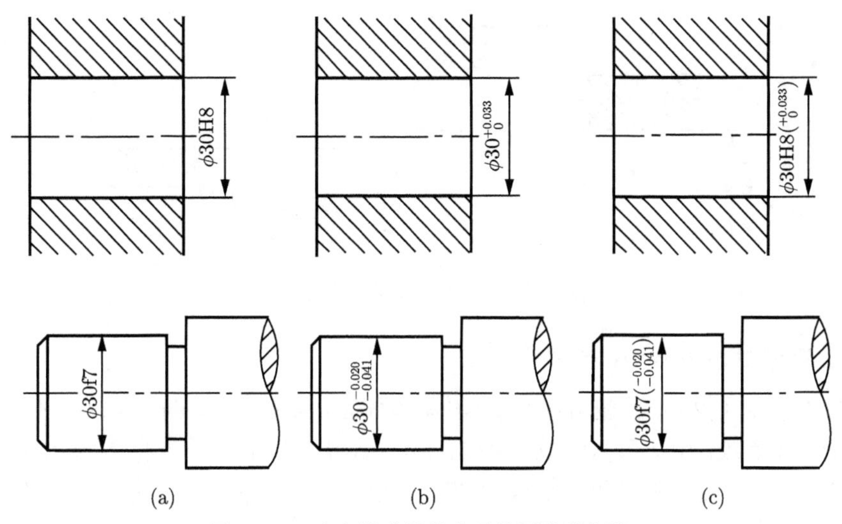

图 2.16　孔和轴公差带在零件图上的标注

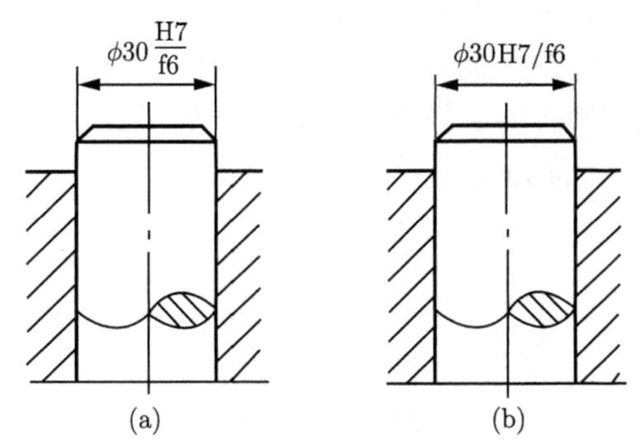

图 2.17　孔和轴公差带在装配图上的标注

ϕ50H7 为基准孔，其基本偏差为 EI = 0, 则另一极限偏差

$$\mathrm{ES} = 0 + \mathrm{IT7} = 0\mathrm{mm} + 0.025\mathrm{mm} = +0.025\mathrm{mm}$$

ϕ50p6 查表 2.4 得 p 的基本偏差为 ei = +0.026mm，则另一极限偏差

$$\mathrm{es} = \mathrm{ei} + \mathrm{IT6} = (+0.026\mathrm{mm}) + 0.016\mathrm{mm} = +0.042\mathrm{mm}$$

(2) 基轴制配合 ϕ50P7/h6。

ϕ50h6 为基准轴，其基本偏差为 es = 0，则另一极限偏差

$$\mathrm{ei} = 0 - \mathrm{IT6} = 0\mathrm{mm} - 0.016\mathrm{mm} = -0.016\mathrm{mm}$$

ϕ50P7 查表 2.5 得 P 的基本偏差 $\mathrm{ES} = -\mathrm{ei} + \Delta = -0.026\mathrm{mm} + 0.009\mathrm{mm} = -0.017\mathrm{mm}$，则另一极限偏差

$$\mathrm{EI} = \mathrm{ES} - \mathrm{IT7} = (-0.017\mathrm{mm}) - 0.025\mathrm{mm} = -0.042\mathrm{mm}$$

通过计算，可知两种配合的极限过盈相同，所以 ϕ50H7/p6 和 ϕ50P7/h6 的配合性质相同。公差带图如图 2.18 所示。

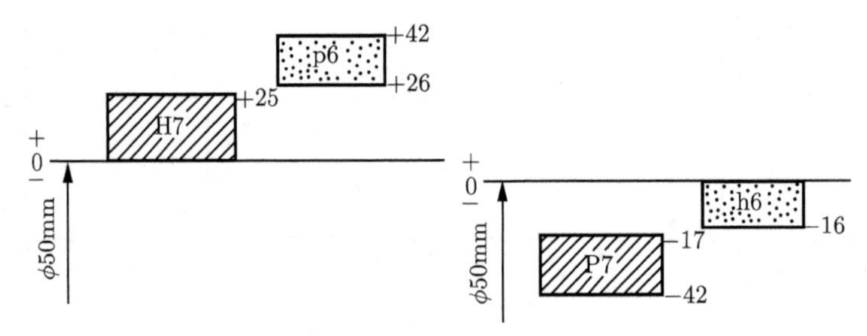

图 2.18　例 2-6 的公差带图

2.2.4　国家标准规定的公差带与配合

国家标准规定了 20 个公差等级和 28 种基本偏差，其中，基本偏差 j 仅有 4 个公差等级，J 仅有 3 个公差等级。由此可以组成 $20\times27+4=544$ 种轴的公差带和 $20\times27+3=543$ 种孔的公差带，而这些公差带又可以组成近 30 万种配合。这么多的公差带显然是不经济的，因为它必然导致定值刀具和量具的规格繁多。为此，GB/T 1800.1—2020 对公称尺寸 $\leqslant$ 500mm 的孔、轴规定了一般、常用和优先公差带与配合。

1. 一般、常用和优先公差带

国家标准规定了一般用途轴的公差带共 116 种，如图 2.19 所示。图中方框内 59 种为常用公差带，圆圈内 13 种为优先公差带。

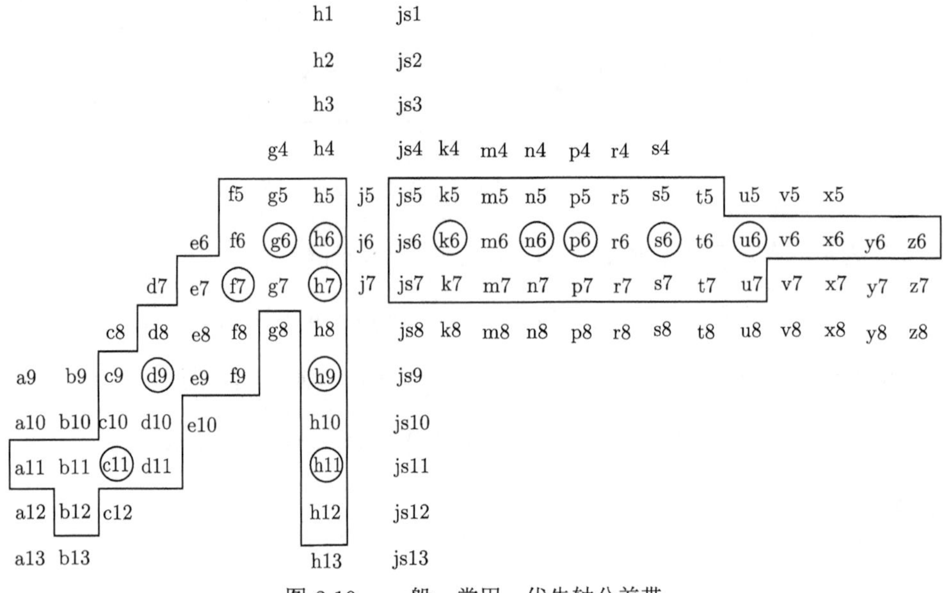

图 2.19　一般、常用、优先轴公差带

国家标准规定了一般用途孔的公差带共 105 种，如图 2.20 所示。图中方框内 44 种为常用公差带，圆圈内 13 种为优先公差带。

注：选用公差带时，按优先、常用、一般的顺序来选取。

2. 常用和优先配合

原则上，任意一对孔、轴公差带都可以构成配合，为了简化公差配合的种类，减少定值刀具、量具和工艺装备的品种及规格，国家标准对基孔制规定了常用配合 59 种，优先配合

13 种，见表 2.6。对基轴制规定了常用配合 47 种，优先配合 13 种，见表 2.7。选择配合时，应优先选用优先配合公差带，其次选择常用配合公差带。

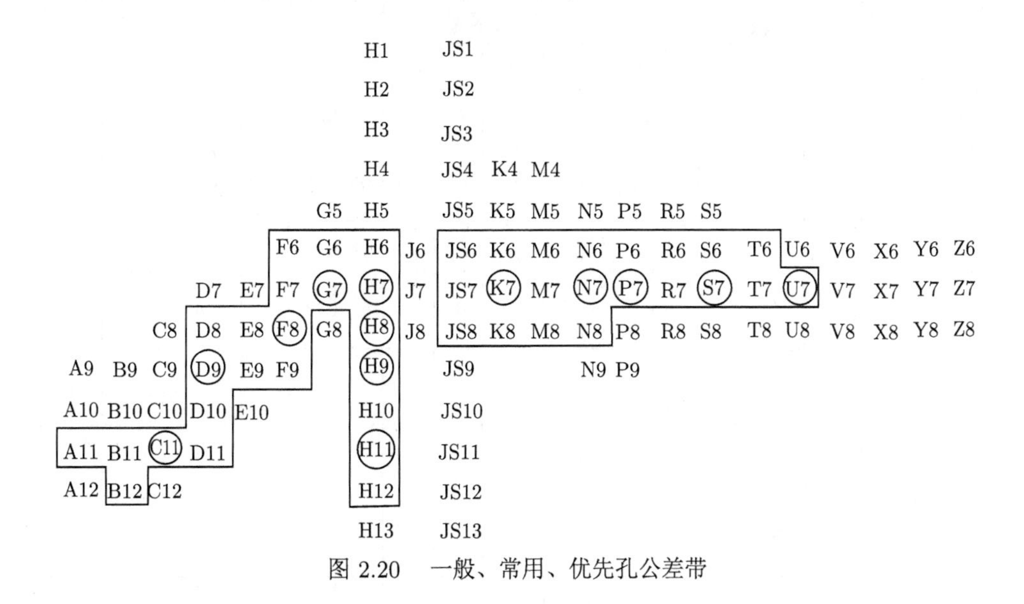

图 2.20　一般、常用、优先孔公差带

表 2.6　基孔制优先、常用配合

基准孔	轴																				
	a	b	c	d	e	f	g	h	js	k	m	n	p	r	s	t	u	v	x	y	z
	间隙配合								过渡配合			过盈配合									
H6						H6/f5	H6/g5	H6/h5	H6/js5	H6/k5	H6/m5	H6/n5	H6/p5	H6/r5	H6/s5	H6/t5					
H7						H7/f6	◤H7/g6	◤H7/h6	H7/js6	◤H7/k6	H7/m6	◤H7/n6	◤H7/p6	H7/r6	◤H7/s6	H7/t6	◤H7/u6	H7/v6	H7/x6	H7/y6	H7/z6
H8					H8/e7	◤H8/f7	H8/g7	◤H8/h7	H8/js7	H8/k7	H8/m7	H8/n7	H8/p7	H8/r7	H8/s7	H8/t7	H8/u7				
				H8/d8	H8/e8	H8/f8		H8/h8													
H9			H8/c9	◤H9/d9	H9/e9	H9/f9		◤H9/h9													
H10			H10/c10	H10/d10				H10/h10													
H11	H11/a11	H11/b11	◤H11/c11	H11/d11				◤H11/h11													
H12		H12/b12						H12/h12													

注：(1) $\frac{H6}{n5}$、$\frac{H7}{p6}$ 在公称尺寸小于或等于 3mm 和 $\frac{H8}{r7}$ 在公称尺寸小于或等于 100mm 时，为过渡配合。

(2) 标注 ◤ 符号的配合为优先配合。

表 2.7 基轴制优先、常用配合

基准轴	孔																				
	A	B	C	D	E	F	G	H	JS	K	M	N	P	R	S	T	U	V	X	Y	Z
	间隙配合								过渡配合			过盈配合									
h5						$\frac{F6}{h5}$	$\frac{G6}{h5}$	$\frac{H6}{h5}$	$\frac{JS6}{h5}$	$\frac{K6}{h5}$	$\frac{M6}{h5}$	$\frac{N6}{h5}$	$\frac{P6}{h5}$	$\frac{R6}{h5}$	$\frac{S6}{h5}$	$\frac{T6}{h5}$					
h6						$\frac{F7}{h6}$	◤$\frac{G7}{h6}$	◤$\frac{H7}{h6}$	$\frac{JS7}{h6}$	◤$\frac{K7}{h6}$	$\frac{M7}{h6}$	◤$\frac{N7}{h6}$	◤$\frac{P7}{h6}$	$\frac{R7}{h6}$	◤$\frac{S7}{h6}$	$\frac{T7}{h6}$	◤$\frac{U7}{h6}$				
h7					$\frac{E8}{h7}$	◤$\frac{F8}{h7}$		◤$\frac{H8}{h7}$	$\frac{JS8}{h7}$	$\frac{K8}{h7}$	$\frac{M8}{h7}$	$\frac{N8}{h7}$									
h8				$\frac{D8}{h8}$	$\frac{E8}{h8}$	$\frac{F8}{h8}$		$\frac{H8}{h8}$													
h9				◤$\frac{D9}{h9}$	$\frac{E9}{h9}$	$\frac{F9}{h9}$		◤$\frac{H9}{h9}$													
h10				$\frac{D10}{h10}$				$\frac{H10}{h10}$													
h11	$\frac{A11}{h11}$	$\frac{B11}{h11}$	◤$\frac{C11}{h11}$	$\frac{D11}{h11}$				◤$\frac{H11}{h11}$													
h12		$\frac{B12}{h12}$						$\frac{H12}{h12}$													

注：(1) N6/h5、P7/h6 在公称尺寸小于或等于 3mm 时，为过渡配合。

(2) 标注 ◤ 符号的配合为优先配合。

2.3 尺寸精度设计方法与实例

2.3.1 基准制的选择

基孔制和基轴制是两种平行的配合制。配合制的选择原则是在满足使用要求的前提下，获得最佳的技术经济效益。如 H7/k6 与 K7/h6 的配合性质基本相同，称为同名配合。所以，配合制的选择与功能要求无关，主要考虑加工的经济性和结构的合理性。对于中小尺寸的配合，应尽量采用基孔制配合。

1. 优先选用基孔制配合

一般情况下应优先选用基孔制。从制造加工方面考虑，两种基准制适用的场合不同；从加工工艺的角度来看，对应用最广泛的中、小直径尺寸的孔，通常采用定尺寸刀具 (如钻头、铰刀、拉刀等) 加工和定尺寸量具 (如塞规、心轴等) 检验。而一种规格的定尺寸刀具和量具，只能满足一种孔公差带的需要。对于轴的加工和检验，一种通用的外尺寸量具也能方便地对多种轴的公差带进行检验。由此可见：对于中小尺寸的配合，应尽量采用基孔制配合，可减少刀具和量具的规格与数量，既经济又合理。

2. 选用基轴制配合的场合

(1) 直接采用冷拉棒料做轴。这一类圆柱型材的规格已标准化，尺寸公差等级一般为 IT7～IT9。它作为基准轴，轴径可以免去外圆的切削加工，只要按照不同的配合性质来加工孔，可实现技术与经济的最佳效果。

(2) 一轴配多孔，且配合性质要求不同。一轴配多孔是指一轴与两个或两个以上的孔组成配合。有些零件由于结构上的需要，采用基轴制配合更合理。如图 2.21(a) 的活塞连杆机构，根据使用要求，活塞销轴与活塞孔采用过渡配合，而连杆衬套孔与活塞销轴则采用间隙配合。若采用基孔制 (图 2.21(b))，活塞销轴将加工成台阶形状，这不仅不利于加工，装配也困难；而采用基轴制 (图 2.21(c))，活塞销轴做成光轴，既经济合理又便于加工和装配。

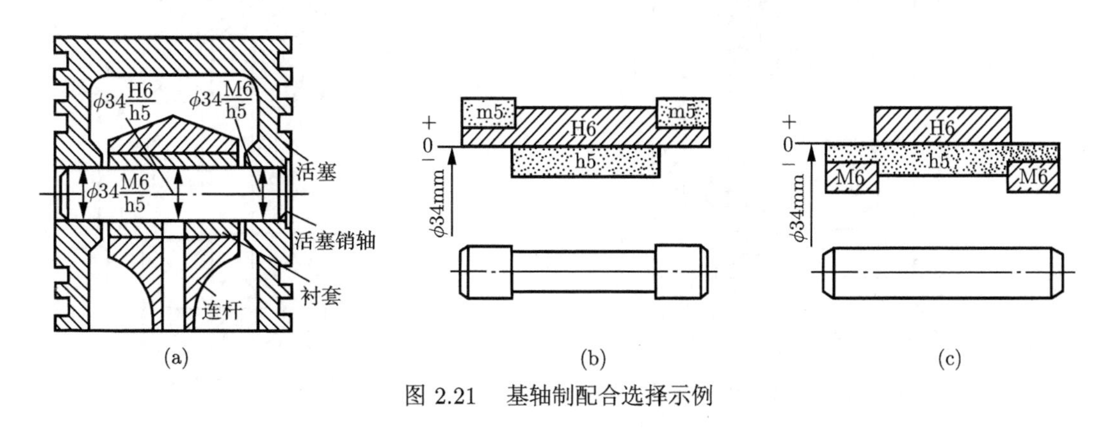

图 2.21　基轴制配合选择示例

3. 与标准件配合时，必须按标准件来选择基准制

如平键、半圆键等键连接，由于键是标准件，键与键槽的配合应采用基轴制；滚动轴承内圈与轴颈的配合应采用基孔制；而滚动轴承外圈与外壳孔的配合应采用基轴制。如图 2.22 所示，选择箱体孔的公差带为 J7，选择轴颈的公差带为 j6。

4. 特殊情况选用非基准制配合

国家标准规定：为了满足配合的特殊需要，允许采用非基准制配合，即采用任一孔、轴公差带 (基本偏差代号非 H 的孔或 h 的轴) 组成的配合，即非基准孔和非基准轴配合，例如，当机构中出现一个非基准孔 (轴) 和两个以上的轴 (孔) 配合时，其中肯定会有一个非基准制配合。如图 2.23 所示的外壳孔同时与轴承外径和端盖外径配合，由于轴承与外壳孔的配合已被定为基轴制过渡配合 (M7)，而为了便于拆装，端盖与外壳孔的配合则要求有间隙，所以端盖外径就不能再按基准轴制造，而应小于轴承的外径。在图 2.23 中端盖外径公差带取 f7，所以它和外壳孔所组成的为非基准制配合 M7/f7。

2.3.2　公差等级的选择

公差等级的选用是要正确处理好零件使用要求、加工工艺及生产成本之间的关系，其选择原则是：在满足使用要求的前提下，尽可能选择较低的公差等级。较低的公差等级是指：假如 IT7 级以上 (含 IT7) 的公差等级均能满足使用性能要求，那么，选择 IT7 级为宜。它既保证使用性能，又可获得最佳的经济效益。

公差等级的选择方法包括类比法和计算法。类比法，即经验法，就是参考经过实践证明合理的类似产品的公差等级，将所设计的机械 (机构、产品) 的使用性能、工作条件、加工工艺装备等情况与之进行比较，从而确定合理的公差等级。对初学者来说，多采用类比法，此法主要是通过查阅有关的参考资料、手册，并进行分析比较后确定公差等级。类比法多用于一般要求的配合。计算法是指根据一定的理论和计算公式计算后，再根据相关国家标准确定合理的公差等级，即根据工作条件和使用性能要求确定配合部位的间隙或过盈允许的界限，然后通过计算法确定相配合的孔、轴的公差等级。计算法多用于重要的配合。

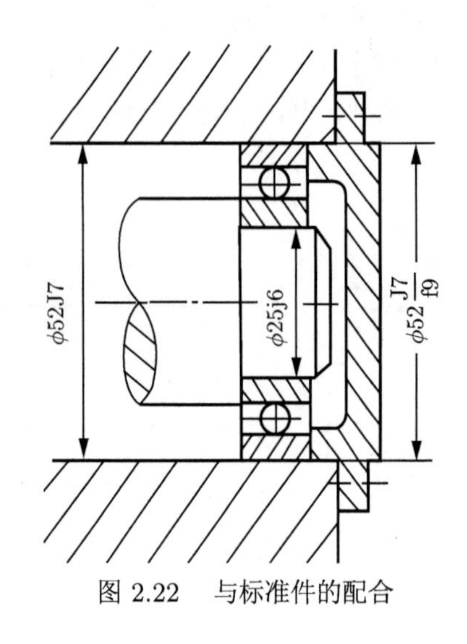

图 2.22　与标准件的配合

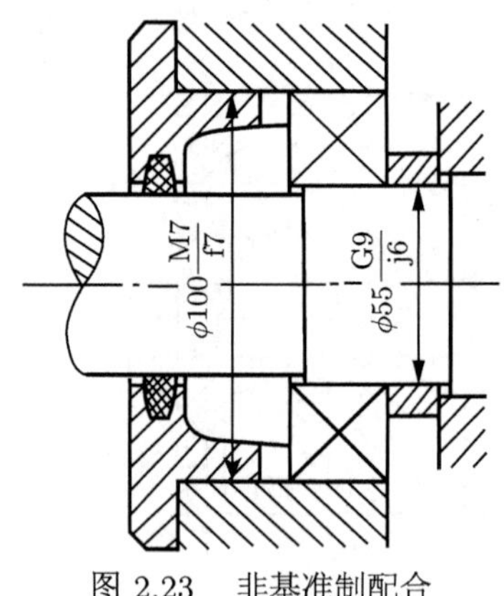

图 2.23　非基准制配合

公差等级的选用常采用类比法，即参照生产实践证明合理的同类产品的孔、轴公差等级，进行比较选择。选择时，还应考虑以下问题：了解各个公差等级的应用范围；熟悉各种工艺方法的加工精度。标准公差等级的应用范围见表 2.8。公差等级与加工方法的关系见表 2.9。

表 2.8　标准公差等级的应用范围

应用	公差等级 (IT)																			
	01	0	1	2	3	4	5	6	7	8	9	10	11	12	13	14	15	16	17	18
量块	—	—	—																	
量规			—	—	—	—	—	—	—											
配合尺寸							—	—	—	—	—	—	—	—	—					
特别精密零件的配合				—	—	—	—													
非配合尺寸（大制造公差）														—	—	—	—	—	—	—
原材料公差										—	—	—	—	—	—	—				

1. 工艺等价性

工艺等价性是指相互配合的孔、轴的加工难易程度基本相当。公称尺寸 ⩽500mm 时，高精度 (⩽IT8) 孔比相同精度的轴难加工，为使相配的孔与轴的加工难易程度相当，即具有工艺等价性，一般推荐孔的公差等级比轴的公差等级低一级；通常 6、7、8 级的孔分别与 5、6、7 级的轴配合，如 H7/f6、H7/p6。低精度 (>IT8) 的孔和轴采用同级配合，如 H8/s8。配合精度要求不高时，允许孔、轴公差等级相差 2～3 级，以降低加工成本。

对公称尺寸 ⩽500mm 相配合的孔、轴公差等级的选取一般遵循以下原则。

(1) 公差等级 < IT8 时，标准推荐轴比孔高一级配合，如 H7/f6、M7/h6。

(2) 公差等级 = IT8 时，轴比孔高一级配合或孔与轴同级配合，如 H8/r8、F8/h7。

(3) 公差等级 > IT8 时，标准推荐孔与轴同级配合，如 H9/c9、D10/h10。

对于公称尺寸 > 500mm：一般采用孔、轴同级配合。

表 2.9　常用加工方法可以达到的标准公差等级范围

加工方法	公差等级 (IT)																	
	01	0	1	2	3	4	5	6	7	8	9	10	11	12	13	14	15	16
研磨	—	—	—	—	—	—	—											
珩磨						—	—	—	—									
圆磨							—	—	—	—								
平磨							—	—	—	—								
金刚石车							—	—	—									
金刚石镗							—	—	—									
拉削							—	—	—	—								
铰孔								—	—	—	—	—						
车									—	—	—	—	—					
镗									—	—	—	—	—					
铣										—	—	—	—					
刨、插												—	—					
钻孔												—	—	—	—			
滚压、挤压												—	—					
冲压												—	—	—	—	—		
压铸													—	—	—	—		
粉末冶金成形								—	—	—								
粉末冶金烧结									—	—	—	—						
砂型铸造、气割																—	—	—
锻造															—	—		

2. 零、部件精度的匹配性

协调与相配零 (部) 件的精度关系。例如，与齿轮孔配合的轴的公差等级取决于相配合的齿轮的精度等级；与滚动轴承相配合的外壳孔和轴颈的公差等级取决于相配合的滚动轴承的类型和精度。

3. 配合性质与加工成本

对于过盈、过渡和较紧的间隙配合，孔的公差等级不低于 8 级，轴的公差等级不低于 7 级。这是因为公差等级过低，会使过盈配合的最大过盈过大，材料容易受到损坏；会使过渡配合既不能保证相配的孔、轴装卸方便，又不能保证实现定心的要求；会使间隙配合产生较大的间隙，不能满足较紧配合的要求。对于间隙较大的间隙配合，孔、轴的公差等级应低些。

(1) 对于过渡配合或过盈配合，因为间隙或过盈的变动量不允许太大，所以公差等级不宜太低：一般孔的公差等级不低于 IT8 级，轴的公差等级不低于 IT7 级，如 H7/k6；对于间隙配合，间隙小的其相配合的孔、轴公差等级较高，间隙大的其相配合的孔、轴公差等级较低。例如，选用 H6/g5 和 H11/a11 是可以的，而选用 H11/g11 和 H6/a5 就不合理了。

(2) 在非基准制配合中，有的零件精度要求不高，可与相配合零件的公差等级相差 2～3 级，以便在满足使用要求的前提下降低加工成本。如某轴颈与轴套内孔的配合，按工艺等价原则，轴套内孔应选 7 级公差 (加工成本较高)，但考虑到它们在径向只要求自由装配，为较大间隙量的间隙配合，此处选择 9 级精度的轴套内孔，有效地降低了成本。对于间隙较大的间隙配合孔和轴，由于某种原因，孔和轴之一必须选用较高的公差等级，则与它相配合的轴或孔标准公差等级可低 2～3 级。

2.3.3 配合的选择

配合种类的选择是在确定了基准制和公差等级的基础上，根据机器或部件的性能确定允许间隙或过盈的大小情况，当基准配合制和孔、轴公差等级确定之后，配合选择的任务是确定非基准件 (基孔制中的轴或基轴制中的孔) 的基本偏差代号。配合的选择可分为：配合类别的选择和非基准件的基本偏差代号的选择。

配合的选择方法有类比法、计算法和试验法 3 种。类比法与公差等级的选择相似，大多通过查表将所设计的配合部位的工作条件和功能要求与相同或相似的工作条件或功能要求的配合部位进行分析比较，对于已成功的配合作适当的调整，从而确定配合代号。此选择方法主要应用在一般、常用的配合中。计算法主要用于两种情况：一是用于保证与滑动轴承的间隙配合，当要求保证液体摩擦时，可以根据滑动摩擦理论计算允许的最小间隙，从而选定适当的配合；二是用于完全依靠装配过盈传递负荷的过盈配合，可以根据要求传递负荷的大小计算允许的最小过盈，再根据孔、轴材料的弹性极限计算允许的最大过盈，从而选定适当的配合。试验法主要用于新产品和特别重要配合的选择。对于这些部位的配合选择，需要进行专门的模拟试验，以确定工作条件要求的最佳间隙或过盈及其允许变动的范围，然后确定配合性质。这种方法只要试验设计合理、数据可靠，选用的结果将比较理想，但成本较高。

1. 配合类别的选择

配合类别的选择包括确定配合的类型及非基准件的基本偏差代号。对基孔制选择轴的基本偏差；对基轴制选择孔的基本偏差；必须选择用上述两种基准制以外的配合时，要同时选定孔和轴的基本偏差。

1) 选择的方法

(1) 计算法：计算出极限间隙或极限过盈量，然后从标准中选定合适的孔和轴的公差带。计算法常用于重要的配合部位。

(2) 类比法：与经过实践检验认为选择恰当的某种类似配合相比较，然后确定其配合种类。类比法常用于一般的配合部位。

(3) 试验法：在新产品设计过程中，对某些特别重要部位的配合，为了防止计算或类比不准确而影响产品的使用性能，可通过几种配合的实际试验结果，从中找出最佳的配合方案。试验法用于特别重要的关键性配合。

根据孔、轴配合的使用要求，一般有三种情况：装配后有相对运动要求的应选择间隙配合；装配后需要靠过盈传递载荷的，应选用过盈配合；装配后有定位精度要求或需要拆卸的，应选用过渡配合或小间隙、小过盈配合。具体选择配合类别时可参考表 2.10。

表 2.10 配合类别的选择

<table>
<tr><td rowspan="4">无相对运动</td><td rowspan="3">要传递转矩</td><td rowspan="2">要精确定心</td><td>永久结合</td><td>过盈配合</td></tr>
<tr><td>可拆结合</td><td>过渡配合或基本偏差为 H(h)[①]的间隙配合加紧固件[②]</td></tr>
<tr><td colspan="2">不要求精确定心</td><td>间隙配合加紧固件</td></tr>
<tr><td colspan="3">不需要传递转矩</td><td>过渡配合或小过盈配合</td></tr>
<tr><td rowspan="2">有相对运动</td><td colspan="3">缓慢转动或移动</td><td>基本偏差为 H(h)、G(g)[①]的间隙配合</td></tr>
<tr><td colspan="3">转动、移动或复合运动</td><td>基本偏差为 A～F(a～f)[①]的间隙配合</td></tr>
</table>

注：① H(h)、G(g)、A～F(a～f)：指非基准件的基本偏差代号；② 紧固件指键、销和螺钉等。

确定配合类别后，首先应尽可能地选用优先配合，其次是常用配合，再次是一般配合，最后若仍不能满足要求，则可以按孔、轴公差带组成相应的配合。

2) 各种基本偏差的特点和应用场合

(1) 间隙配合有 A～H(a～h) 共 11 种基本偏差。

特点：利用间隙储存润滑油及补偿温度变形、安装误差、弹性变形等所引起的误差。

应用：间隙配合在生产中应用广泛，不仅用于运动配合，加紧固件后也可用于传递力矩。不同基本偏差代号与基准孔 (或基准轴) 分别形成不同间隙的配合。

选择依据：主要依据变形、误差需要补偿间隙的大小、相对运动速度、是否要求定心或拆卸来选定间隙配合的极限尺寸。

(2) 过渡配合有 JS～N(js～n) 共 4 种基本偏差。

特点：定心精度高且可拆卸，也可加键、销等紧固件后用于传递力矩。

选择依据：机构受力情况、定心精度和要求装拆次数来考虑基本偏差的选择，定心要求高、受冲击负荷、不常拆卸的，可选较紧的基本偏差，如 N(n)；反之应选较松的配合，如 K(k) 或 JS(js)。

(3) 过盈配合有 P～ZC(p～zc) 共 12 种基本偏差。

特点：由于有过盈，装配后孔的尺寸被胀大而轴的尺寸被压小，产生弹性变形，在结合面上产生一定的正压力和摩擦力，用以传递力矩和紧固零件。

选择依据：选择过盈配合时，若不加键、销等紧固件，最小过盈应能保证传递所需的力矩，最大过盈应不使材料破坏，故配合公差不能太大，公差等级一般为 IT5～IT7；基本偏差根据最小过盈量及结合件的标准来选取。

3) 选择配合种类时应考虑的因素

(1) 考虑孔、轴是否有相对运动。

(2) 考虑孔、轴是否有定心精度要求。

(3) 定心精度要求较高时，不宜采用间隙配合、大过盈配合，通常采用过渡配合、小过盈配合。

(4) 分析工作条件及使用要求，考虑间隙量和过盈量的修正。

(5) 考虑薄壁套筒零件的装配变形。

(6) 考虑生产类型。

2. 基本偏差代号的选择

选择方法有三种：计算法、试验法和类比法。

(1) 计算法：根据零件的材料、结构和功能要求，按照一定的理论公式计算结果选择配合，关键是确定所需的极限间隙量或极限过盈量。用此方法选取配合比较科学。

(2) 试验法：通过模拟试验和分析选出具有最理想的间隙量或过盈量的配合。此方法最为可靠，但成本较高，一般只用于特别重要的、关键性配合的选取。

(3) 类比法：在对现有的行之有效的一些配合有充分了解的基础上，通过对使用要求和工作条件与之类似的配合件进行分析对比的方法确定配合，这是目前选择配合的主要方法。

选择配合的主要依据是使用要求和工作条件。在选择配合时，还要综合考虑以下一些因素。

(1) 孔和轴的定心精度：相互配合的孔、轴定心精度要求高时，不宜用间隙配合，多用过渡配合。过盈配合也能保证定心精度。

(2) 受载荷情况：若载荷较大，对过盈配合过盈量要增大，对过渡配合要选用过盈率大的过渡配合。

(3) 拆装情况：经常拆装的孔和轴的配合比不经常拆装的配合要松些。有时零件虽然不经常拆装，但受结构限制装配困难的配合，也要选松一些的配合。

(4) 配合件的材料：当配合件中有一件是铜或铝等塑性材料时，因它们容易变形，选择配合时可适当增大过盈或减小间隙。

(5) 装配变形：对于一些薄壁套筒的装配，还要考虑到装配变形的问题，如图 2.24 所示。

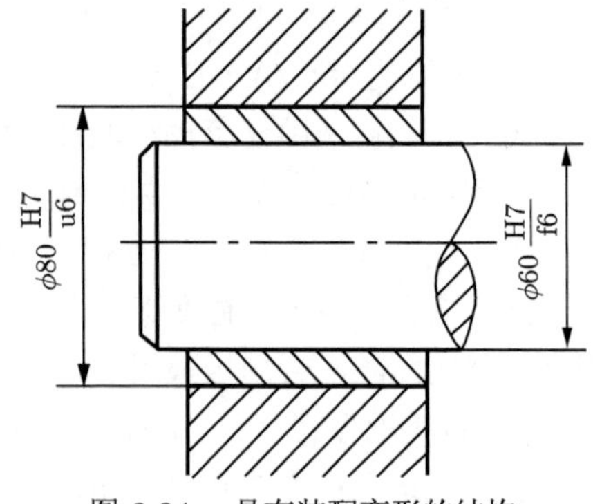

图 2.24 具有装配变形的结构

(6) 工作温度：当工作温度与装配温度相差较大时，选择配合时要考虑到热变形的影响。

(7) 生产类型：在大批量生产时，加工后的尺寸通常按正态分布。当工作条件变化时，要对配合的间隙或过盈的大小进行调整。

3. 各类配合的选择

主要依据配合部位的功能要求、各类配合的性能特征选择合适的配合。

1) 间隙配合的选择

间隙配合主要应用在孔轴之间有相对运动和需要拆卸的无相对运动的配合部位。由表 2.11 可知：对于基孔制的间隙配合，轴的基本偏差代号为 a～h；对于基轴制的间隙配合，孔的基本偏差代号为 A～H。间隙配合的性能特征见表 2.11。

表 2.11 各种间隙配合的性能特征

基本偏差代号	a、b	c	d	e	f	g	h
	(A、B)	(C)	(D)	(E)	(F)	(G)	(H)
间隙大小	特大间隙	很大间隙	大间隙	中等间隙	小间隙	较小间隙	很小间隙 $X_{\min}=0$
配合松紧程度	松	———————→					紧
定心要求	无对中、定心要求					略有定心功能	有一定定心功能
摩擦类型	紊流液体摩擦		层流液体摩擦			半液体摩擦	
润滑性能	差	———————→			好	———————→	差
相对运动速度	无转动	慢速转动	高速转动		中速转动	低速转动或移动 (或手动移动)	

2) 过渡配合的选择

过渡配合主要应用在孔与轴之间有定心要求，而且需要拆卸的静连接 (即无相对运动) 的配合部位。

由表 2.12 可知：对于基孔制的过渡配合，轴的基本偏差代号为 js～m (n)；对于基轴制的过渡配合，孔的基本偏差代号为 JS ～M(N)。过渡配合的性能特征见表 2.12。

3) 过盈配合的选择

过盈配合主要应用在孔与轴之间需要传递转矩的静连接 (即无相对运动) 的配合部位。

由表 2.13 可知：对于基孔制的过盈配合，轴的基本偏差代号为 p～ zc；对于基轴制的过盈配合，孔的基本偏差代号为 P～ZC。过盈配合的性能特征见表 2.13。

表 2.12　各种过渡配合的性能特征

基本偏差代号	js (JS)	k (K)	m (M)	n (N)
间隙量或过盈量	过盈率很小 稍有平均间隙	过盈率中等 平均间隙 (过盈) 接近零	过盈率较大 平均过盈较小	过盈率大 平均过盈稍大
定心要求	可达较好的定心精度	可达较高的定心精度	可达精密的定心精度	可达很精密的定心精度
装配和拆卸功能	木锤装配, 拆卸方便	木锤装配, 拆卸比较方便	最大过盈量时需要相当的压入力，可以拆卸	用锤或压力机装配，拆卸困难

表 2.13　各种过盈配合的性能特征

基本偏差代号	p、r (P、R)	s、t (S、T)	u、v (U、V)	x、y、z (X、Y、Z)
过盈量	较小与小的过盈	中等与大的过盈	很大的过盈	特大的过盈
传递扭矩的大小	加紧固件可传递一定的扭矩与轴向力，属轻型过盈配合；不加紧固件可用于准确定心，仅传递小扭矩，需轴向定位部位	不加紧固件可传递较小的扭矩与轴向力，属中型过盈配合	不加紧固件可传递大的扭矩与动载荷，属重型过盈配合	需传递特大扭矩和动载荷，属特重型过盈配合
装配和拆卸功能	装配时使用吨位小的压力机，用于需要拆卸的配合中	用于很少拆卸的配合中	用于不拆卸 (永久结合) 的配合	

2.3.4　一般公差

一般公差是指在车间普通加工条件下可以保证的公差，是机床设备在正常维护和操作情况下能达到的经济加工精度。一般公差主要用于低精度的非配合尺寸，在该尺寸后不标注极限偏差或其他代号，一般不检验，所以也称未注公差。

国家标准规定了线性尺寸的一般公差等级和极限偏差。一般公差等级分为四级，它们分别是精密级 f、中等级 m、粗糙级 c、最粗级 v，这四个等级分别相当于 IT12、IT14、IT16、IT17。极限偏差全部采用对称偏差值，对尺寸采用了较大的分段。

线性尺寸的一般公差是在车间加工精度保证的情况下加工出来的，一般可以不用检验。采用 GB/T 1804—2000 规定的一般公差，在图样、技术文件或标准中用该标准号和公差等级符号表示。例如，选中等级时，表示为 GB/T 1804—m。

2.3.5　尺寸精度设计实例

【例 2-7】有一孔、轴配合，其公称尺寸为 ϕ30mm，要求配合间隙为 0.040～0.075mm。试用计算法确定此配合的配合代号。

解: (1) 选择配合制。没有特殊要求，应选择基孔制，即孔的基本偏差代号为 H，$\mathrm{EI}=0$。

(2) 确定公差等级。该配合为间隙配合，其配合公差为

$$T_{\mathrm{f}}=|X_{\max}-X_{\min}|=|(+0.075)-(+0.040)|\,\mathrm{mm}=0.035\mathrm{mm}$$

因为 $T_{\mathrm{f}}=T_{\mathrm{h}}+T_{\mathrm{s}}=0.035\mathrm{mm}$，根据工艺等价性，查表 2.1 可得：轴为 $\mathrm{IT6}=0.013\mathrm{mm}$，孔为 $\mathrm{IT7}=0.021\mathrm{mm}$，则 $T_{\mathrm{f}}=T_{\mathrm{h}}+T_{\mathrm{s}}=0.021\mathrm{mm}+0.013\mathrm{mm}=0.034\mathrm{mm}$，小于且最接近于题中要求的间隙变动量 0.035mm，因此满足使用要求。

(3) 确定孔、轴的基本偏差代号。已选定基孔制配合，且孔的公差等级为 IT7，则由 $\mathrm{EI}=0$，$\mathrm{IT7}=0.021\mathrm{mm}$ 可得 $\mathrm{ES}=\mathrm{EI}+\mathrm{IT7}=+0.021\mathrm{mm}$，所以孔的公差带为 $\phi30\mathrm{H7}\left(^{+0.021}_{\ \ 0}\right)$。

因为是基孔制间隙配合，所以有 $X_{\min}=\mathrm{EI}-\mathrm{es}=+0.040\mathrm{mm}$，可得所要求的轴的基本偏差 $\mathrm{es}=\mathrm{EI}-X_{\min}=-0.040\mathrm{mm}$，对照表 2.4 可知，基本偏差代号为 e 的轴可以满足要求，所以轴的公差代号为 e6，其下极限偏差 $\mathrm{ei}=\mathrm{es}-\mathrm{IT6}=-0.040\mathrm{mm}-0.013\mathrm{mm}=-0.053\mathrm{mm}$，那么轴的公差带为 $\phi30\mathrm{e6}\left(^{-0.040}_{-0.053}\right)$。

所以，满足要求的配合代号为 $\phi30\mathrm{H7/e6}$，公差带图如图 2.25 所示。

(4) 验算设计结果。

所设计的配合 $\phi30\mathrm{H7/e6}$ 的最大间隙为

$$X_{\max}=\mathrm{ES}-\mathrm{ei}=[+0.021-(-0.053)]\,\mathrm{mm}=+0.074\mathrm{mm}$$

最小间隙为

$$X_{\min}=\mathrm{EI}-\mathrm{es}=[0-(-0.040)]\,\mathrm{mm}=+0.040\mathrm{mm}$$

所以配合间隙在 0.040～0.075mm，满足使用要求。

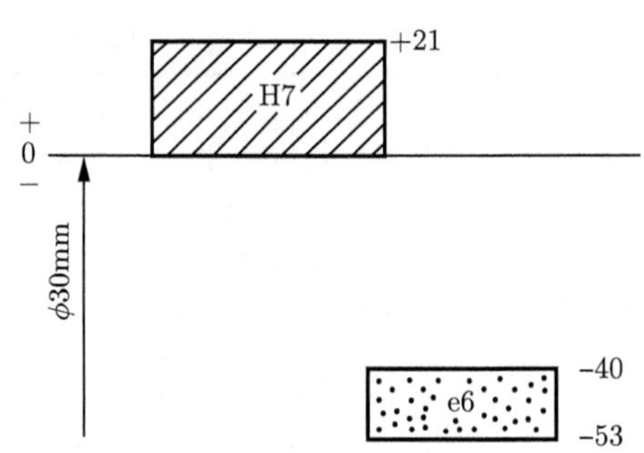

图 2.25　例 2-7 的公差带图

习　题　2

2-1　某轴 $\phi25^{\ \ 0}_{-0.013}\mathrm{mm}$ 与某孔配合，要求 $Y_{\min}=-0.001\mathrm{mm}, T_{\mathrm{f}}=0.034\mathrm{mm}$，试确定孔的公差带代号。

2-2　将配合 $\phi8\mathrm{H6/f5}$ 从基孔制换算成基轴制，并画出公差带图。

2-3　某孔、轴配合，公称尺寸为 $\phi35\mathrm{mm}$，要求 $X_{\max}=+120\mu\mathrm{m}$，$X_{\min}=+50\mu\mathrm{m}$，试确定基准制、公差等级及其配合。

2-4　设孔、轴配合，公称尺寸为 $\phi60\mathrm{mm}$，要求 $X_{\max}=+50\mu\mathrm{m}$，$Y_{\max}=-32\mu\mathrm{m}$，试确定其配合公差带代号。

2-5　某公差等级为 IT8 的基准轴与某孔配合，公称尺寸为 $\phi40\mathrm{mm}$，设计要求间隙变化的范围为 +0.025mm～+0.130mm，试选取适当的公差等级和配合，并按机械制图标准标注孔、轴尺寸。

2-6　某与滚动轴承外圈配合的外壳孔尺寸为 $\phi25\mathrm{J7}$，今设计与该外壳孔相配合的端盖尺寸，使端盖与外壳孔的配合间隙为 +15μm～+125μm，试确定端盖的公差等级并选用配合，说明该配合属于何种基准制。

2-7　已知孔轴配合的公称尺寸为 $\phi50\mathrm{mm}$，配合公差为 $T_{\mathrm{f}}=0.041\mathrm{mm}, X_{\max}=+0.066\mathrm{mm}$，孔公差为 $T_{\mathrm{h}}=0.025\mathrm{mm}$，轴下极限偏差 $\mathrm{ei}=-0.041\mathrm{mm}$，试求孔轴的极限偏差，画出公差带图，说明配合性质。

2-8　已知两根轴，其中 $d_1=\phi5\mathrm{mm}, T_{\mathrm{s1}}=0.005\mathrm{mm}, d_2=\phi180\mathrm{mm}, T_{\mathrm{s2}}=0.025\mathrm{mm}$，试比较以上两根轴的加工难易程度。

2-9　有一孔、轴配合，公称尺寸为 $\phi60\mathrm{mm}$，最大间隙 $X_{\max}=+40\mu\mathrm{m}$，孔公差 $T_{\mathrm{h}}=30\mu\mathrm{m}$。轴公差 $T_{\mathrm{s}}=20\mu\mathrm{m}$。试按标准规定标注孔、轴的尺寸。

2-10　若已知某孔轴配合的公称尺寸为 $\phi 30\text{mm}$，最大间隙 $X_{\max} = +23\mu\text{m}$，最大过盈 $Y_{\max} = -10\mu\text{m}$，孔的尺寸公差 $T_{\text{h}} = 20\mu\text{m}$，轴的上极限偏差 $\text{es} = 0$，试确定孔、轴的尺寸偏差，并画出尺寸公差带图。

2-11　已知公称尺寸为 $\phi 30\text{mm}$，基孔制的孔轴同级配合，配合公差 $T_{\text{f}} = 0.066\text{mm}$，$Y_{\max} = -0.081\text{mm}$，求孔、轴的上、下极限偏差，并画出公差带图。

2-12　已知孔、轴配合的公称尺寸为 $\phi 50\text{mm}$，配合公差 $T_{\text{f}} = 0.041\text{mm}$，$X_{\max} = +0.066\text{mm}$，孔的公差 $T_{\text{h}} = 0.025\text{mm}$，轴的下极限偏差 $\text{ei} = +0.041\text{mm}$，求孔、轴的其他极限偏差，并画出公差带图。

第 3 章　几何精度设计与检测

3.1　基 本 概 念

在实际生产中，零件在加工过程中会产生或大或小的形状、方向和位置误差 (简称几何误差)，它们影响机器、仪器、仪表、刀具、量具等各种机械产品的工作精度、连接强度、运动平稳性、密封性、耐磨性和使用寿命等，甚至还与机器在工作时的噪声有关。

如图 3.1 所示的圆柱体，即使在尺寸合格时，也有可能出现一端大、另一端小或中间细、两端粗等情况，其截面也有可能不圆，这属于形状方面的误差。

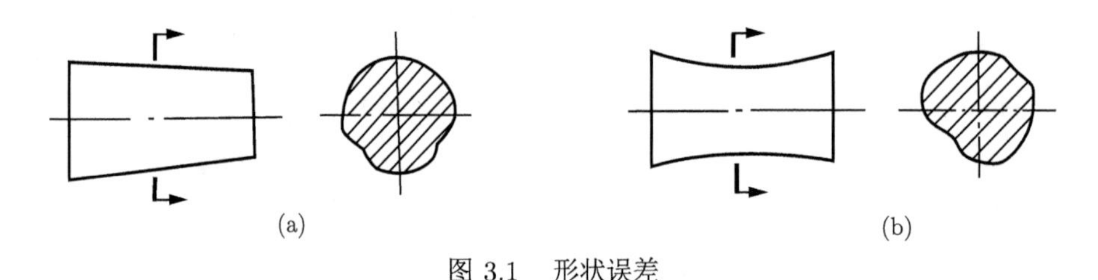

图 3.1　形状误差

再如图 3.2 所示的阶梯轴，加工后可能出现各轴段具有不同轴线的情况，这属于位置方面的误差。

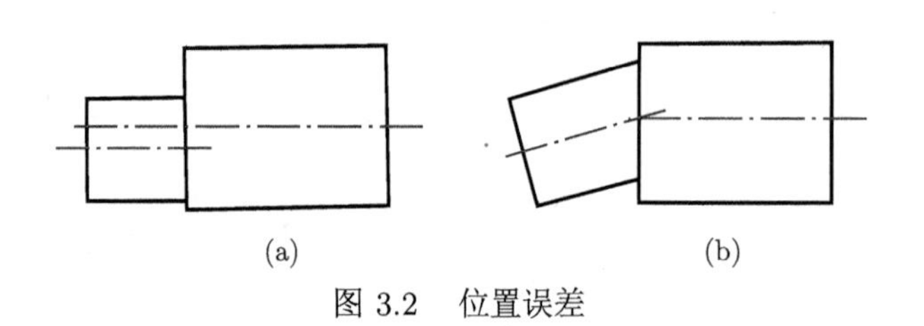

图 3.2　位置误差

因此，为了保证机械产品的质量，保证零部件的互换性，应给定形状公差、方向公差和位置公差，以限制几何误差。几何公差是允许实际被测要素在形状、方向和位置上的变动量，用来控制几何误差。几何公差带是限制实际被测要素在形状、方向、位置上的变动区域，它作为几何公差的平面或空间形式，能够形象、清晰、准确、唯一地表达几何公差及其含义。

3.1.1　几何公差的研究对象

几何公差的研究对象是机械零件上的几何要素。构成零件几何特征的点、线、面称作零件的几何要素，简称要素。如图 3.3 所示，圆柱面、圆锥面、球面、端平面、轴线、素线和点都是构成这个零件的要素。

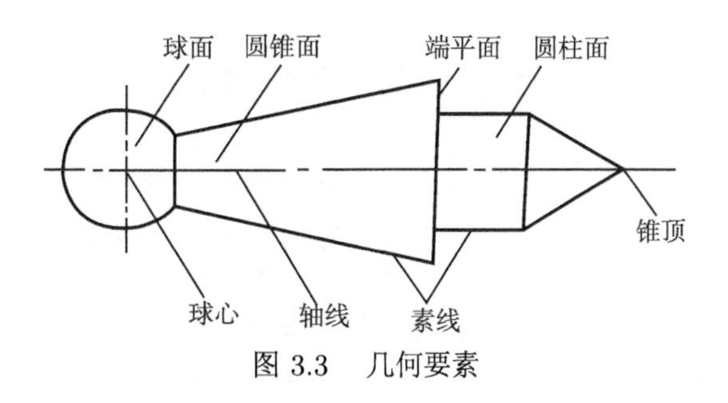

图 3.3　几何要素

3.1.2　几何要素的分类

1. 按存在的状态分类

理想要素是指具有几何学意义的要素。设计图样上给出的要素均为理想要素，它们不存在任何误差。

实际要素是指零件上实际存在的要素，通常由提取要素来代替。由于受到测量误差的影响，此时，实际要素并非该要素的真实情况。

2. 按几何特征分类

组成要素是指构成零件轮廓的、能为人们直接感觉到的要素，如图 3.3 中的端平面、圆柱面、球面、圆锥面、圆柱面素线、圆锥面素线、锥顶等。

导出要素是指组成要素对称中心所表示的点、线、面等各要素，是不可见的、抽象的，不能为人们直接感觉到，但它们是客观存在的，通过相应的组成要素才能体现出来。中心线、中心面、中心点均为导出要素，如图 3.3 中的球心、轴线。

3. 按所处的地位分类

被测要素指图样上给出了形状或位置公差要求的要素，是检测的对象，如图 3.4 中 ϕd_2 的圆柱面和 ϕd_1 的圆柱轴线。

基准要素指用来确定被测要素方向或位置的要素。理想的基准要素简称为基准，在图样上标有基准符号，如图 3.4 中 ϕd_2 圆柱面的轴线。

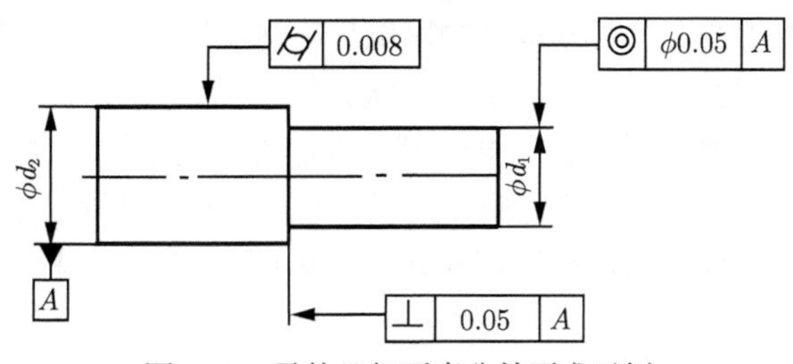

图 3.4　零件几何要素公差要求示例

4. 按功能关系分类

单一要素指仅对被测要素本身给出形状公差要求的要素，如图 3.4 中 ϕd_2 的圆柱面。

关联要素指与零件上其他要素有功能关系的要素，即给出位置公差的要素，如图 3.4 中 ϕd_1 圆柱轴线与 ϕd_2 圆柱的台肩面的垂直关系。

3.2　几 何 公 差

国家标准规定了 14 项几何公差项目，其名称、符号以及分类见表 3.1。

表 3.1　几何公差的项目及其符号 (摘自GB/T 1182—2018)

公差类型	特征项目	符号	有或无基准要求	公差类型	特征项目	符号	有或无基准要求
形状公差	直线度	—	无	方向公差	平行度	//	有
	平面度	▱	无		垂直度	⊥	有
	圆度	○	无		倾斜度	∠	有
	圆柱度	⌭	无	位置公差	位置度	⌖	有或无
形状、方向或位置公差	线轮廓度	⌒	有或无		同轴度	◎	有
	面轮廓度	⌓	有或无		对称度	⌯	有
				跳动公差	圆跳动	↗	有
					全跳动	⌰	有

3.2.1　几何误差与几何公差的关系

几何公差是实际被测要素对其理想要素的允许变动量，用来限制零件本身的几何误差。国家标准将几何公差分为形状公差、方向公差、位置公差和跳动公差。几何公差是用几何公差带来表示的。几何公差带与尺寸公差带比较，尺寸公差是上下极限尺寸之差，但几何公差带可以是空间区域，也可以是平面区域。只要实际被测要素能全部落在给定的公差带内，就表明实际被测要素合格。

3.2.2　几何公差带

几何公差带是限制被测实际要素变动的区域。被测实际要素应在给定的公差带内，否则是不合格的。几何公差带具有一定的大小、形状、方向和位置。

几何公差带形状是由被测要素的理想形状和给定的公差特征项目所确定的。常见的几何公差带形状包括两平行直线间、两等距曲线之间、圆内区域、两同心圆之间、两平行平面间、两等距曲面之间、圆柱面内、两同轴圆柱面之间、球面区域等 11 种，如图 3.5 所示。

3.2.3　几何公差的标注方法

1. 被测要素的标注方法

被测要素几何精度要求采用框格标注。几何公差的框格是由两格或多格组成的矩形框格。在零件图样上只能水平或垂直放置。左起第一格填写公差项目符号，第二格填写公差值，从第三格起按基准顺序填写基准字母，如图 3.6 所示。用指引线把公差框格与有关的被测要素联系起来，箭头方向应垂直于被测要素，指引线引出端必须与框格垂直。它可以从框格左端或右端引出，指引线指向被测要素时，允许折弯一次，如图 3.7 所示。

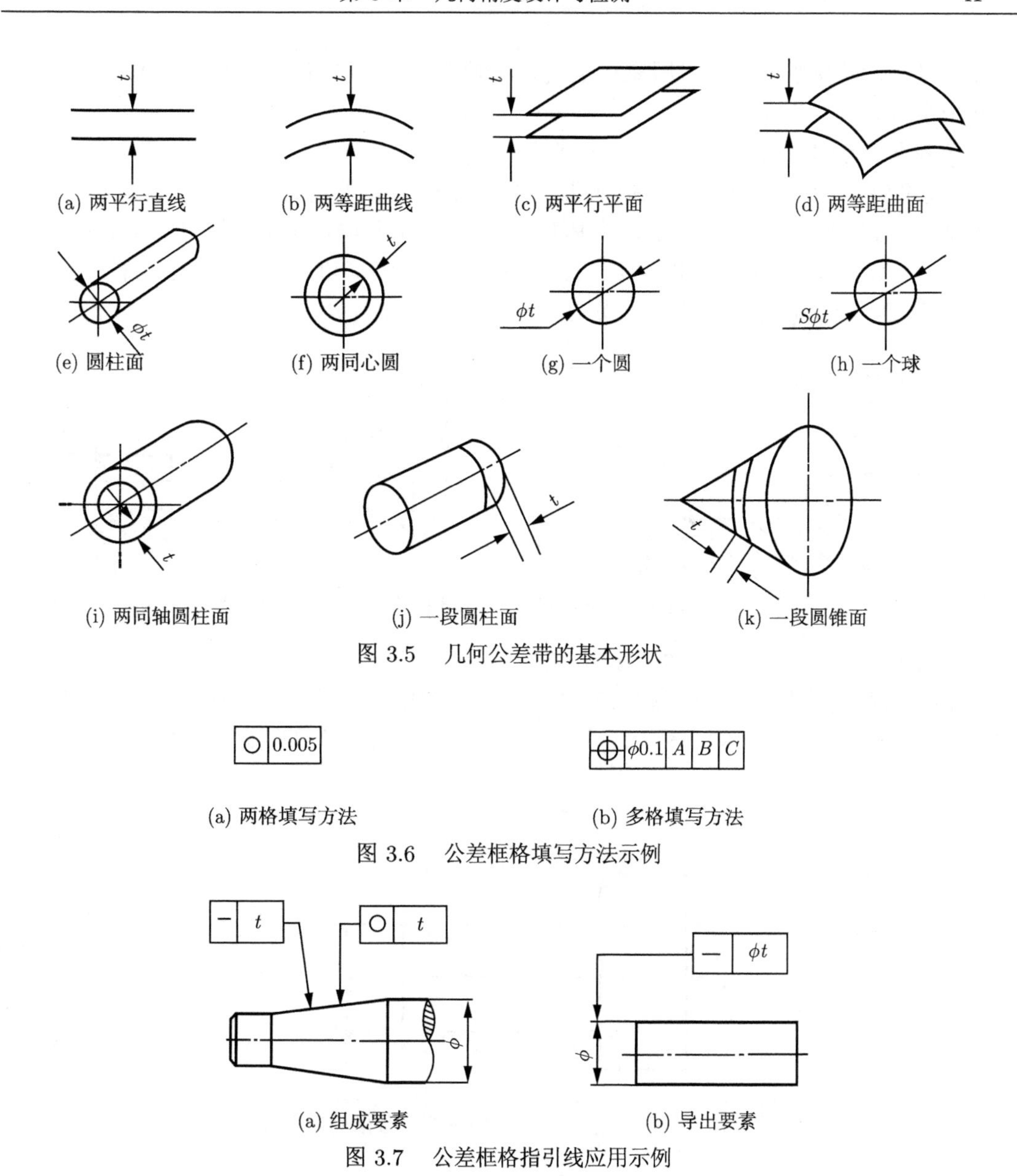

(a) 两平行直线 (b) 两等距曲线 (c) 两平行平面 (d) 两等距曲面

(e) 圆柱面 (f) 两同心圆 (g) 一个圆 (h) 一个球

(i) 两同轴圆柱面 (j) 一段圆柱面 (k) 一段圆锥面

图 3.5 几何公差带的基本形状

(a) 两格填写方法 (b) 多格填写方法

图 3.6 公差框格填写方法示例

(a) 组成要素 (b) 导出要素

图 3.7 公差框格指引线应用示例

当被测要素为组成要素时，箭头应直接指向被测要素的可见轮廓线或其延长线上，并与尺寸线明显错开，如图 3.7(a) 所示；当被测要素为导出要素时，指引线的箭头应与该要素的尺寸线对齐，如图 3.7(b) 所示。

指引线的箭头指向分为公差带的宽度方向还是直径方向。由于指引线的箭头指向不同，框格中的公差值标注也是有区别的。图 3.7(a) 中指引线的箭头指向是公差带的宽度方向，几何公差值框格中只标出数值；而图 3.7(b) 中指引线的箭头指向是公差带的直径方向，几何公差框格中，在数值前加注“ϕ”；若公差带是球体，则在数值前加注“$S\phi$”。

2. 基准要素的标注方法

表示基准要素的字母标注在基准方框内，方框用细实线与实心 (或空心) 三角形相连。无论基准代号的方向如何，基准字母都必须沿水平方向书写。基准字母采用大写的英文字母，为避免引起误解，国家标准规定不使用英文字母 E、F、I、J、M、L、O、P、R 九个字母。

1) 基准符号的标注位置

当基准要素为组成要素时，应把基准三角形放在该要素的轮廓线上 (或其延长线上)，并且必须与尺寸线明显错开 (图 3.8)。当基准要素为导出要素时，基准符号的细实线应与该尺寸线对齐，如图 3.9 所示。公共基准的表示是在组成公共基准的两个或两个以上同类基准代号的字母之间加短横线，并在图中分别标注基准符号。

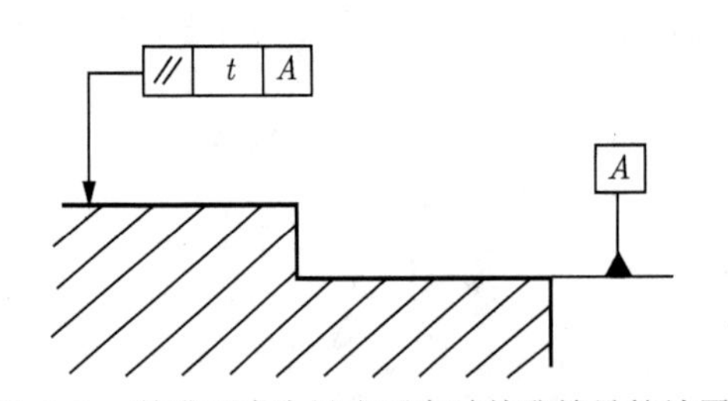

图 3.8 基准要素为组成要素时基准符号的放置

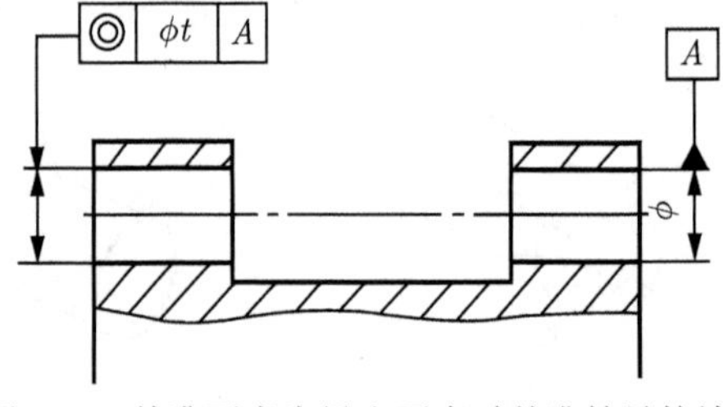

图 3.9 基准要素为导出要素时基准符号的放置

2) 几何公差的简化标注 (详见 3.2.4 节)

在保证读图方便和不引起误解的前提下，可以简化标注。图 3.10 是同一要素有多项几何公差项目要求的标注示例。图 3.11 是不同要素有同一公差项目要求的标注示例。

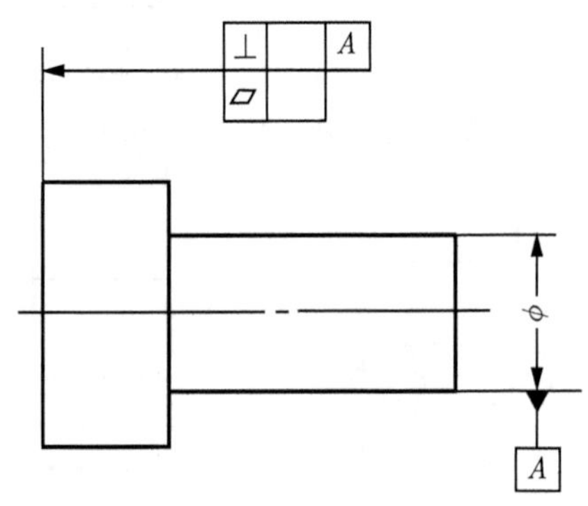

图 3.10 同一要素有多项几何公差项目要求的标注示例

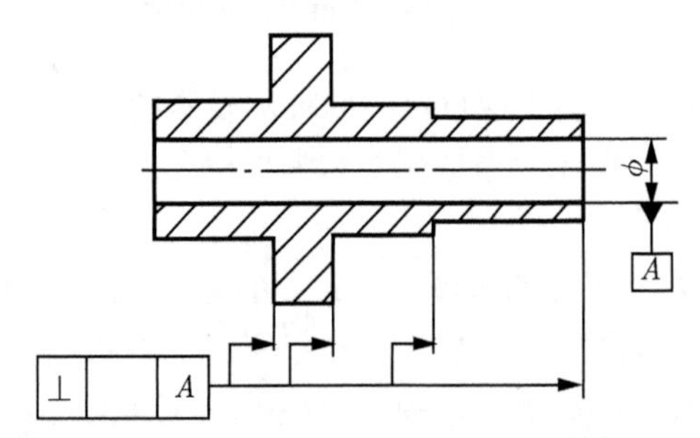

图 3.11 不同要素有同一公差项目要求的标注示例

3) 几何公差有附加要求时的标注

表 3.2 是用符号标注几何公差的附加要求。表 3.3 是用文字说明几何公差的附加要求。

表 3.2　用符号标注几何公差的附加要求

示例	含义
— 0.02(+)；ϕ	素线直线度公差为 0.02mm，若有素线直线度误差，则只允许中间向材料外凸起
⏥ 0.02(−)	平面度公差为 0.02mm，若有平面度误差，则只允许中间向材料内凹下
⌭ 0.03 (▷)；ϕ	圆柱度公差为 0.03mm，若有圆柱度误差，则只允许向右端逐渐减少
// 0.02(◁) A；A	平行度公差为 0.02mm，若有平行度误差，则只允许向左端逐渐减少

表 3.3　用文字说明几何公差的附加要求

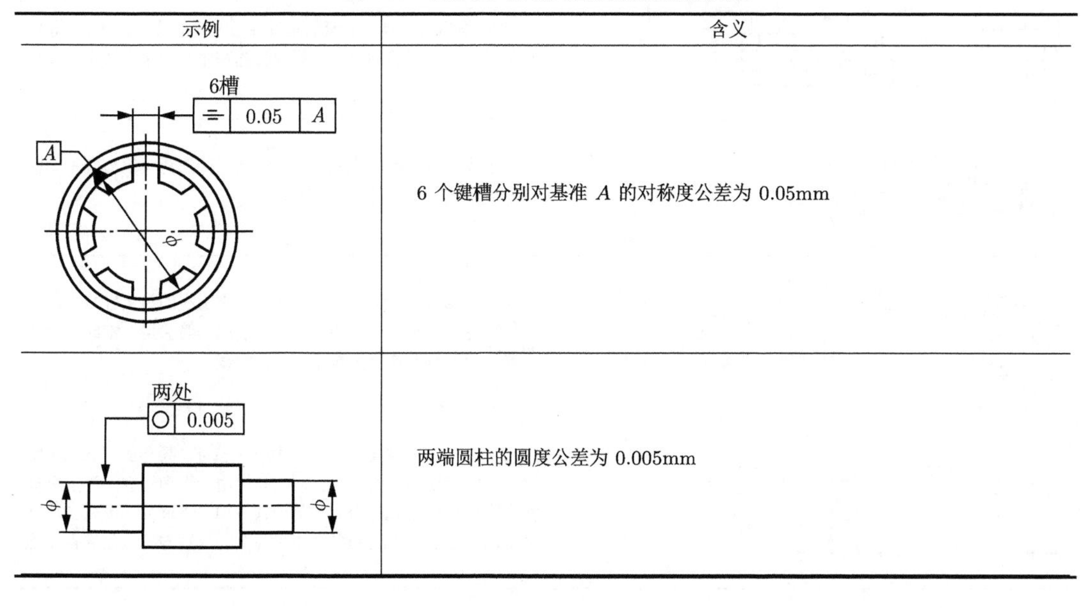

示例	含义
6槽；⌯ 0.05 A；A；ϕ	6 个键槽分别对基准 A 的对称度公差为 0.05mm
两处；○ 0.005；ϕ；ϕ	两端圆柱的圆度公差为 0.005mm

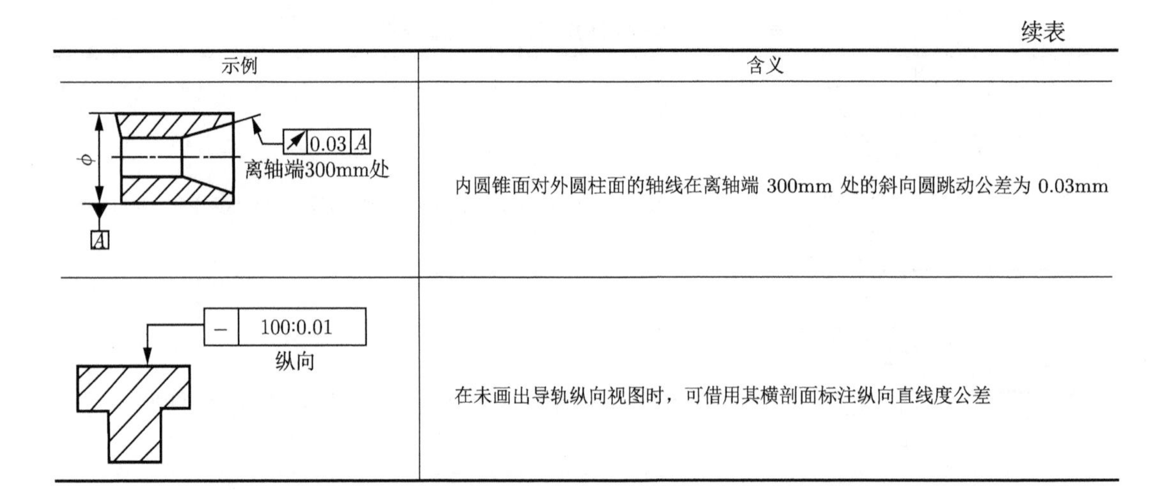

续表

示例	含义
↗ 0.03 A 离轴端300mm处 φ A	内圆锥面对外圆柱面的轴线在离轴端 300mm 处的斜向圆跳动公差为 0.03mm
— 100:0.01 纵向	在未画出导轨纵向视图时，可借用其横剖面标注纵向直线度公差

3. 被测要素的具体标注方法

被测要素的标注方法如表 3.4 所示。

表 3.4　被测要素的标注方法

标注方法	说明
φ	用带箭头的指引线将被测要素与公差框格的一端相连，指引线的箭头应指向公差带的宽度方向或直径方向。当被测要素为线或表面时，指引线的箭头应指在该要素的轮廓线或其引出线上，并应明显地与尺寸线错开
φ　φ	当被测要素为轴线、球心或中心平面时，指引线的箭头应与该要素的尺寸线对齐
	当被测要素为单一要素的轴线或各要素的公共轴线、公共中心平面时，指引线的箭头可以直接指在轴线或中心线上
φ　φ	当被测要素为圆锥体的轴线时，指引线的箭头应与圆锥体的直径尺寸线 (大端或小端) 对齐
φ	当被测要素是螺纹中径的轴线时，指引线的箭头应与中径尺寸线对齐；未画出螺纹中径时，指引线的箭头可与螺纹尺寸线对齐，但被测要素仍为螺纹中径的轴线
	当同一个被测要素有多项几何公差要求，其标注方法又一致时，可以将这些框格绘制一起，并引用一根指引线。当多个被测要素有相同的几何公差 (单项或多项) 要求时，可以在从框格引出的指引线上绘制多个指引箭头并分别与各被测要素相连

续表

标注方法	说明
4×ϕ10H8 ⌖ | ϕ0.05 | A　　↗ | ϕ0.05 | D 离轴端	为了说明其他附加要求，或为了简化标注方法，可以在公差框格的周围附加文字说明；属于被测要素数量的说明，应写在公差框格的上方，属于解释性的说明 (包括对测量方法的要求)，应写在公差框格的下方
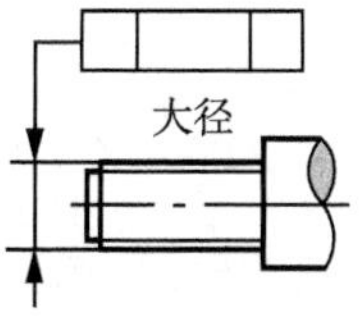 大径	当被测要素不是螺纹中径的轴线时，应在框格附近另加说明
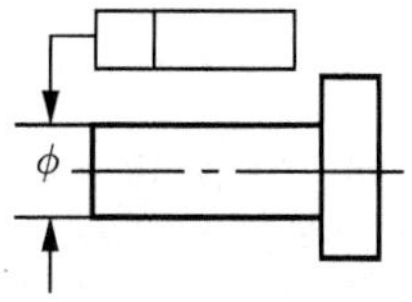 ϕ	当指引线的箭头与尺寸线的箭头重叠时，指引线的箭头可以代替尺寸线箭头
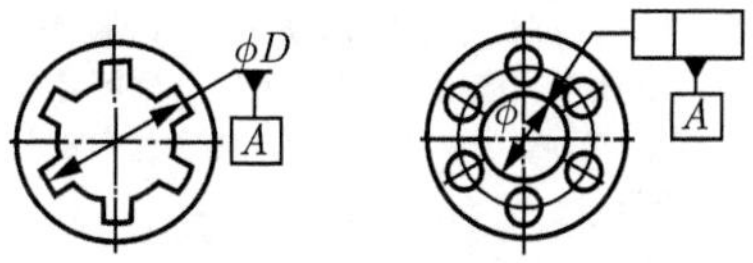 ϕD　A　ϕ　A	基准为一组要素时，或基准为单一要素，但标注基准代号的地方不够时，基准代号可标注在该要素的尺寸引出线或公差框格的下方。当基准要素为中心孔时，基准代号可标注在中心孔引出线的下方
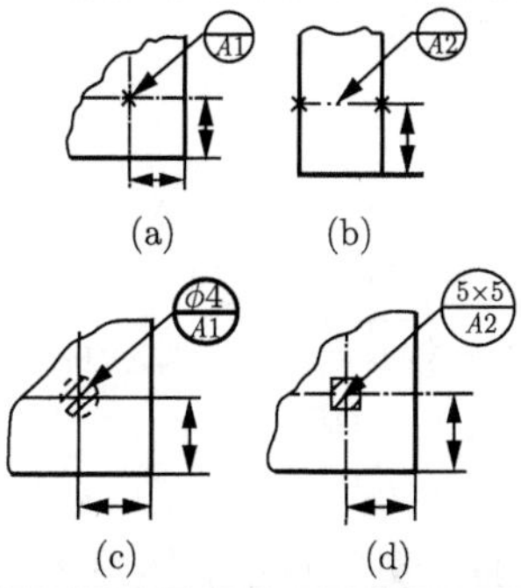 A1　A2 (a)　(b) ϕ4/A1　5×5/A2 (c)　(d)	当需要在基准要素上指定某些点、线或局部表面来体现各基准平面时，应标注基准目标。其标注如下： (a) 当基准目标为点时，用“×”表示； (b) 当基准目标为线时，用双点画线表示，并在棱边上加“×”； (c)、(d) 当基准目标为局部表面时，用双点画线绘出该局部表面的图形，并画上与水平成 45° 的细实线

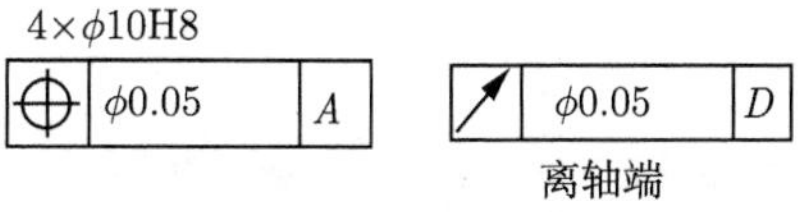

4. 公差数值和有关符号的具体标注方法

公差数值和有关符号的具体标注方法如表 3.5 所示。

表 3.5　公差数值和有关符号的标注方法

标注方法	说明
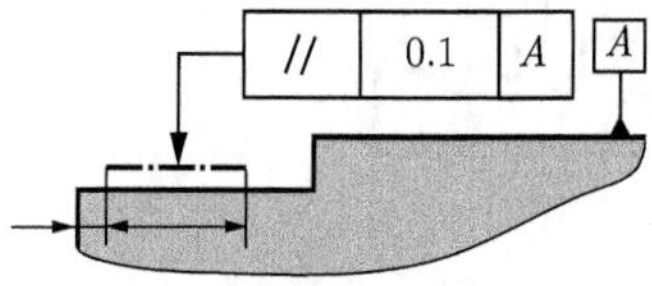 // | 0.1 | A　　A	如果图样上所标注的几何公差无附加说明，则被测范围为箭头所指的整个组成要素或导出要素；如果被测范围仅为被测要素的某一部分，应用粗点画线画出该范围，并注出尺寸
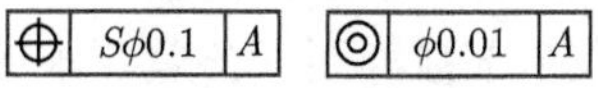 ⌖ | $S\phi$0.1 | A　　◎ | ϕ0.01 | A	公差框格中所给定的公差值为公差带的宽度或直径。当给定的公差带为圆或圆柱时，应在公差数值前加注符号“ϕ”。当给定的公差带为球时，应在公差数值前加注“$S\phi$”

续表

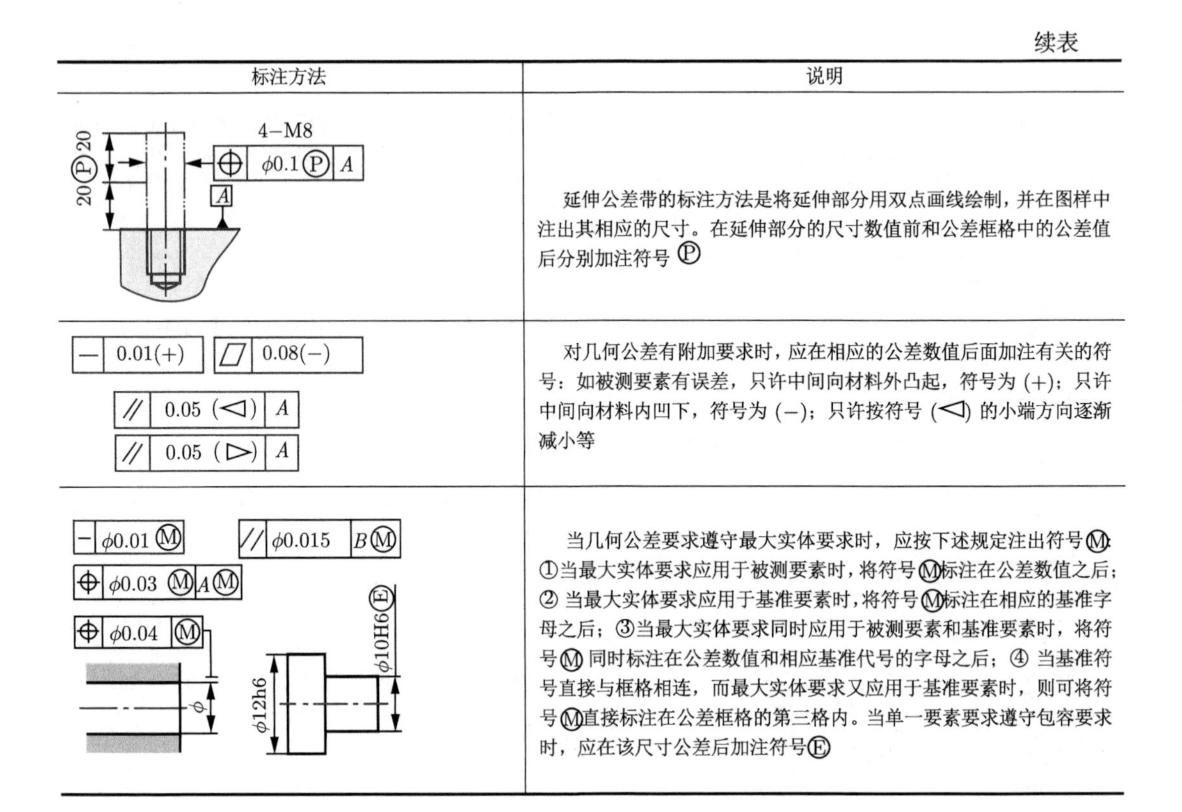

标注方法	说明
4−M8; ⌖ φ0.1Ⓟ A; A; 20Ⓟ20	延伸公差带的标注方法是将延伸部分用双点画线绘制，并在图样中注出其相应的尺寸。在延伸部分的尺寸数值前和公差框格中的公差值后分别加注符号 Ⓟ
— 0.01(+); ▱ 0.08(−); // 0.05 (◁) A; // 0.05 (▷) A	对几何公差有附加要求时，应在相应的公差数值后面加注有关的符号：如被测要素有误差，只许中间向材料外凸起，符号为 (+)；只许中间向材料内凹下，符号为 (−)；只许按符号 (◁) 的小端方向逐渐减小等
— φ0.01Ⓜ; // φ0.015 BⓂ; ⌖ φ0.03 ⓂAⓂ; ⌖ φ0.04 Ⓜ; φ; φ12h6; φ10H6Ⓔ	当几何公差要求遵守最大实体要求时，应按下述规定注出符号Ⓜ：①当最大实体要求应用于被测要素时，将符号Ⓜ标注在公差数值之后；② 当最大实体要求应用于基准要素时，将符号Ⓜ标注在相应的基准字母之后；③当最大实体要求同时应用于被测要素和基准要素时，将符号Ⓜ 同时标注在公差数值和相应基准代号的字母之后；④ 当基准符号直接与框格相连，而最大实体要求又应用于基准要素时，则可将符号Ⓜ直接标注在公差框格的第三格内。当单一要素要求遵守包容要求时，应在该尺寸公差后加注符号Ⓔ

3.2.4　几何公差的简化标注

同一被测要素有一个以上的公差特征项目要求时，为方便起见，可将一个框格放在另一个框格的下方，如图 3.12 所示。

—	φ0.01	
//	0.06	B

图 3.12　被测要素在图样上的表示方法 (1)

几个被测要素有相同公差带要求时，从一条指引线上绘制几个箭头的连线，如图 3.13 所示。

用同一公差带控制几个被测要素时，应在公差框格上注明“共面”或“共线”，如图 3.14 所示。

当一个以上的要素作为被测要素时，如 6 个要素，应在框格上方标明，如“6×”、“6 槽”，如图 3.15(a) 所示。

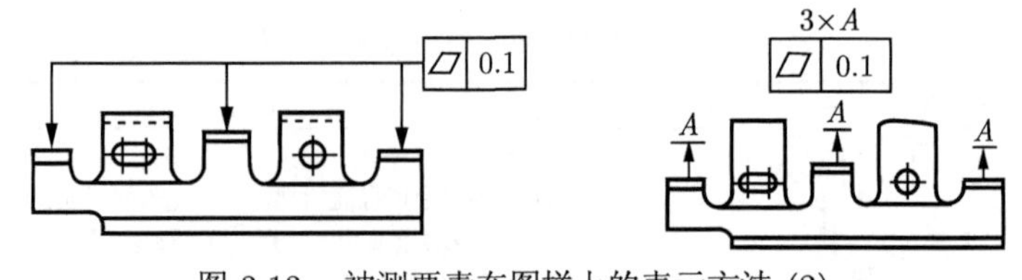

图 3.13　被测要素在图样上的表示方法 (2)

局部限制的规定：对被测要素任意局部范围内有进一步公差要求时，要求在该限制部分 (长度或面积) 的公差值的后面用斜线与限制部分尺寸相隔，并放在全部被测要素公差要求的框格下面，如图 3.15(b) 所示。

如果仅要求要素某一部分的公差值，则用粗点画线表示其范围，并加注尺寸，如图 3.16 所示。

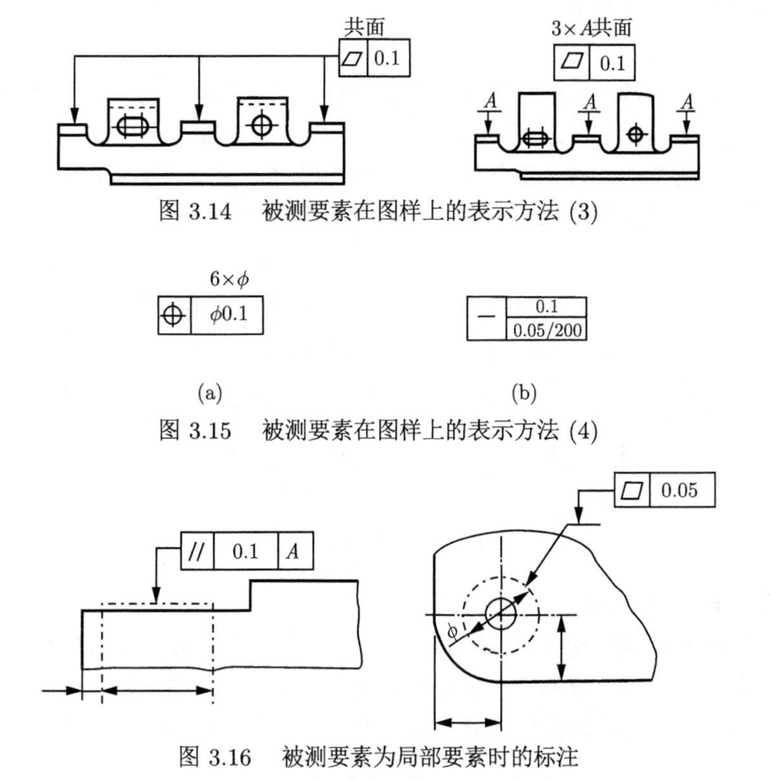

图 3.14　被测要素在图样上的表示方法 (3)

图 3.15　被测要素在图样上的表示方法 (4)

图 3.16　被测要素为局部要素时的标注

3.3　几何公差与几何误差检测

3.3.1　几何误差的检测原则

几何误差是指被测要素对其理想要素的变动量。几何误差值小于或等于相应的几何公差值，则认为合格。

1. 与理想要素比较原则

将被测要素与理想要素相比较，量值由直接法或间接法获得。理想要素可用不同的方法获得，如用刀口尺的刃口、平尺的工作面、平台和平板的工作面以及样板的轮廓面等实物体现，如图 3.17 所示。

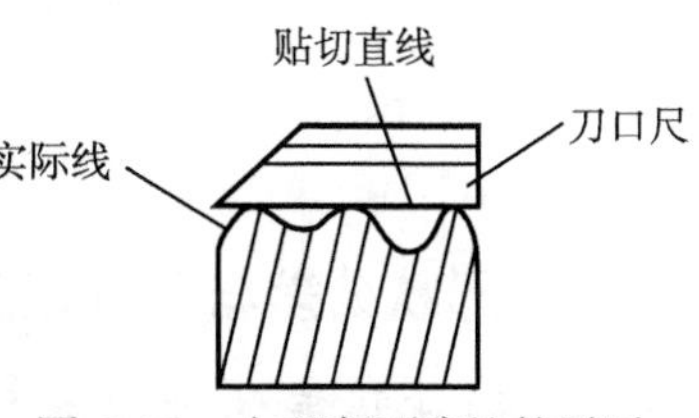

图 3.17　与理想要素比较原则

2. 测量坐标值原则

几何要素的特征总是可以在坐标中反映出来，用坐标测量装置 (如三坐标测量仪、工具显微镜) 测得被测要素上各测点的坐标值后，经数据处理就可获得几何误差值。该原则对轮廓度、位置度测量应用更为广泛。

3. 测量特征参数原则

用测量特征参数原则所得到的几何误差值与按定义确定的几何误差值相比，只是一个近似值，但应用此原则，可以简化过程和设备，也不需要复杂的数据处理，故在满足功能的前提下，可取得明显的经济效益。例如，以平面上任意方向的最大直线度来近似表示该平面的平面度误差；用两点法测圆度误差；在一个横截面内的几个方向上测量直径，取最大、最小直径之差的 1/2 作为圆柱度误差。

4. 测量跳动原则

被测实际要素是绕基准轴线回转过程中沿给定方向或线的变动量。图 3.18(a) 为被测工件通过心轴安装在两同轴顶尖之间，两同轴顶尖的中心线体现基准轴线；图 3.18(b) 为 V 形块体现基准轴线。测量中，被测工件绕基准回转一周时，指示表不做轴向 (或径向) 移动时，可测得圆跳动，指示表做轴向 (或径向) 移动时，可测得全跳动。

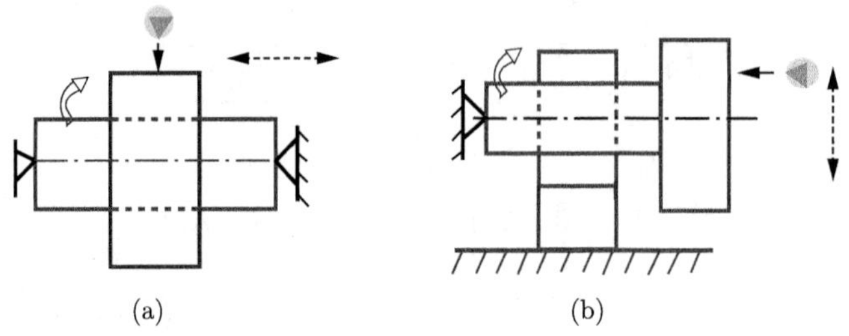

图 3.18　测量跳动原则

5. 控制有效边界原则

检验被测实际要素是否超过实体实效边界，以判断被测实际要素合格与否。按最大实体要求给出几何公差时，要求被测实体不得超过最大实体实效边界。判断被测实体是否超过最大实体实效边界的有效方法就是用位置量规来检测，控制有效边界原则如图 3.19 所示。

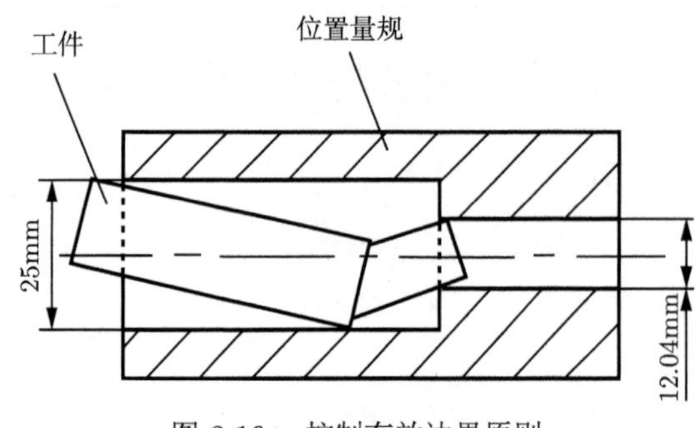

图 3.19　控制有效边界原则

3.3.2　形状公差与形状误差检测

1. 形状误差的评定准则——最小条件

形状误差是指被测实际要素形状对理想要素的变动量，形状误差的评定准则是最小条件，最小条件是指被测实际要素相对于理想要素的最大变动量为最小，此时，对被测实际要素评定的误差值为最小值。

理想要素的位置应符合最小条件。符合最小条件的理想要素的位置，应同时满足以下两个条件。

(1) 理想要素必须与实际轮廓相接触，不允许相割或分离，即必须包容被测实际要素，如图 3.20 中的 $a-a$ 曲线。

(2) 使理想要素与实际要素二者之间的最大距离为最小，即包容区域最小。评定形状误差时，形状误差数值的大小可用最小包容区域 (简称最小区域) 的宽度或直径表示。应用最小条件评定所得出的误差值，既是最小值，也是唯一的值。

形状误差是由测量要素的实际形状与理想要素的形状进行比较而确定的。图 3.20 为已经加工好的被测实际要素 $a-a$ 曲线 (理想的几何要素应是直线)，将刀口 $b-b$(I—I) 视为直线的理想要素，刀口尺所处不同位置，理想要素与实际要素之间的距离是不一样的，如图 3.20 所示的 f_1、f_2、f_3。那么，应该取哪一个数值才能较客观地反映出它的直线度误差呢？由最小条件来确定 f_1、f_2、f_3 中最小的一个为直线度误差。因 $f_1 < f_2 < f_3$，其中 f_1 最小，故应取它作为 a—a 直线的直线度误差。

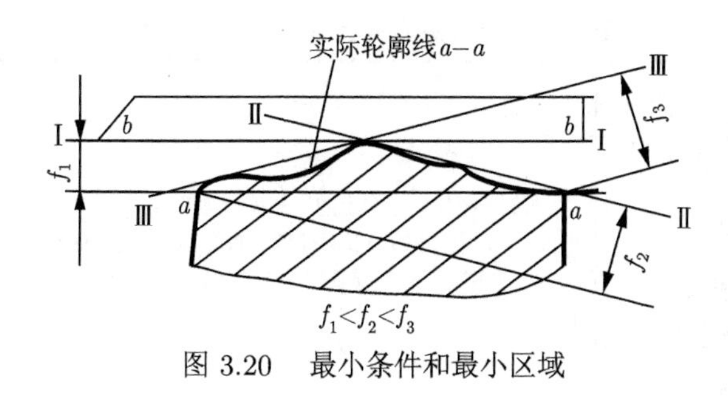

图 3.20　最小条件和最小区域

2. 形状公差带定义和形状误差测量

形状公差是单一实际要素的形状所允许的变动全量。只对要素有形状、大小要求，无方向、位置约束。形状公差带是限制实际被测要素形状变动的一个区域。形状公差有直线度、平面度、圆度、圆柱度四个特征项目。它们的公差带特点是公差带不涉及基准，只有形状和大小的要求。

1) 直线度

直线度是限制被测实际直线对其理想直线变动量的一项指标，用于控制平面内或空间直线的形状误差。根据零件的功能要求不同，可分别提出给定平面内、给定方向上和任意方向上的直线度要求。

(1) 在给定平面内的直线度公差带：公差带是距离为公差值 t 的两平行直线之间的区域，如表 3.6 所示。

(2) 在给定方向上的直线度公差带：当给定一个方向时，直线度公差带是距离为公差值 t 的两平行平面之间的区域；当给定相互垂直的两个方向时，直线度公差带是正截面尺寸为公差值 $t_1 \times t_2$ 的四棱柱内的区域，如表 3.7 所示。

(3) 在任意方向上的直线度公差带：公差带是直径为公差值 t 的圆柱面内的区域，如表 3.8 所示。

表 3.6　在给定平面内的直线度公差带

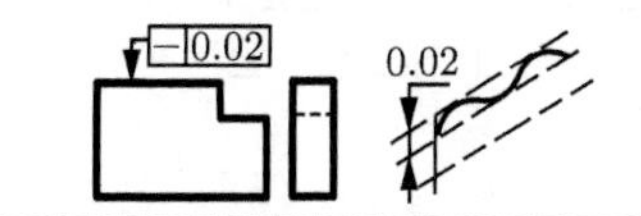	图例 (在给定平面内的直线度公差带)： 被测表面上的提取 (实际) 线必须位于平行于图样所示投影面，且距离为公差值 0.02mm 的两平行直线之间

表 3.7　在给定方向上的直线度公差带

<table>
<tr>
<td>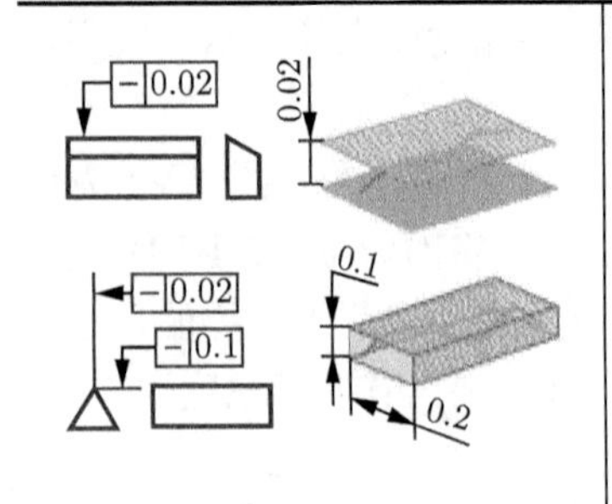</td>
<td>图例 (在给定方向上的直线度公差带)：
1. 棱线必须位于箭头所示方向，距离为公差值 0.02mm 的两平行平面内；
2. (在给定相互垂直的两个方向上的直线度公差带) 棱线必须位于水平方向距离为公差值 0.2mm，垂直方向距离为公差值 0.1mm 的四棱柱内</td>
</tr>
</table>

表 3.8　在任意方向上的直线度公差带

<table>
<tr>
<td>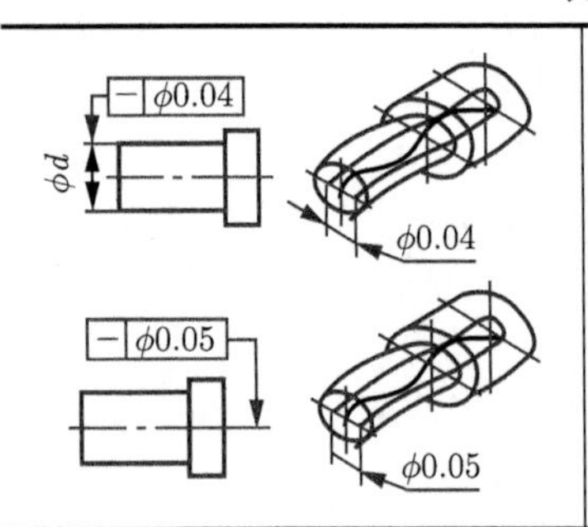</td>
<td>图例 (在任意方向上的直线度公差带)：
1. ϕd圆柱体的轴线必须位于直径为公差值 0.04mm 的圆柱面内；
2. 整个零件的轴线必须位于直径为公差值 0.05mm 的圆柱面内</td>
</tr>
</table>

直线度可用刀口尺或平尺测量：刀口位置要符合最小条件，其间隙可用塞尺测量，或与标准光隙比较估读。在工程上，用水平仪测直线度，如图 3.21 所示。

【例 3-1】用长度为 200mm 的水平仪测量某机床床身导轨的直线度误差，每 200mm 测一个点，8 个测点读数值依次为 0、+5、+5.5、−1、+1、−1、−0.5、+7(μm/200mm)。试用图解法求导轨的直线度误差。

解：图解法求直线度误差。将各点测量值 a_i 记入表 3.9 中，逐点累积。将所得的累积值 y_i 按一定比例放大，标在坐标纸上，如图 3.22 所示，x 坐标每格代表 200mm，y 坐标每格代表 4μm。

①按最小条件求直线度误差。根据直线度误差最小包容区域判别法，作两平行直线包容被测实际要素 (如图 3.22 中的折线)，若实际要素上有高低相间的三个点分别在此两平行直线上，则此两平行直线之间的区域为最小包容区域，最小包容区域的宽度即为其直线度误差。

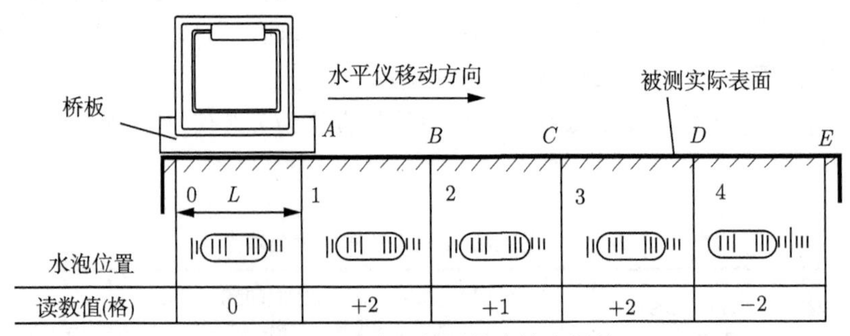

图 3.21　用水平仪测量直线度误差

表 3.9　直线度误差的计算

测点序号 i	读数值 a_i	累积值 $y_i=\sum_{i=1}^{n} a_i$
1	0	0
2	+5	+5
3	+5.5	+10.5
4	−1	+9.5
5	+1	+10.5
6	−1	+9.5
7	−0.5	+9
8	+7	+16

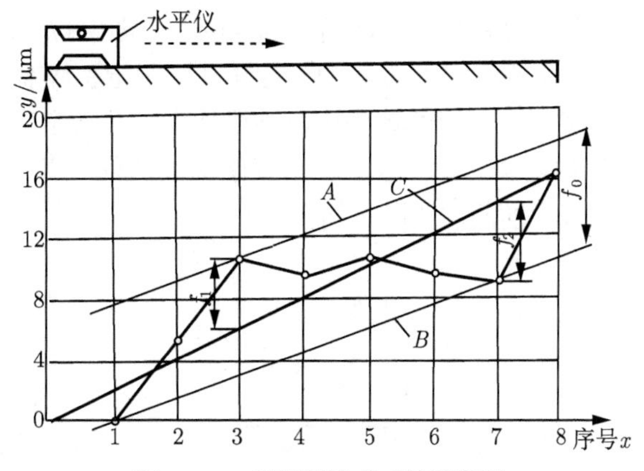

图 3.22　用图解法求直线度误差

在图 3.22 中，第 1、7 两测点是最低点，其间的第 3 点是此折线轮廓最高点，过最高点作直线 A 平行于两最低点的连线 B，则此两平行线之间即为最小包容区域，其宽度 $f_0=7.5\mu m$ 为被测导轨的直线度误差。

②按两端点连线法求直线度误差。图 3.22 中折线两端点连线 C 近似地作为被测实际要素的理想直线，则此理想直线与折线最高和最低点之间沿纵坐标方向的距离之和为被测导轨的直线度误差，即

$$f''=f_1+f_2=4.5+5=9.5(\mu m)$$

按两端点连线法求直线度误差比较简便，若所得结果在规定的公差范围内，可以采用；当所得结果超过规定的直线度公差或有争议需要仲裁时，则应按最小条件评定。

2) 平面度

平面度是限制实际表面对其理想平面变动量的一项指标，用于控制平面的形状误差，它同时控制被测平面上任意素线的直线度误差。公差带是距离为公差值 t 的两平行平面之间的区域，如表 3.10 所示。

表 3.10　平面度公差带

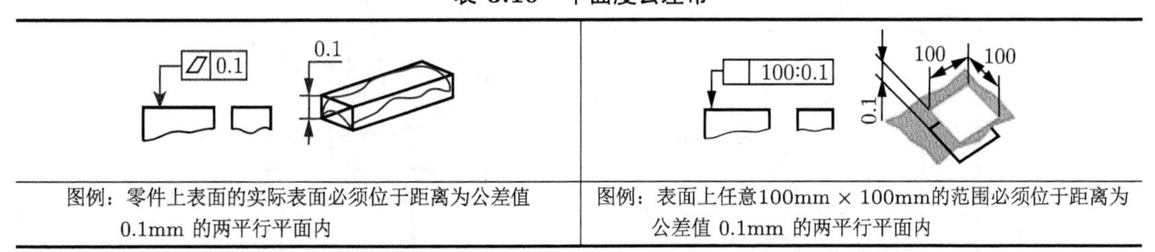

图例：零件上表面的实际表面必须位于距离为公差值 0.1mm 的两平行平面内	图例：表面上任意100mm × 100mm的范围必须位于距离为公差值 0.1mm 的两平行平面内

对于平面度要求很高的小平面，如量块的测量面和仪器的工作台面等，可用平晶测量，如图 3.23 所示。把平晶粘贴在被测平面上，观察干涉条纹，以条纹的多少判定平面的误差，条纹越少平面度越好。

3) 圆度

圆度是限制实际圆对其理想圆变动量的一项指标，它是控制圆柱 (锥) 面的正截面或球体上通过球心的任一截面轮廓的形状误差。公差带是在同一正截面上半径差为公差值 t 的两

同心圆之间的区域。两同心圆的圆心不要求位于轴线上 (或与理想的中心重合)，说明形状公差的公差带位置是浮动的。标注圆度时指引线箭头应明显地与尺寸线箭头错开。标注圆锥面的圆度时，指引线箭头应与轴线垂直，而不应该指向圆锥轮廓线的垂直方向。

如图 3.24 所示，在垂直于轴线的任一截面上，实际轮廓线必须位于半径差为公差值 0.02mm 的两同心圆之间。

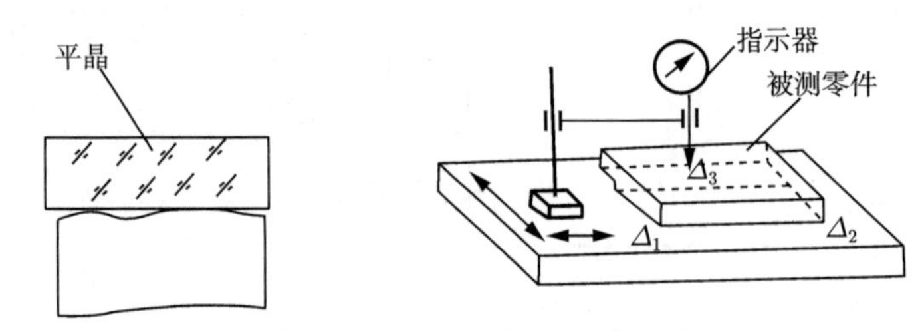

图 3.23 用平晶测量平面度误差

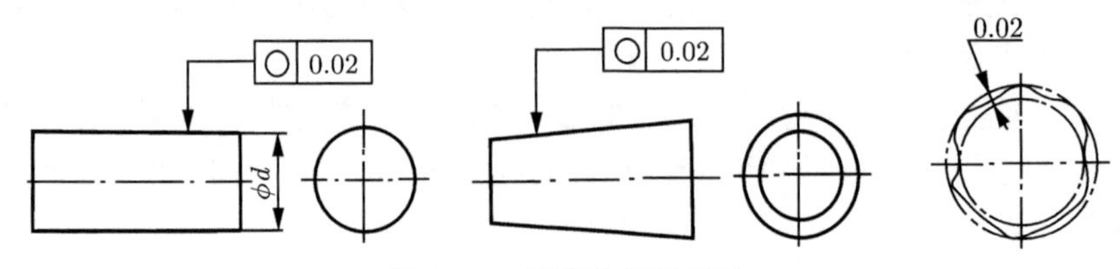

图 3.24 圆度公差带示例

圆度测量有回转轴法、三点法、两点法、投影法和坐标法等。

(1) 回转轴法：利用精密轴系中的轴回转一周所形成的圆轨迹 (理想圆) 与被测圆比较，两圆半径上的差值由电学式长度传感器转换为电信号，经电路处理和电子计算机计算后由显示仪表指示出圆度误差，或由记录器记录出被测圆的轮廓图形。回转轴法有传感器回转和工作台回转两种形式。前者适用于高精度圆度测量，后者常用于测量小型工件，如图 3.25 所示。按回转轴法设计的圆度测量工具称为圆度仪。

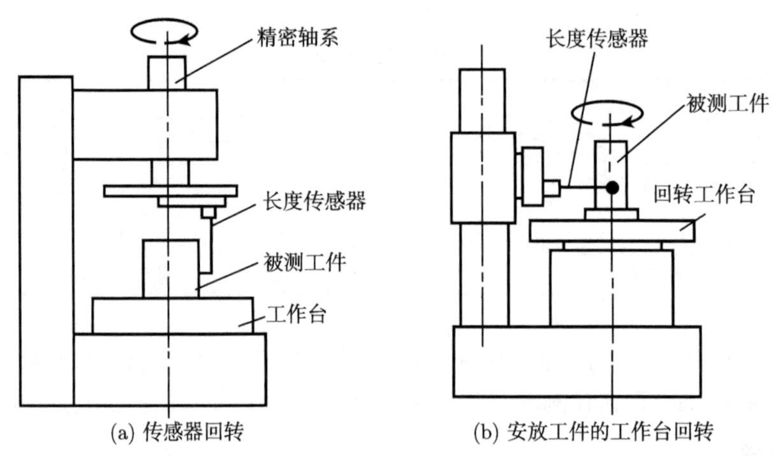

图 3.25 回转轴法测量圆度

(2) 三点法：常将被测工件置于 V 形铁块中进行测量。测量时，使被测工件在 V 形铁块中回转一周，从测微仪读出最大示值和最小示值，两示值之差的 1/2 即为被测工件外圆的圆度误差。此法适用于测量具有奇数棱边形状误差的外圆或内圆，常用 2α 角为 90°、120° 或 72°、108° 的两块 V 形块分别测量，如图 3.26 所示。

(3) 两点法：常用千分尺、比较仪等测量，以被测圆某一截面上各直径间最大差值的 1/2 作为此截面的圆度误差。此法适于测量具有偶数棱边形状误差的外圆或内圆。

(4) 投影法：常在投影仪上测量，将被测圆的轮廓影像与绘制在投影屏上的两极限同心圆比较，从而得到被测圆的圆度误差。此法适用于测量具有刃口形边缘的小型工件，如图 3.27 所示。

(5) 坐标法：一般在三坐标测量机上测量。按预先选择的直角坐标系测量出被测圆上若干点的坐标值 x、y，通过计算机按所选择的圆度误差评定方法计算出被测圆的圆度误差。

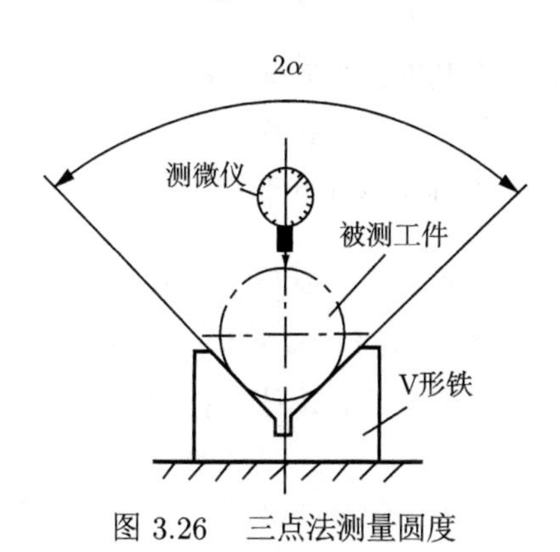

图 3.26　三点法测量圆度

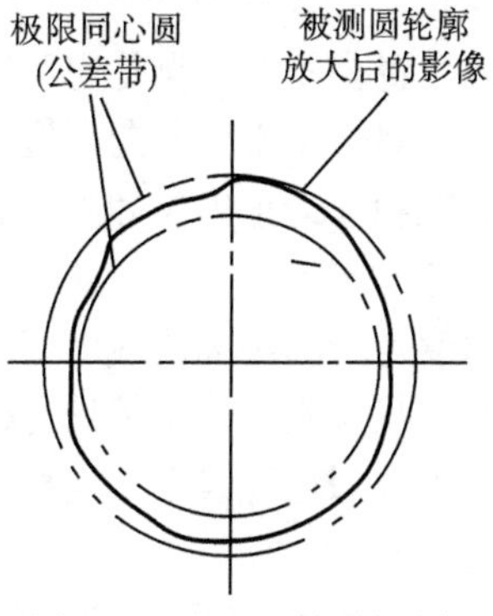

极限同心圆
(公差带)
被测圆轮廓
放大后的影像

图 3.27　投影法测量圆度

4) 圆柱度

圆柱度是限制实际圆柱面对其理想圆柱面变动量的一项综合指标。圆柱度公差可综合控制圆度、素线直线度和两条素线平行度等项目的误差。公差带是半径差为公差值 t 的两同轴圆柱面之间的区域。圆度公差用于控制圆柱面、圆锥面等回转体表面的横截面内轮廓的形状误差；圆柱度公差则可控制圆柱面横剖面和轴剖面内的各种形状误差。因此假设某圆柱面所注的圆度和圆柱度公差值相同，若圆度合格，圆柱度不一定合格。如图 3.28 所示，圆柱面必须位于半径差为公差值 0.05mm 的两同轴圆柱面之间。

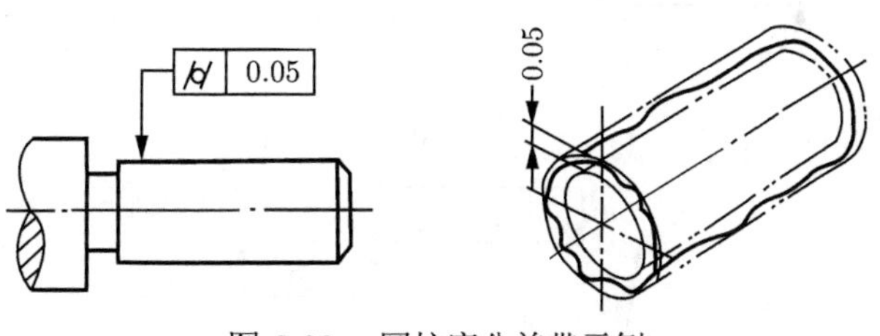

图 3.28　圆柱度公差带示例

可在测量圆度的基础上，测量头沿被测圆柱面的轴向做螺旋线运动，按最小条件确定圆柱度的误差。

【**例 3-2**】说明图 3.29 中形状公差代号标注的含义 (按形状公差读法及公差带含义分别说明)。

解: (1) ϕ60f7 圆柱面的圆柱度公差为 0.05mm。圆柱面必须位于半径差为公差值 0.05mm 的两同轴圆柱面之间。

(2) 零件左端面的平面度公差是 0.01mm。零件左端面必须位于距离为公差值 0.01mm 的两平行平面之间。

(3) ϕ36h6 圆柱表面上任一素线的直线度公差为 0.01mm。圆柱表面上任一素线必须位于轴向平面内，距离为公差值 0.01mm 的两平行平面之间。

(4) ϕ36h6 圆柱表面任一正截面的圆度公差为 0.01mm，在垂直于 ϕ36h6 轴线的任一正截面上，实际圆必须位于半径差为公差值 0.01mm 的两同心圆之间。

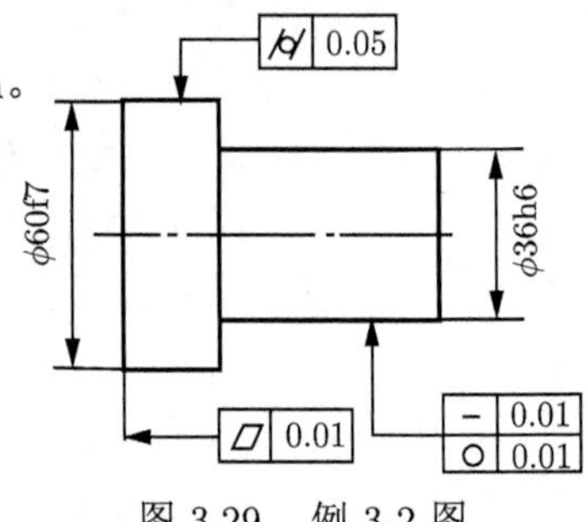

图 3.29　例 3-2 图

3.3.3　形状、方向或位置公差

形状或位置公差的特点是它可能有基准，也可能没有基准。当它无基准时，它呈现形状公差的特性，其公差带无方向、位置限制；当它有基准时，它呈现位置公差的特性，其公差带位置受基准和理论正确尺寸限制。轮廓度公差包括线轮廓度公差和面轮廓度公差。

1) 线轮廓度

线轮廓度是限制实际曲线对其理想曲线变动量的一项指标。它是控制平面曲线或曲面的截面轮廓的形状误差。公差带是包络一系列直径为公差值 t 的圆的两包络线之间的区域，诸圆圆心应位于理想轮廓线上，当相对基准有位置要求时，其理想轮廓线是指相对基准为理想位置的理论轮廓线。

如图 3.30 所示，在平行于正投影面的任一截面上，实际轮廓线必须位于包络一系列直径为公差值 0.04mm，且圆心在理想轮廓线上的两包络线之间的区域。图 3.30(a) 属于无基准要求的形状公差示例，图 3.30(b) 属于有基准要求的位置公差示例。

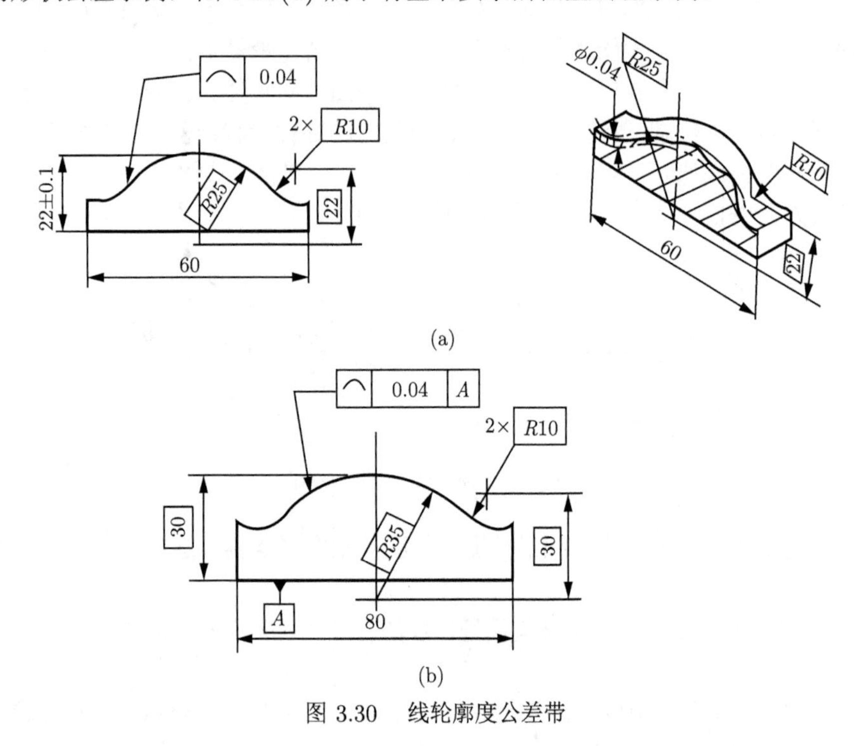

图 3.30　线轮廓度公差带

理论正确尺寸是确定被测要素的理想形状、方向、位置的理想尺寸。理想要素需由基准和理论正确尺寸确定。

2) 面轮廓度

面轮廓度是限制实际曲面对其理想曲面变动量的一项指标。它是控制空间曲面的形状误差。公差带是包络一系列直径为公差值 t 的球的两包络面间的区域，诸球球心应位于理想轮廓面上。当被测轮廓面相对基准有位置要求时，其理想轮廓面是指相对于基准为理想位置的理论轮廓面。如表 3.11 表示，实际轮廓面必须位于包络一系列球的两包络面之间，诸球的直径为公差值 0.02mm，且球心在理想轮廓面上。

表 3.11　面轮廓度公差带

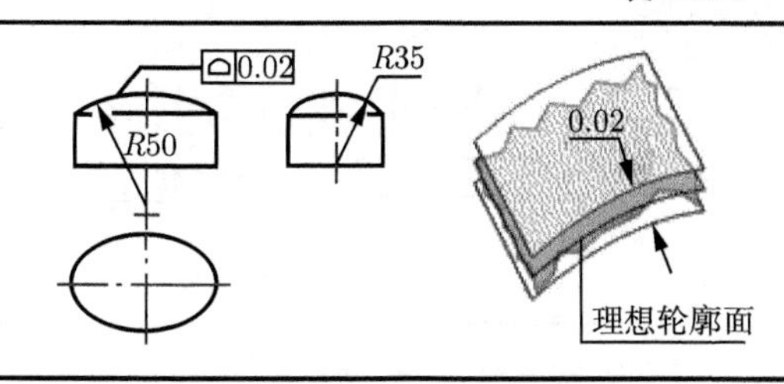	图例：实际轮廓面必须位于包络一系列球的两包络面之间，诸球的直径为公差值0.02mm，且球心在理想轮廓面上

线轮廓度用于控制给定平面内由两坐标确定的平面曲线；而面轮廓度则用于控制由三坐标系确定的空间曲面。

对于轮廓度误差的测量，可用轮廓样板模拟理想轮廓曲线，与实际轮廓相比较，估读最大间隙。

3.3.4　方向公差与方向误差检测

1. 方向公差

方向公差是指关联实际要素对基准在方向上允许的变动量。方向公差有平行度、垂直度和倾斜度三个项目。根据要素的几何特征及功能要求，方向公差中被测要素相对基准要素为线对线或线对面时，可分为给定一个方向、给定相互垂直的两个方向和任意方向三种。

方向公差带具有如下特点。

(1) 方向公差带相对于基准有确定的方向，如图 3.31 所示。

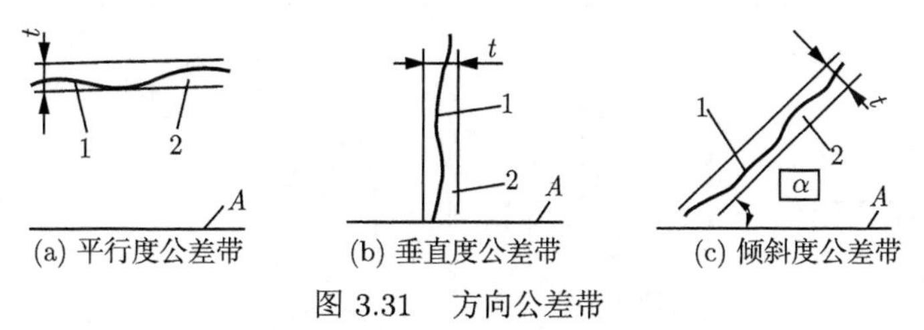

图 3.31　方向公差带

A- 基准；t- 公差值；1- 被测实际要素；2- 公差带

(2) 方向公差带具有综合控制被测要素的方向和形状的能力。除对形状精度有特殊要求外，一般规定了方向公差要求，不必再给出形状公差。

1) 平行度

平行度公差用于限制被测要素相对于基准要素的平行程度，如表 3.12 所示。

(1) 在给定方向上的平行度公差带：当给定一个方向时，公差带是距离为公差值 t，且平行于基准平面 (或直线、轴线) 的两平行平面之间的区域；当给定相互垂直的两个方向时，公差带是正截面尺寸为公差值 $t_1 \times t_2$，且平行于基准的四棱柱内的区域。

表 3.12　平行度公差带

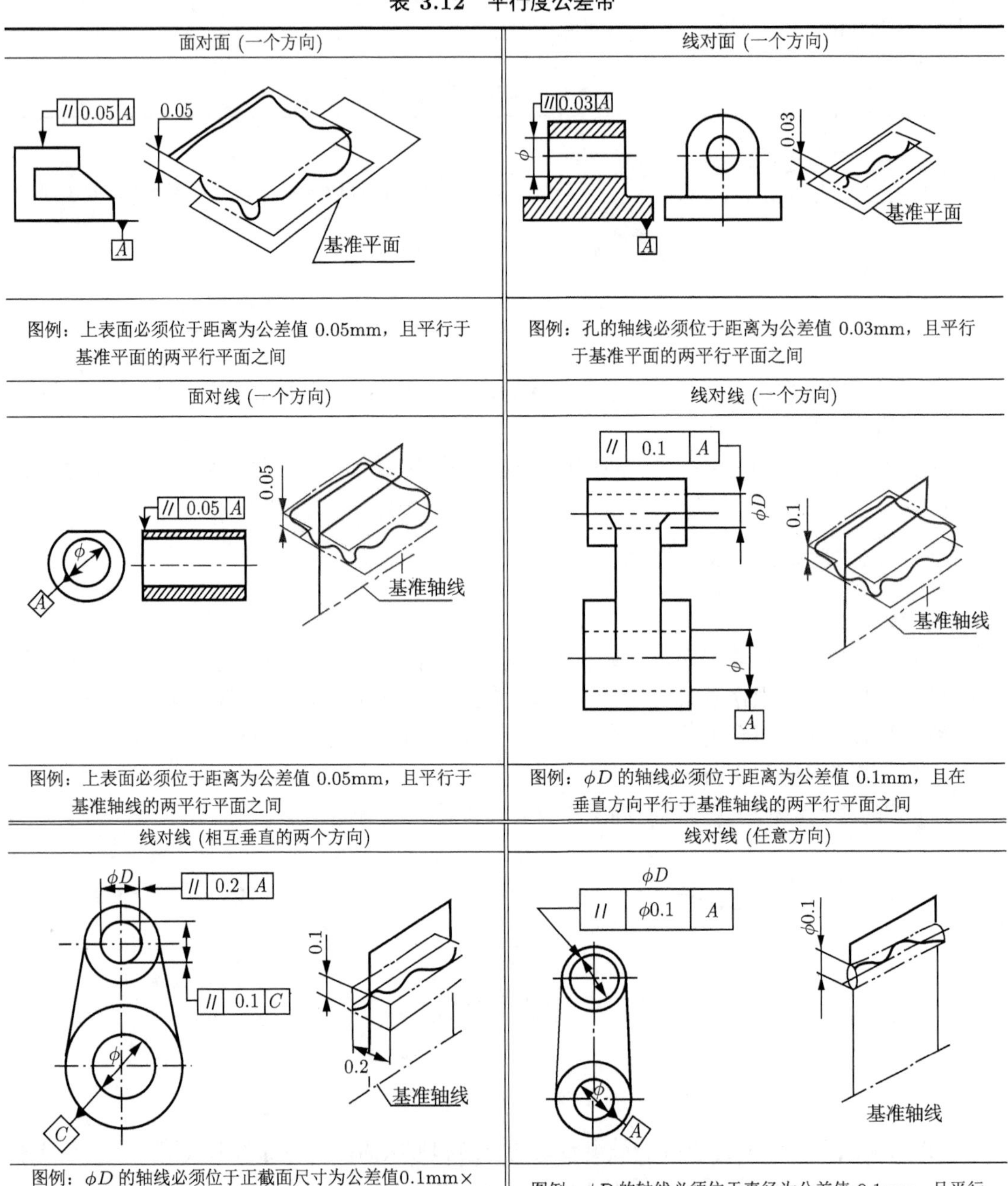

面对面 (一个方向)	线对面 (一个方向)
图例：上表面必须位于距离为公差值 0.05mm，且平行于基准平面的两平行平面之间	图例：孔的轴线必须位于距离为公差值 0.03mm，且平行于基准平面的两平行平面之间
面对线 (一个方向)	**线对线 (一个方向)**
图例：上表面必须位于距离为公差值 0.05mm，且平行于基准轴线的两平行平面之间	图例：ϕD 的轴线必须位于距离为公差值 0.1mm，且在垂直方向平行于基准轴线的两平行平面之间
线对线 (相互垂直的两个方向)	**线对线 (任意方向)**
图例：ϕD 的轴线必须位于正截面尺寸为公差值0.1mm×0.2mm，且平行于基准轴线的四棱柱内 (几何公差带的方向由箭头决定，箭头垂直于公差带的宽度方向)	图例：ϕD 的轴线必须位于直径为公差值 0.1mm，且平行于基准轴线的圆柱面内

(2) 在任意方向上的平行度公差带：公差带是直径为公差值 t，且平行于基准轴线的圆柱面内的区域。

测量线对线平行度误差时，在两孔中都插入心轴，基准轴线和被测轴线由心轴模拟，将基准心轴放在 V 形铁上，并调整 I—I 轴心线使两端等高，零件放置位置如图 3.32(a) 所示；然后在 Ⅱ—Ⅱ 轴线的给定长度 L 上测量，指示器最大与最小读数差为平行度误差。当被测零件在相互垂直的两个方向上都给定公差时，另一方向按图 3.32(b) 所示的方法测量。

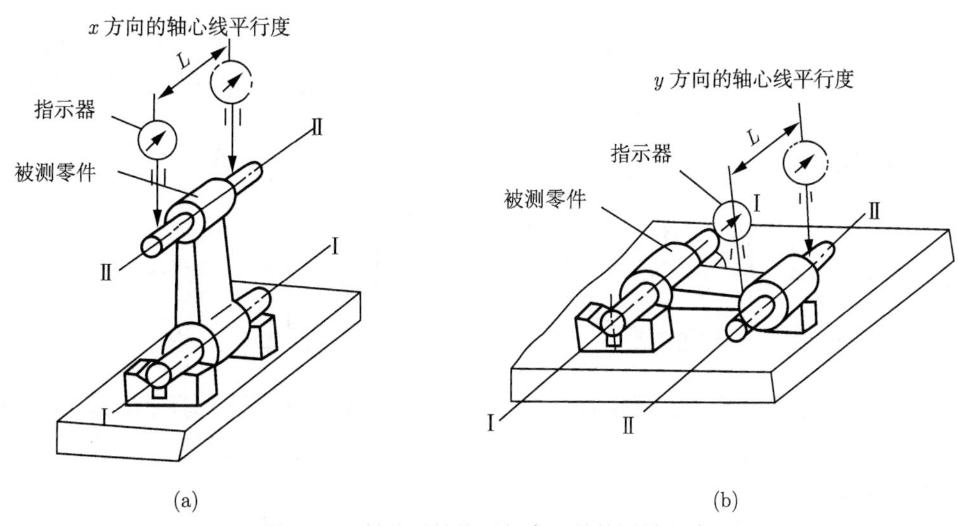

图 3.32　轴线对轴线平行度误差的测量方法

轴线对轴线的平行度有任意方向要求时，可按上述方法分别测量 x 方向和 y 方向的平行度误差，然后按下式计算:

$$f = \sqrt{f_x^2 + f_y^2}$$

2) 垂直度

当两个要素互相垂直时，用垂直度公差控制被测要素对基准的方向性误差。垂直度用于限制实际表面 (或轴线) 相对于基准表面 (或轴线) 的垂直程度。

(1) 在给定方向上的垂直度公差带：当给定一个方向时，公差带是距离为公差值 t，且垂直于基准平面 (或直线、轴线) 的两平行平面之间的区域；当给定两个相互垂直的方向时，公差带是正截面尺寸为公差值 $t_1 \times t_2$，且垂直于基准的四棱柱内的区域，如表 3.13 所示。

(2) 在任意方向上的垂直度公差带：公差带是直径为公差值 t，且垂直于基准的圆柱面内的区域，如表 3.13 所示。

3) 倾斜度

倾斜度用于限制实际要素对基准在倾斜方向上的误差。

图 3.33 表示斜面必须位于距离为公差值 0.08mm，且与基准平面成 45° 角的两平行平面之间 (45° 为理论正确角度值)。

表 3.13　垂直度公差带

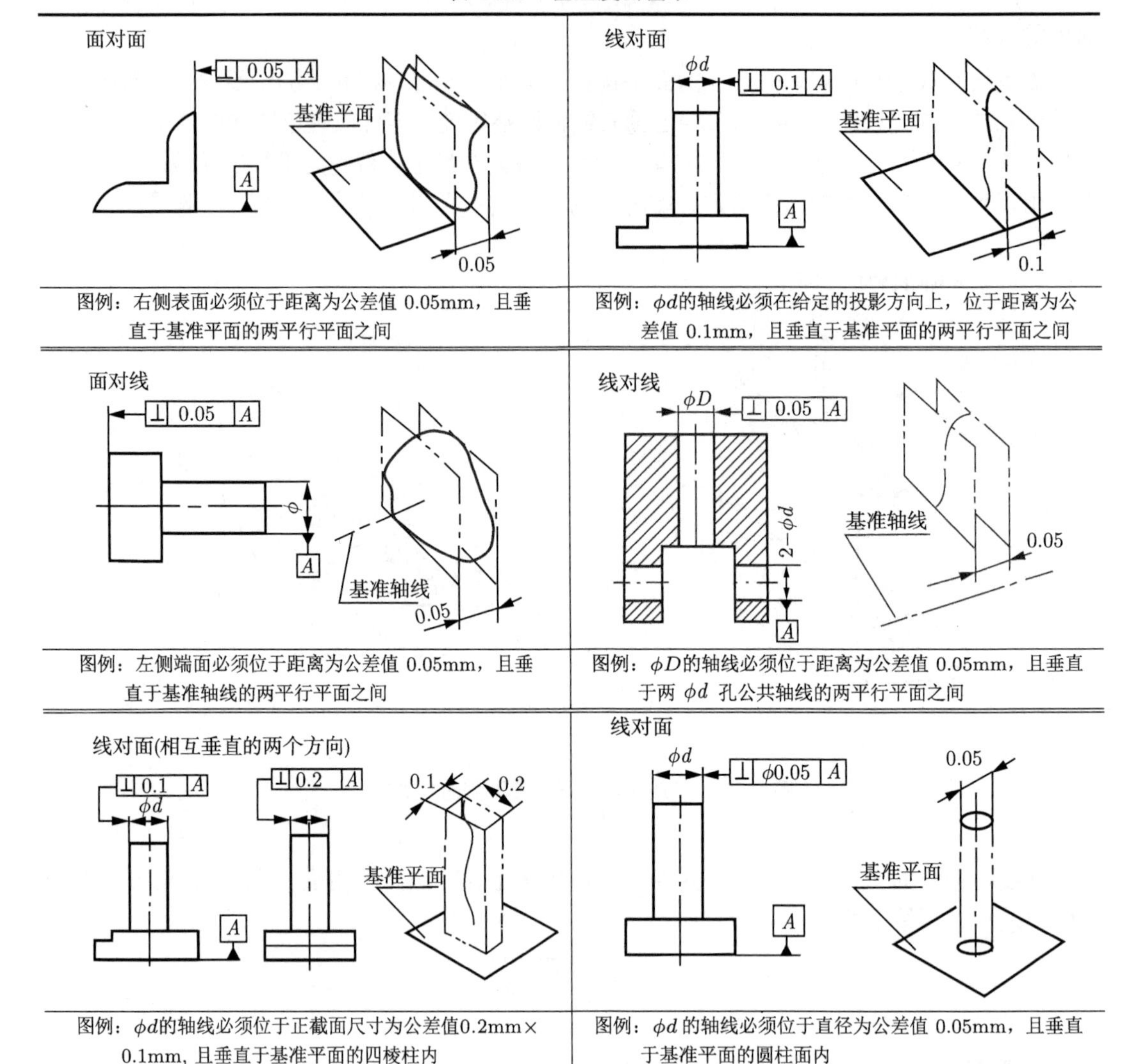

图例：右侧表面必须位于距离为公差值 0.05mm，且垂直于基准平面的两平行平面之间

图例：ϕd的轴线必须在给定的投影方向上，位于距离为公差值 0.1mm，且垂直于基准平面的两平行平面之间

图例：左侧端面必须位于距离为公差值 0.05mm，且垂直于基准轴线的两平行平面之间

图例：ϕD的轴线必须位于距离为公差值 0.05mm，且垂直于两 ϕd 孔公共轴线的两平行平面之间

图例：ϕd的轴线必须位于正截面尺寸为公差值0.2mm×0.1mm, 且垂直于基准平面的四棱柱内

图例：ϕd 的轴线必须位于直径为公差值 0.05mm，且垂直于基准平面的圆柱面内

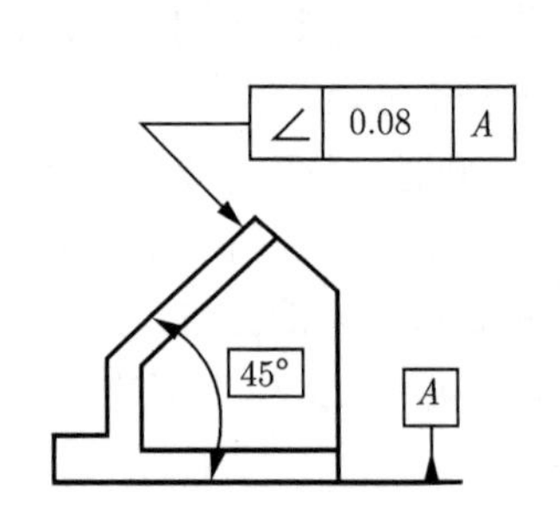

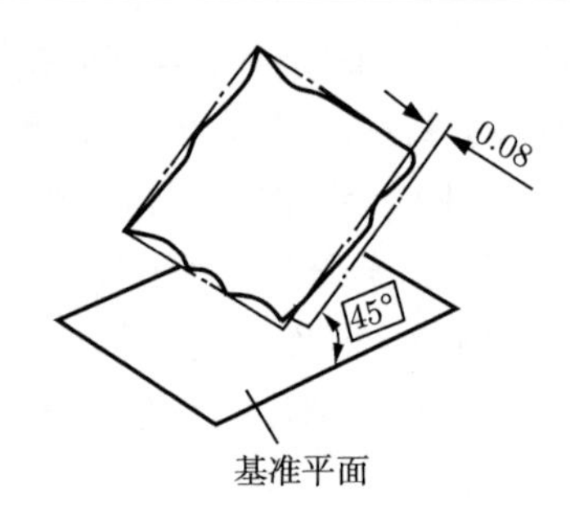

图 3.33　在给定方向上的倾斜度公差带

当给定任意方向时：倾斜度公差带是直径为公差值 t，且与基准平面成理论正确角度的圆柱面内的区域。如图 3.34(b) 所示，斜孔轴线必须位于直径为公差值 0.05mm，且与 A 基准平面成 45° 角，平行于 B 基准平面的圆柱面内。

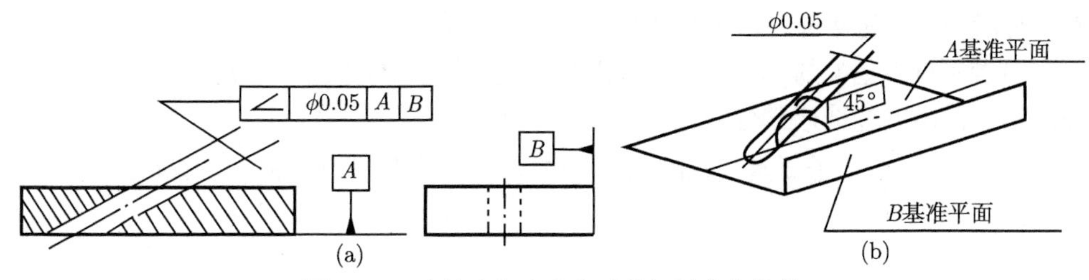

图 3.34　当给定任意方向时的倾斜度公差带

2. 方向误差检测

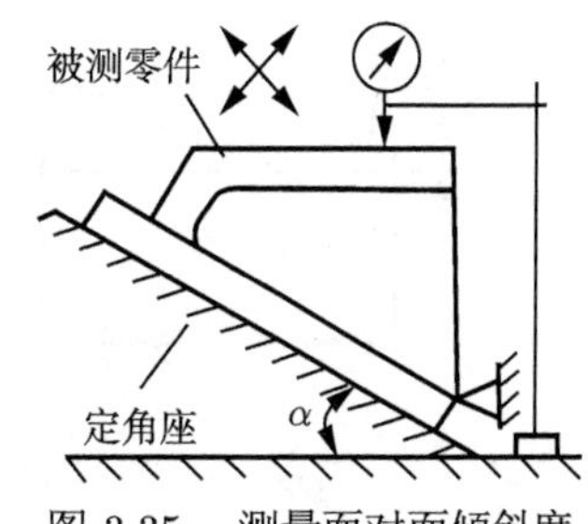

图 3.35　测量面对面倾斜度

倾斜度误差的测量可转换成平行度误差的检测，只要用正弦规或精密转台代替图 3.35 中的定角座。

方向误差是被测实际要素对一具有确定方向的理想要素的变动量，该理想要素的方向由基准确定。

方向误差值用方向最小包容区域 (简称方向最小区域) 的宽度或直径表示。方向最小区域是指按理想要素的方向包容被测实际要素时，具有最小宽度或直径的包容区域，如图 3.36 所示。

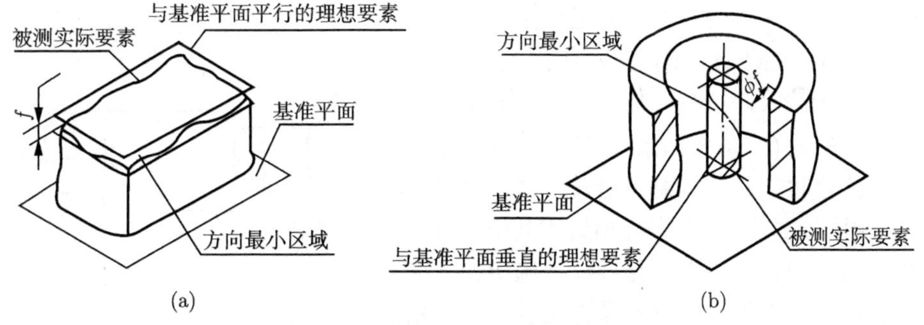

图 3.36　按最小条件法评定方向误差

图 3.37 为测量某一截面平行度的示意图。要求测量上平面对下平面的平行度，可用平板的精确平面作为模拟基准，按最小条件把零件下平面与平板接触，可认为下平面为基准要素。另外，作两个与基准平行且包容实际表面的平行平面，就形成了最小包容区域，这两个平行平面间的距离 f 为平行度的误差值。

3.3.5　位置公差与位置误差检测

1. 位置误差与基准

位置误差是被测实际要素的方向或位置对其理想要素的方向或位置的变动量。而理想要素的方向或位置是由基准理想要素的方向或位置来确定的。在实际测量中，理想要素的方向或位置应符合最小条件，所以要确定位置误差应包含三方面的工作：

(1) 按最小条件确定基准理想要素的方向或位置；

(2) 由基准理想要素的方向或位置确定被测要素的方向或位置；

(3) 将被测实际要素的方向或位置与其基准理想要素的方向或位置进行比较，以确定位置误差值。

对于形状误差，仅仅研究要素本身的实际形状与理想要素的偏离即可。但对于位置误差，则要研究要素相对于基准的实际位置。基准是确定被测要素的方向、位置的参考对象。设计时，在图样上标出的基准通常分为以下三种。

(1) 单一基准：由一个要素建立的基准。如图 3.38 中的基准要素 A，就是由一个平面要素建立的。

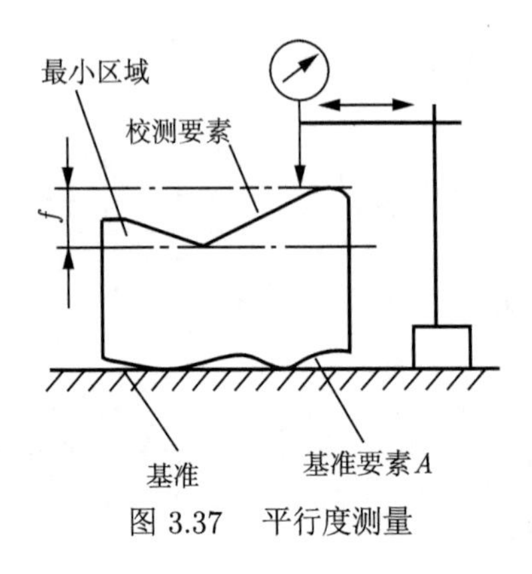

图 3.37　平行度测量

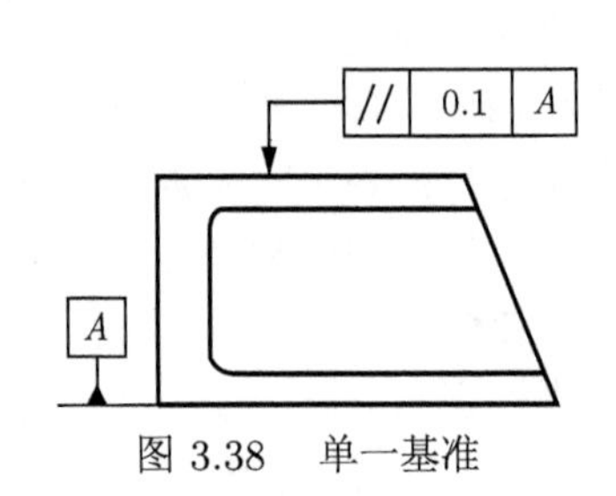

图 3.38　单一基准

(2) 组合基准 (公共基准)：凡由两个或两个以上要素建立的一个独立的基准称为组合基准或公共基准。如图 3.39 中的 A—B，表示由两段轴线 A、B 联合建立起来的公共轴线，作为一个基准使用。

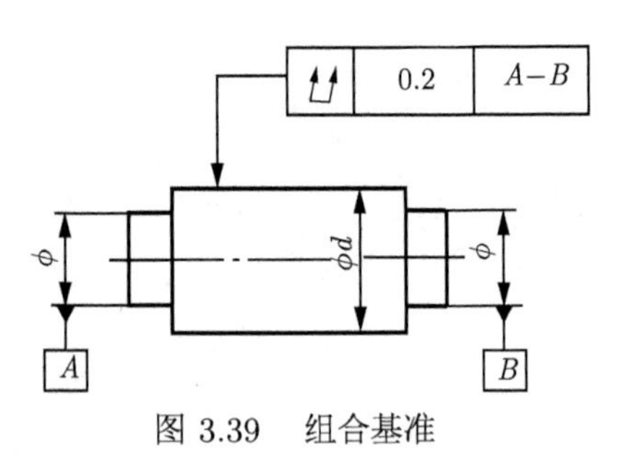

图 3.39　组合基准

(3) 基准体系 (三基面体系)：确定某一被测要素的方向或位置时，从功能要求出发，常常需要若干个基准。用 x、y、z 三个坐标轴组成互相垂直的三个理想平面，使这三个平面与零件上选定的基准要素建立联系，作为确定和测量零件上各几何关系的起点，并按功能要求将这三个平面分别称为第一、第二和第三基准平面，总称为三基面体系，如图 3.40 所示。

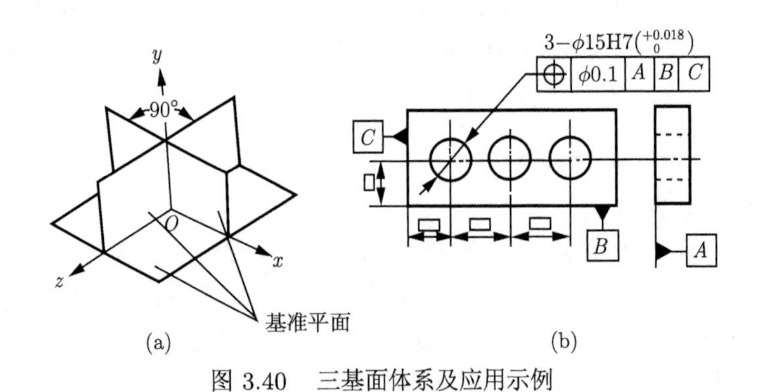

图 3.40　三基面体系及应用示例

应用三基面体系时，在图样上标注基准应特别注意它们的顺序，应选最重要的或最大的平面作为第一基准，选次要的或较长的平面作为第二基准，选不重要的平面作为第三基准。

2. 位置公差定义和位置误差测量

位置公差是指关联实际要素的位置对基准所允许的变动量。位置公差用以控制位置误差，用位置公差带表示，它用于限制关联实际要素变动的区域，关联实际要素位于此区域内为合格，区域的大小由公差值决定。

位置公差是关联实际要素对基准在位置上允许的变动量。位置公差项目有同轴度、对称度和位置度三项。

(1) 同轴度公差用于限制被测要素轴线对基准要素轴线的同轴位置误差。公差带是直径为公差值 t，且与基准轴线同轴的圆柱面内的区域，如表 3.14 所示。

表 3.14　同轴度公差带

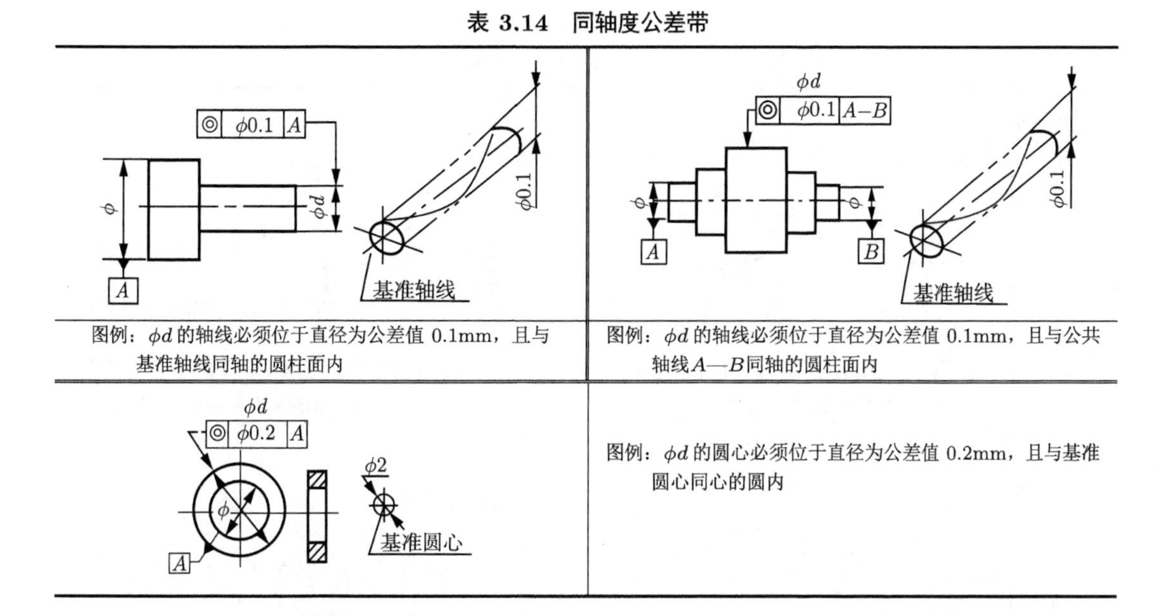

图例：ϕd 的轴线必须位于直径为公差值 0.1mm，且与基准轴线同轴的圆柱面内	图例：ϕd 的轴线必须位于直径为公差值 0.1mm，且与公共轴线 A—B 同轴的圆柱面内
	图例：ϕd 的圆心必须位于直径为公差值 0.2mm，且与基准圆心同心的圆内

图 3.41 是同轴度测量方法。将零件的基准组成要素架在两个刃口状的 V 形块上，并调整公共基准轴线使两端等高。沿被测圆柱的轴线移动指示器，各对应点的测量读数的差值 $|M_1 - M_2|$ 中最大值作为该剖面内的同轴度误差，然后转动被测零件，按上述方法测量若干个剖面，取各剖面测得的同轴度误差中的最大值 (绝对值) 作为该零件的同轴度误差。

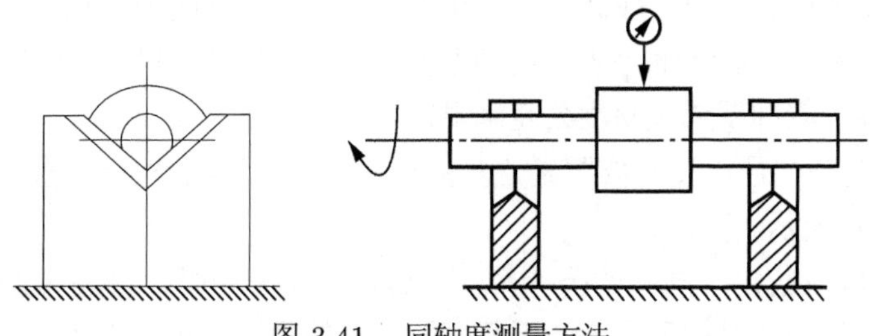

图 3.41　同轴度测量方法

(2) 对称度公差用于限制被测要素 (中心面或中心线) 对基准要素 (中心面或中心线) 的共面性或共线性误差。公差带是距离为公差值 t，且相对基准中心平面 (或中心线、轴线) 对称配置的两平行平面 (或直线) 之间的区域，若给定相互垂直的两个方向，则是正截面尺寸为公差值 $t_1 \times t_2$ 的四棱柱内的区域，如表 3.15 所示。

(3) 位置度公差用于控制被测要素 (点、线、面) 对基准要素的位置误差，用于限制被测要素的实际位置对其理想位置偏离的程度。被测要素的理想位置由理论正确尺寸和基准所确定。理论正确尺寸不附带公差，是一个理想精确的尺寸，在图样上用带框格的尺寸表示，实际加工时并不存在，只是为了从理论上找到理想位置以便建立位置度公差带。位置度常用于控制具有孔组零件的各孔轴线的位置度误差。根据零件的功能要求，位置度公差可分为给定一个方向、给定相互垂直的两个方向和任意方向三种，后者用得最多。位置度公差带分点、线和面三种类型。

表 3.15 对称度公差带

面对面	线对面
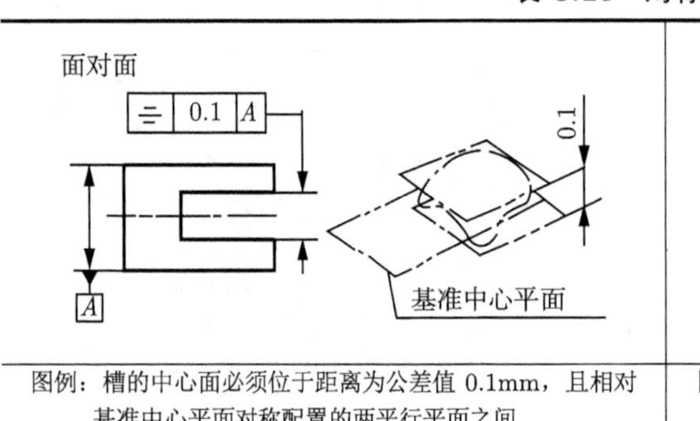	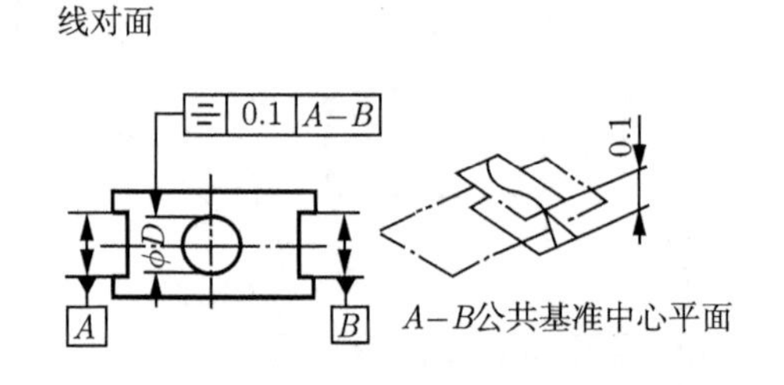
图例：槽的中心面必须位于距离为公差值 0.1mm，且相对基准中心平面对称配置的两平行平面之间	图例：ϕD 的轴线必须位于距离为公差值 0.1mm，且相对 A—B 公共基准中心平面对称配置的两平行平面之间
面对线	线对线
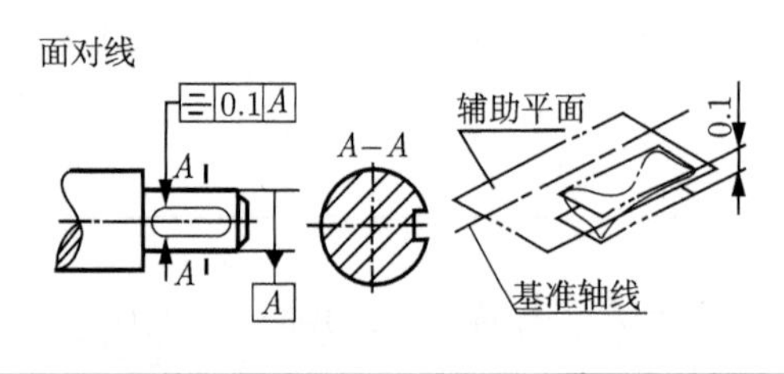	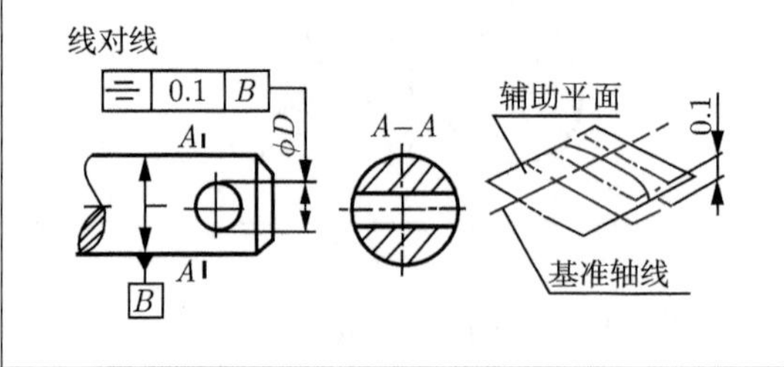
图例：键槽的中心面必须位于距离为公差值 0.1mm 的两平行平面之间，该平面对称配置在通过基准轴线的辅助平面两侧	图例：ϕD 的轴线必须位于距离为公差值 0.1mm，且相对通过基准轴线的辅助平面对称配置的两平行平面之间

对于要素的位置度、轮廓度或倾斜度，其尺寸由不带公差的理论正确位置轮廓或角度确定，这种尺寸称为理论正确尺寸。理论正确尺寸应围以框格，零件实际 (组成) 要素仅由在公差框格中的位置度、轮廓度或倾斜度公差来限定。

① 点的位置度公差带：公差带是直径为公差值 t，且以点的理想位置为中心的圆或球内的区域，如表 3.16 所示。

② 线的位置度在给定方向上的公差带：当给定一个方向时，公差带是距离为公差值 t，且以线的理想位置为中心对称配置的两平行平面之间的区域；当给定相互垂直的两个方向时，公差带是正截面尺寸为公差值 $t_1 \times t_2$，且以线的理想位置为轴线的四棱柱内的区域，如表 3.16 所示。

③ 线的位置度在任意方向上的公差带：公差带是直径为公差值 t，且以线的理想位置为

轴线的圆柱面内的区域，如表 3.16 所示。

表 3.16　位置度公差带

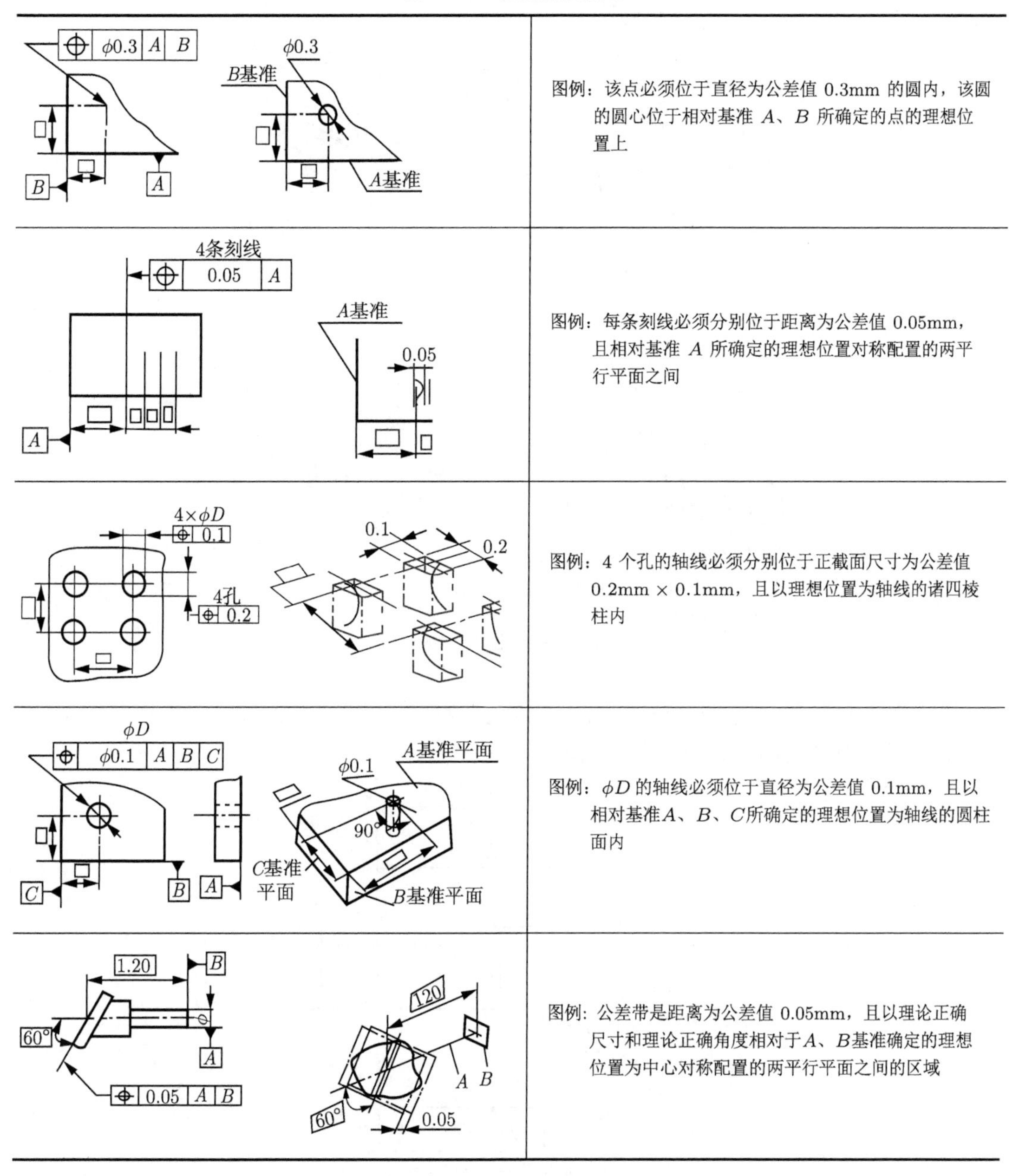

图例	说明
ϕ0.3 A B；B基准；A基准	图例：该点必须位于直径为公差值 0.3mm 的圆内，该圆的圆心位于相对基准 A、B 所确定的点的理想位置上
4条刻线；0.05 A；A基准；0.05	图例：每条刻线必须分别位于距离为公差值 0.05mm，且相对基准 A 所确定的理想位置对称配置的两平行平面之间
4×ϕD；0.1；4孔；0.2；0.1；0.2	图例：4 个孔的轴线必须分别位于正截面尺寸为公差值 0.2mm × 0.1mm，且以理想位置为轴线的诸四棱柱内
ϕD；ϕ0.1 A B C；A基准平面；ϕ0.1；90°；C基准平面；B基准平面	图例：ϕD 的轴线必须位于直径为公差值 0.1mm，且以相对基准A、B、C所确定的理想位置为轴线的圆柱面内
1.20；B；60°；A；0.05 A B；120；A B；60°；0.05	图例：公差带是距离为公差值 0.05mm，且以理论正确尺寸和理论正确角度相对于A、B基准确定的理想位置为中心对称配置的两平行平面之间的区域

线位置度常用于限制板状和盘状零件上的孔位、孔间的位置误差。

① 孔位位置度。如图 3.42 所示，ϕD 孔的轴线要求按三基面定位。其公差带是直径为 0.1mm 的圆柱，其轴线是孔的理想位置，垂直于基面 A，到基面 B 和 C 的距离等于理论正确尺寸。孔的实际轴线应位于此圆柱体内。

② 孔间位置度。图 3.43 为由 6 孔组成的孔组，要求控制各孔之间的距离。位置度公差在水平方向是 0.1mm，在垂直方向是 0.2mm，公差带是 6 个四棱柱，要按理论正确尺寸确

定每个孔的实际轴线，应在各自的四棱柱面内。

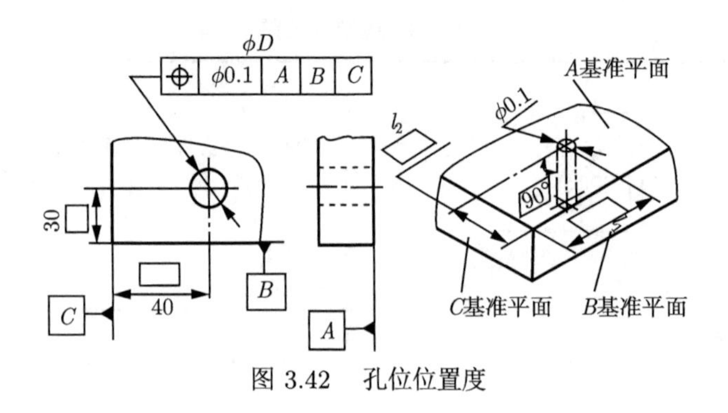

图 3.42　孔位位置度

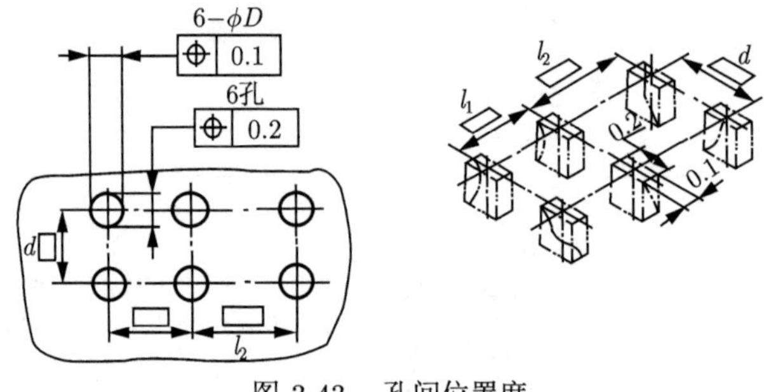

图 3.43　孔间位置度

面的位置度与倾斜度进行比较可看出，方向公差与位置公差的区别在于公差带方向、位置是固定的还是浮动的，如图 3.44 所示。

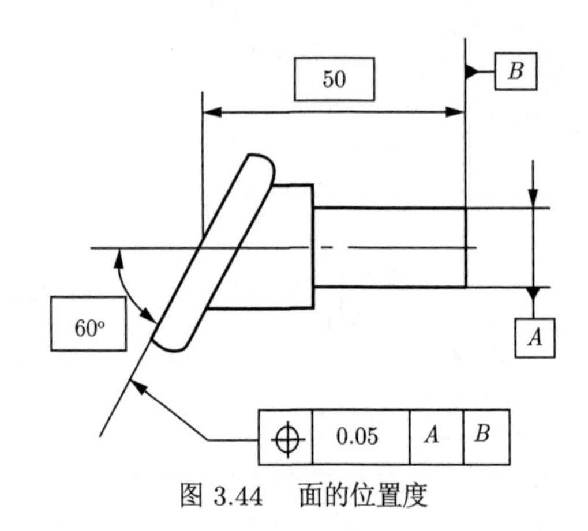

图 3.44　面的位置度

对于位置度误差的测量，一种方法是测量实际要素的位置尺寸，与理论正确尺寸进行比较；另一种方法是利用综合量规测量要素的合格性。

位置公差的特点如下。

其一，位置公差带相对于基准具有确定的位置，其中，位置度公差带的位置由理论正确尺寸确定，同轴度和对称度的理论正确尺寸为零，图上可省略不注。

其二，位置公差带具有综合控制被测要素位置、方向和形状的功能。例如，平面的位置度公差可以控制该平面的平面度误差和相对于基准的方向误差；同轴度公差可以控制被测轴线的直线度误差和相对于基准轴线的平行度误差。设计时，在保证功能要求的前提下，对被测要素给定了位置公差后，通常对该要素不再给出方向公差和形状公差。如果需要对方向和形状有进一步要求，则可另行给出方向或形状公差，但其数值应小于位置公差值。

3.3.6　跳动公差与跳动误差检测

跳动是当被测实际要素绕基准轴线旋转时，以指示器测量被测实际要素表面来反映其几何误差的，它与测量方法有关，是被测要素形状误差和位置误差的综合反映。跳动的大小由指示器示值的变化确定，例如，圆跳动即被测实际要素绕基准轴线做无轴向移动回转一周时，由位置固定的指示器在给定方向上测得的最大与最小示值之差。

跳动公差是实际要素绕基准轴线回转一周或连续回转时所允许的最大跳动误差。跳动公差具有综合控制形状误差和位置误差的功能。跳动公差的被测要素为圆柱面、端平面和圆锥面等组成要素，基准要素为轴线。跳动公差根据测量区域的不同，可分为圆跳动和全跳动。

(1) 圆跳动：圆跳动公差是关联实际要素某一参考点绕基准轴线做无轴向移动回转一周时允许的最大变动量。圆跳动公差分为径向圆跳动、轴向圆跳动、斜向圆跳动，如表 3.17 所示。

表 3.17　圆跳动公差带

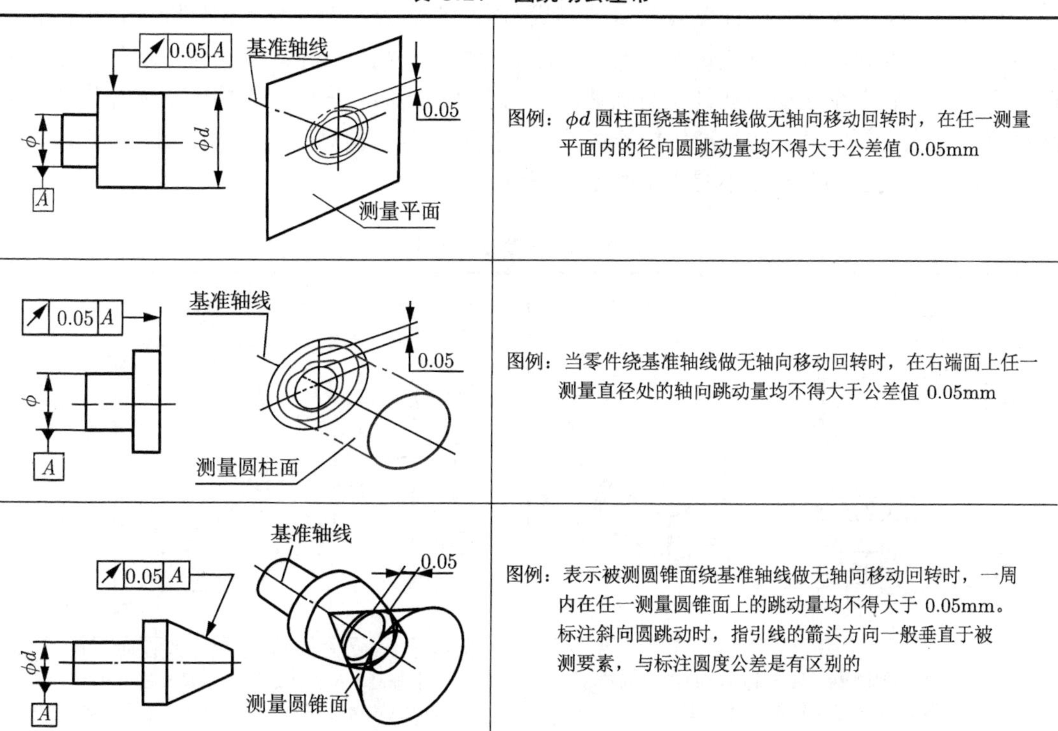

	图例：ϕd 圆柱面绕基准轴线做无轴向移动回转时，在任一测量平面内的径向圆跳动量均不得大于公差值 0.05mm
	图例：当零件绕基准轴线做无轴向移动回转时，在右端面上任一测量直径处的轴向跳动量均不得大于公差值 0.05mm
	图例：表示被测圆锥面绕基准轴线做无轴向移动回转时，一周内在任一测量圆锥面上的跳动量均不得大于 0.05mm。标注斜向圆跳动时，指引线的箭头方向一般垂直于被测要素，与标注圆度公差是有区别的

①径向圆跳动：公差带是在垂直于基准轴线的任一测量平面内，半径差为公差值 t，且圆心在基准轴线上的两个同心圆之间的区域。

②轴向圆跳动：公差带是在与基准轴线同轴的任一直径位置的测量圆柱面上沿母线方向宽度为 t 的圆柱面区域。

③斜向圆跳动：公差带为与基准同轴的任一圆锥截面上, 间距等于公差值 t 的两圆所限定的区域。

圆度是任一正截面上半径差为某一数值的两个同心圆区域，它的实际 (组成) 要素不能超出给定的尺寸公差范围，实效尺寸就是零件的最大实体尺寸，这就是通常所说的尺寸公差控制形状误差。而圆跳动是有基准轴线的，任一截面的圆表面位置在半径差为某一数值的两个同心圆里，且圆心在基准轴线上，而圆度的圆心是变化的。它的实效边界是零件最大实体尺寸加上跳动公差。圆度是形状公差，只是表达一个表面形状，位置是浮动的。圆跳动是位置公差，给这个形状规定了一个基准，即中心轴线，位置是固定的。

(2) 全跳动：全跳动公差是被测表面绕基准轴线连续旋转时，指示表的测头相对于被测表面在平行或垂直于基准轴线的方向移动，在整个测量面上所允许的最大跳动量。测量时被测要素连续回转且指示计做直线移动。

依据测量方向与基准轴线的位置不同可分为径向全跳动和轴向全跳动，如表 3.17 所示。

①径向全跳动公差：用于限制被测圆柱面的圆度误差、圆柱度误差及其基准轴线的同轴度误差。公差带是半径差为公差值 t，且与基准轴线同轴的两圆柱面之间的区域。径向全跳动是被测圆柱面的圆柱度误差和相对基准的同轴度误差的综合反映 (但不是简单相加，是矢量叠加)，所以，径向全跳动可综合控制圆柱度和同轴度误差。

径向全跳动公差带与圆柱度公差带的形状相同。前者公差带轴线的位置固定，如表 3.18 所示，后者公差带轴线的位置是浮动的。图样上应优先标注径向全跳动公差，而尽量不标注圆柱度项目。径向全跳动是被测表面绕基准轴线连续回转时，在整个圆柱面上所允许的最大跳动量。它表示被测表面绕基准轴线连续回转，同时百分表相对于圆柱面做轴向移动时，在整个圆柱面上的径向跳动量不得大于给定公差值。

表 3.18　全跳动公差带

径向全跳动	轴向全跳动
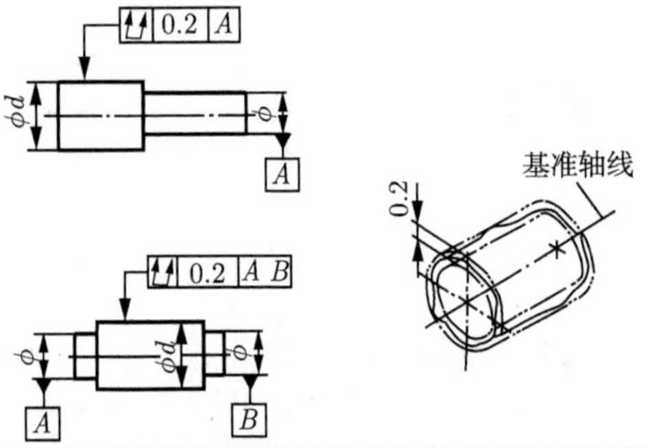 0.2 A；φd；φ；A；0.2 A B；φ；φd；φ；A；B；0.2；基准轴线	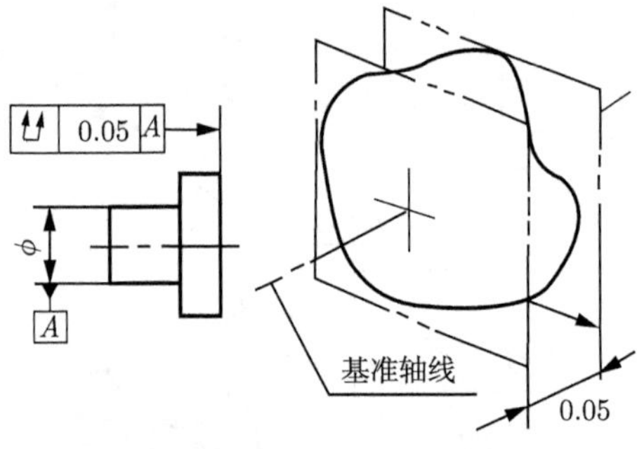 0.05 A；φ；A；基准轴线；0.05
图例：ϕd 表面绕基准轴线做无轴向移动的连续回转，同时，指示器做平行于基准轴线的直线移动。在 ϕd 整个表面上的跳动量不得大于公差值 0.2mm	图例：端面绕基准轴线做无轴向移动的连续回转，同时，指示器做垂直于基准轴线的直线移动。在端面上任意一点的轴向跳动量不得大于 0.05mm。在运动时，指示器必须沿着端面的理论正确形状和相对于基准所确定的正确位置移动

②轴向全跳动公差：用于限制被测端面的平面度误差、端面对基准轴线的垂直度误差。

公差带是距离为公差值 t，且与基准轴线垂直的两平行平面之间的区域。轴向全跳动公差带与端面对轴线的垂直度公差带相同，均为垂直于基准轴线的平行平面，用这两个项目控制被测要素的结果也完全相同，但轴向全跳动检测方法更方便。在满足功能要求的前提下，应优先选用轴向全跳动公差。

跳动公差带的特点如下。

其一，跳动公差带相对于基准轴线有确定的位置。

其二，跳动公差带可以综合控制被测要素的位置、方向和形状误差。例如，轴向全跳动公差可同时控制端面对基准轴线的垂直度和它的平面度误差；径向全跳动公差可同时控制同轴度、圆柱度误差。因此，采用跳动公差时，若被测要素能够满足功能要求，一般不再标注相应的位置公差和形状公差，若不能够满足功能要求，则可进一步给出相应的位置公差和形状公差，但其数值应小于跳动公差值。

3.4 公差原则与公差要求

在设计零件时，根据零件的功能要求，对零件上重要的几何要素，常需要同时给定尺寸公差和几何公差。处理尺寸公差和几何公差相互关系的原则称为公差原则。按照尺寸公差和几何公差有无关系，将公差原则分为独立原则和相关要求。在讲独立原则和相关要求之前，需要先了解有关术语定义。

3.4.1 有关术语及定义

1. 提取组成要素的局部尺寸 (D_a、d_a)

提取组成要素的局部尺寸是一切提取组成要素上两对应点之间距离的统称，如图 3.45 所示。

2. 作用尺寸

体外作用尺寸 (D_{fe}、d_{fe}) 指在被测要素的给定长度上，与实际内表面 (孔) 体外相接的最大理想面或与实际外表面 (轴) 体外相接的最小理想面的直径或宽度，即通常所称的作用尺寸。单一要素孔的体外作用尺寸用 D_{fe} 表示，单一要素轴的体外作用尺寸用 d_{fe} 表示，作用尺寸是实际 (组成) 要素与几何误差的结合，对孔的体外作用尺寸为：$D_{fe} = D_a -$ 几何误差，对轴的体外作用尺寸为：$d_{fe} = d_a +$ 几何误差，如图 3.46 所示。

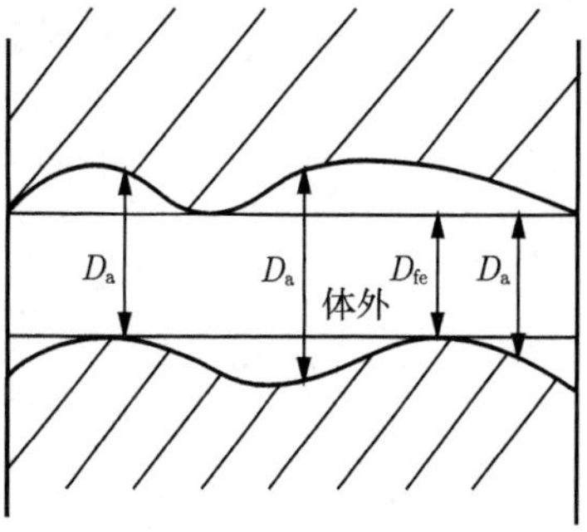

图 3.45 提取组成要素的局部尺寸

对于关联要素 (关联要素的体外作用尺寸为 D'_{fe}、d'_{fe})，假想在结合面的全长上与实际孔内接或与实际轴外接的最大 (或最小) 理想轴 (或理想孔) 的尺寸，该理想面的轴线或中心平面必须与基准保持图样上给定的几何关系，如图 3.47 所示。

体内作用尺寸 (D_{fi}、d_{fi}) 指在被测要素的给定长度上，与实际内表面体内相接的最小理想面，或与实际外表面体内相接的最大理想面的直径或宽度，如图 3.48 所示。对于关联要素 (关联要素体内作用尺寸为 D'_{fi}、d'_{fi})，该理想面的轴线或中心平面必须与基准保持图样上给定的几何关系。

体内作用尺寸实际上是与零件强度有关系的尺寸，它与被测实际要素及其几何误差有关，孔的体内作用尺寸大于该孔的最大提取组成要素的局部尺寸，轴的体内作用尺寸小于该轴的最小提取组成要素的局部尺寸，如图 3.49 所示。

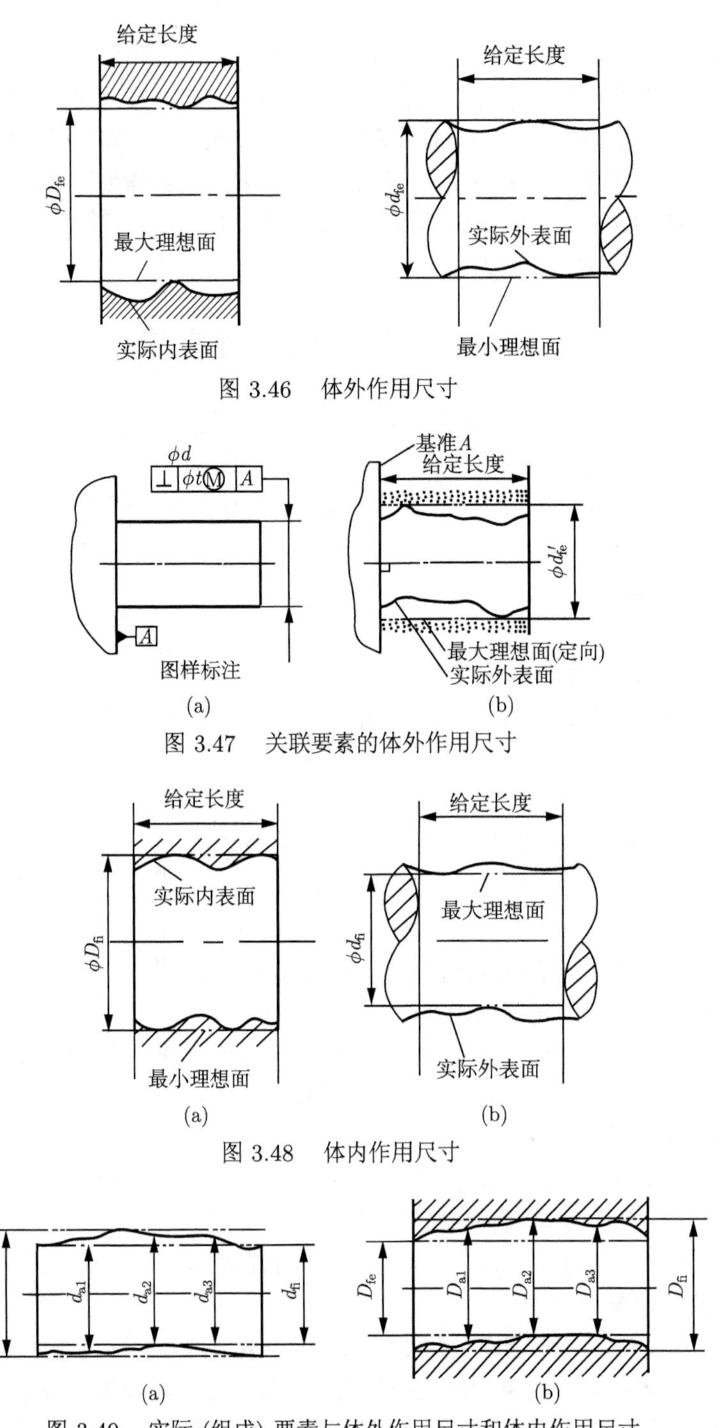

图 3.49　实际 (组成) 要素与体外作用尺寸和体内作用尺寸

3. 最大/最小实体状态、最大/最小实体尺寸、边界

最大实体状态 (MMC)：假定提取组成要素的局部尺寸处处位于极限尺寸且使其具有实体最大时 (即材料量最多) 的状态。

最小实体状态 (LMC)：假定提取组成要素的局部尺寸处处位于极限尺寸且使其具有实体最小时 (即材料量最少) 的状态。

最大、最小实体尺寸 (MMS、LMS)：最大实体尺寸是实际要素在最大实体状态下的极限尺寸。内表面 (孔) 为下极限尺寸；外表面 (轴) 为上极限尺寸。其代号分别用 D_M 和 d_M 表示，即 $D_M = D_{min}$；$d_M = d_{max}$。最小实体尺寸是实际要素在最小实体状态下的极限尺寸。内表面 (孔) 为上极限尺寸；外表面 (轴) 为下极限尺寸。其代号分别用 D_L 和 d_L 表示，即 $D_L = D_{max}$；$d_L = d_{min}$。

边界是设计时给定的，是具有理想形状的极限包容面。尺寸为最大实体尺寸时的边界称为最大实体边界，尺寸为最小实体尺寸时的边界称为最小实体边界。

4. 最大实体实效状态、实效尺寸、边界

最大实体实效状态 (MMVC)：是指在给定长度上，实际要素达到最大实体状态且导出要素的形状或位置误差达到给出的公差值时的综合极限状态，即实际 (组成) 要素达到最大实体尺寸且几何误差达到给定几何公差值时的极限状态。

最大实体实效尺寸 (MMVS)：是指在最大实体实效状态下的体外作用尺寸。内表面 (孔)、外表面 (轴) 的最大实体实效尺寸分别用 D_{MV} 和 d_{MV} 表示，即 $D_{MV} = D_M - t = D_{min} - t$；$d_{MV} = d_M + t = d_{max} + t$(式中 t 为几何公差值)，如图 3.50 所示。

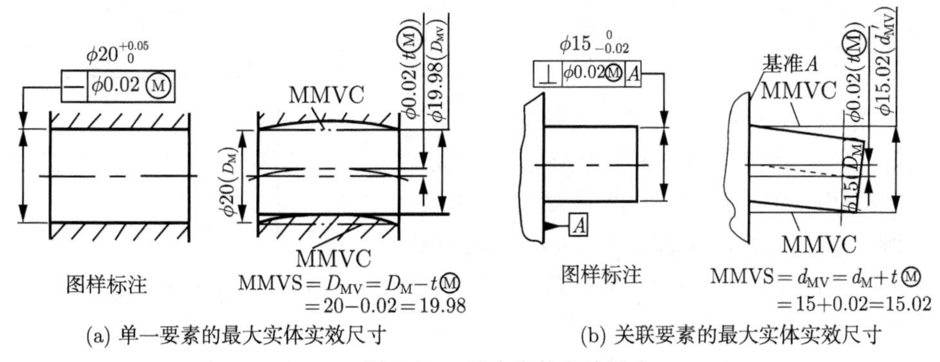

(a) 单一要素的最大实体实效尺寸　　(b) 关联要素的最大实体实效尺寸

图 3.50　最大实体实效尺寸

最大实体实效边界 (MMVB) 是尺寸为最大实体实效尺寸时的边界，如图 3.51 所示。

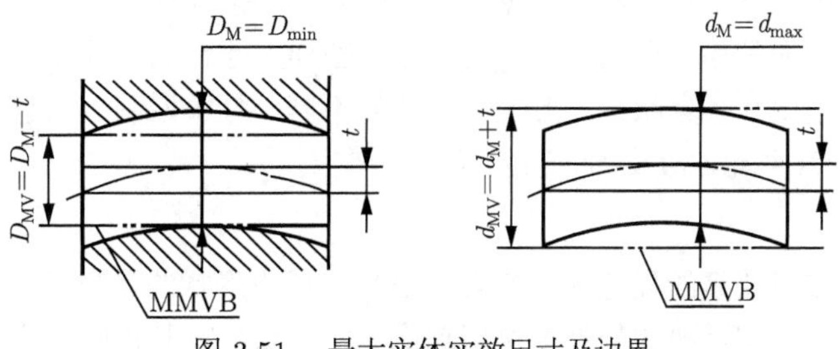

图 3.51　最大实体实效尺寸及边界

5. 最小实体实效状态、实效尺寸、边界

最小实体实效状态 (LMVC) 是指在给定长度上，实际要素处于最小实体状态且导出要素的形状或位置误差达到给出的公差值时的综合极限状态。

最小实体实效尺寸 (LMVS) 是最小实体实效状态下的体内作用尺寸。内表面 (孔)、外表面 (轴) 的最小实体实效尺寸分别用 D_{LV} 和 d_{LV} 表示，即 $D_{LV} = D_L + t = D_{max} + t$; $d_{LV} = d_L - t = d_{min} - t$。最小实体实效边界 (LMVB) 是尺寸为最小实体实效尺寸时的边界，如图 3.52 所示。

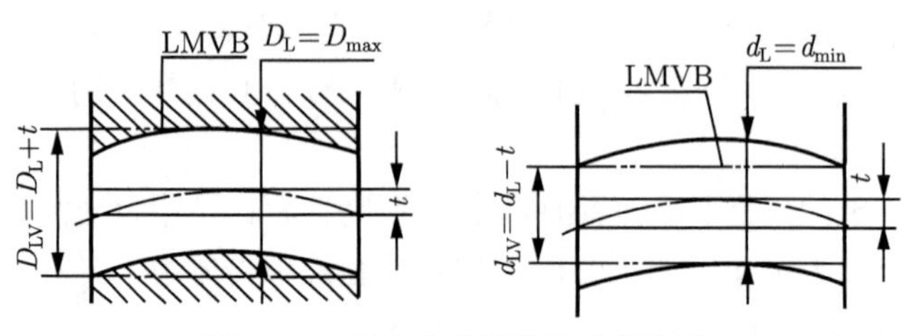

图 3.52　最小实体实效尺寸及边界

作用尺寸与实效尺寸的区别：作用尺寸是由实际 (组成) 要素和几何误差综合形成的，一批零件中各个零件的作用尺寸一般不相同，它是一个变量，但就实际的轴或孔而言，作用尺寸却是唯一的；实效尺寸是由实体尺寸和几何公差综合形成的，对一批零件而言是一个定量。实效尺寸可以视为作用尺寸的允许极限值。

3.4.2　独立原则

独立原则是指图样上对被测要素给定的尺寸公差和几何公差各自独立，相互无关，应分别满足各自的公差要求。

采用独立原则时，在图样上不需加注任何符号。合格条件是实际 (组成) 要素在上下极限尺寸之间，轴线的几何误差不得超过给定值。图 3.53 是按独立公差原则标注的示例，销轴的直径为 $\phi50_{-0.025}^{\ 0}$ mm，轴的素线直线度公差为 0.03mm，按独立原则处理，销轴任何部位上的实际直径应在上极限尺寸与下极限尺寸之间，即在 $\phi49.975$～$\phi50$mm 之间，无论轴的提取组成要素的局部尺寸为何值，素线的直线度误差不得大于 0.03mm，否则销轴就不合格。

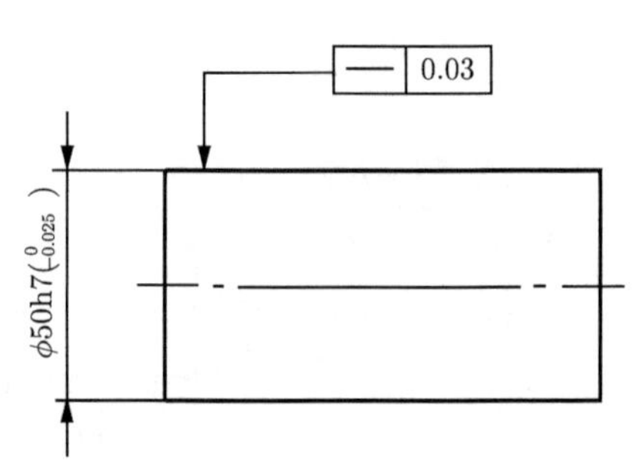

图 3.53　按独立原则标注示例

独立原则是最基本的公差原则，适用于尺寸精度与几何精度要求相差较大，需分别满足要求，或两者无联系，保证运动精度、密封性, 未注公差等场合。

与独立原则相对的是相关要求。相关要求是指图样上给定的尺寸公差和几何公差相互有关的公差原则。根据要素实际状态所应遵守的边界不同，相关原则分为包容要求、最大实体要求 (及其可逆要求) 和最小实体要求 (及其可逆要求)。

3.4.3　包容要求

包容要求规定实际要素的任意一点都必须在具有理想形状的包容面内，该理想形状的尺寸为最大实体尺寸，即实际要素处处不得超越最大实体边界，其提取组成要素的局部尺寸不得超过最小实体尺寸。当实际要素的局部尺寸处处加工到最大实体尺寸时，几何误差为零，具有理想形状。当实际要素偏离最大实体尺寸时，其偏离值允许补偿给几何误差。

单一要素的形状公差与尺寸公差遵循包容要求时，应在尺寸公差后面加注包容要求的代号 Ⓔ。图 3.54(a) 表示销轴 $\phi20_{-0.03}^{\ 0}$mm 采用包容要求。销轴的最大实体尺寸是 ϕ20mm，当销轴直径处处为 ϕ20mm 时，形状公差为 0；只有当销轴直径偏离最大实体边界时，才允许有形状误差，即销轴直径可以从 ϕ20mm 减小到 ϕ19.97mm，允许形状误差从 0 增加到最大公差值 0.03mm，如图 3.54(b) 所示。由此可见，允许形状误差的增量取决于销轴的实际 (组成) 要素偏离销轴的最大实体尺寸的量值，但销轴的提取组成要素的局部尺寸不得超出最小实体尺寸 ϕ19.97mm。图 3.54(c) 表示销轴直线度误差允许值随销轴实际尺寸 d_a 变化的动态公差图。

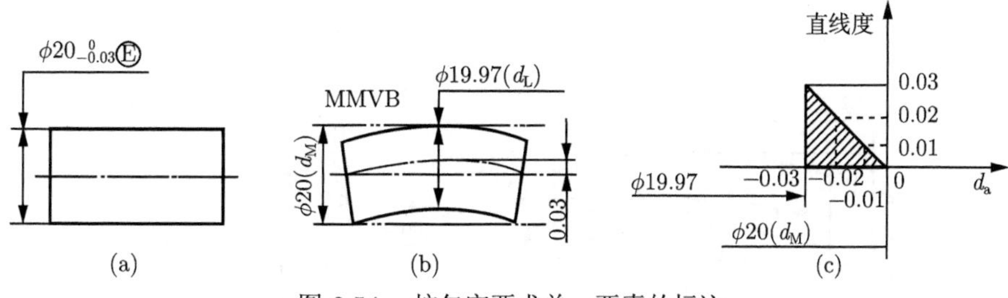

图 3.54　按包容要求单一要素的标注

包容要求适用于单一要素，主要用于配合性质要求严格的配合面，特别是有相对运动的配合面，利用最大实体尺寸作为边界保证配合的最小间隙或最大过盈。

3.4.4　最大实体要求

最大实体要求是控制被测要素的实际轮廓处于其最大实体实效边界之内的一种公差要求，即被测要素或基准要素偏离最大实体状态，而其形状、定向、定位公差获得补偿的一种公差原则。最大实体要求用最大实体实效边界 d_{MV} 控制几何误差，用极限尺寸控制实际 (组成) 要素。

最大实体要求应用于被测要素时，被测要素的几何公差值是在该要素处于最大实体状态时给定的。当被测要素偏离最大实体尺寸时，其偏离值允许补偿给几何公差，其最大补偿值等于被测要素的尺寸公差值。几何公差值能够增大多少，取决于被测要素偏离最大实体状态的程度。几何公差值的最大值为图样上给定的几何公差值与尺寸公差值之和。在图样上必须在公差框格中几何公差值后加注Ⓜ 符号，如图 3.55(a) 所示。

最大实体要求应用于被测要素时，被测要素应遵守最大实体实效边界。也就是说，其体外作用尺寸不得超出最大实体实效尺寸，且提取组成要素的局部尺寸在最大与最小实体尺寸之间。

对于内表面 (孔)：$D_{fe} \geqslant D_{MV} = D_{min} - t$ 且 $D_M = D_{min} \leqslant D_a \leqslant D_{max} = D_L$

对于外表面 (轴)：$d_{fe} \leqslant d_{MV} = d_{max} + t$ 且 $d_M = d_{max} \geqslant d_a \geqslant d_{min} = d_L$

当销轴实际 (组成) 要素为最大实体尺寸 ϕ10mm 时，轴线的直线度公差为 ϕ0.1mm，如图 3.55(b) 所示。当销轴实际 (组成) 要素小于 ϕ10mm，如为 ϕ9.9mm 时，轴线的直线度公差为 $(\phi0.1 + \phi0.1)$mm $= \phi0.2$mm，如图 3.55(c) 所示。当实际 (组成) 要素为最小实体尺寸 ϕ9.8mm 时，销轴轴线的直线度公差获得最大补偿值，即 $(\phi10 - \phi9.8)$mm $= \phi0.2$mm，这时销轴轴线的直线度公差达到最大值，即等于给出的直线度公差与最大补偿值之和，为 $(\phi0.1+\phi0.2)\,\mathrm{mm}=\phi0.3\mathrm{mm}$。从图 3.55(b) 中可知，轴的体外作用尺寸都没有超过最大实体实效边界 ($\phi10.1$mm 的圆柱面)，实际 (组成) 要素均未超过上极限尺寸，所以是合格的。图 3.55(d) 表示最大实体要求应用于被测要素时，销轴直线度误差允许值随销轴实际尺寸变化的动态公差图。

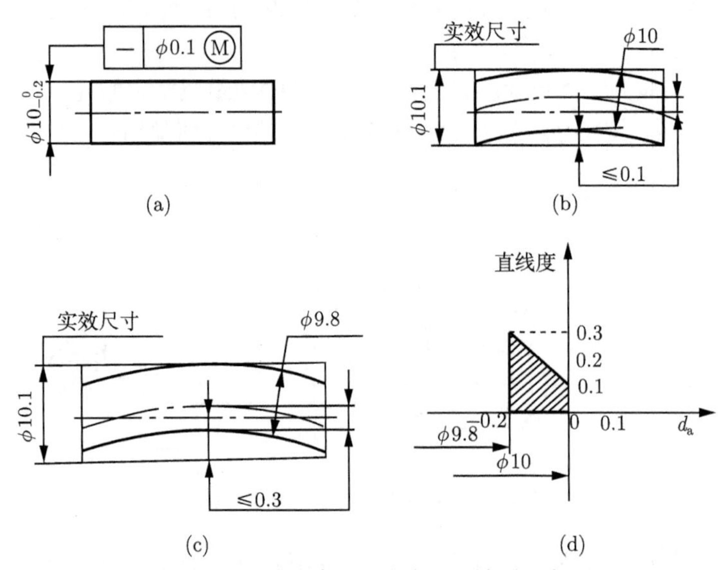

图 3.55　最大实体要求应用于被测要素

最大实体要求应用于基准要素时，图样上必须在公差框格中基准字母后加注 Ⓜ符号，如图 3.56 所示。此时，基准要素应遵守相应的边界。若基准要素的实际轮廓偏离其相应的边界，则允许基准要素在一定范围内浮动，其浮动范围等于基准要素的体外作用尺寸与其相应边界尺寸之差。

最大实体要求应用于基准要素时，基准要素应遵守的边界有两种情况：当基准要素本身采用最大实体要求时，应遵守最大实体实效边界，此时，基准代号应直接标注在形成该最大实体实效边界的几何公差框格下面，如图 3.56(a) 所示；当基准要素本身不采用最大实体要求时，应遵守最大实体边界，此时，基准代号应标注在基准的尺寸线处，其连线与尺寸线对齐，如图 3.56(b) 所示。

当最大实体要求用于基准要素，而基准要素遵守包容要求时，被测要素的位置公差是在该要素与基准要素皆处于最大实体状态时给定的。

最大实体要求适用于导出要素，主要用于只要求可装配性的零件，能充分利用图样上给出的公差提高零件的合格率。

零几何公差：当被测要素处于最大实体状态时，其导出要素对基准的几何公差为零，即不允许有几何误差。只有当被测要素偏离最大实体尺寸时，才允许其导出要素对基准有几何误差。零几何公差为最大实体要求的一种特殊情况。

【例 3-3】 图 3.57(a) 表示 $\phi50^{+0.13}_{\ 0}$mm 孔的轴线对基准平面 A 的垂直度公差采用最大实体要求。

当该孔处于最大实体状态时，其轴线对基准平面 A 的垂直度公差为 $\phi0.08$mm，如图

3.57(b) 所示。当孔的实际 (组成) 要素方向偏离最大实体状态时，其轴线对基准平面 A 的垂直度误差可以相应地增大。

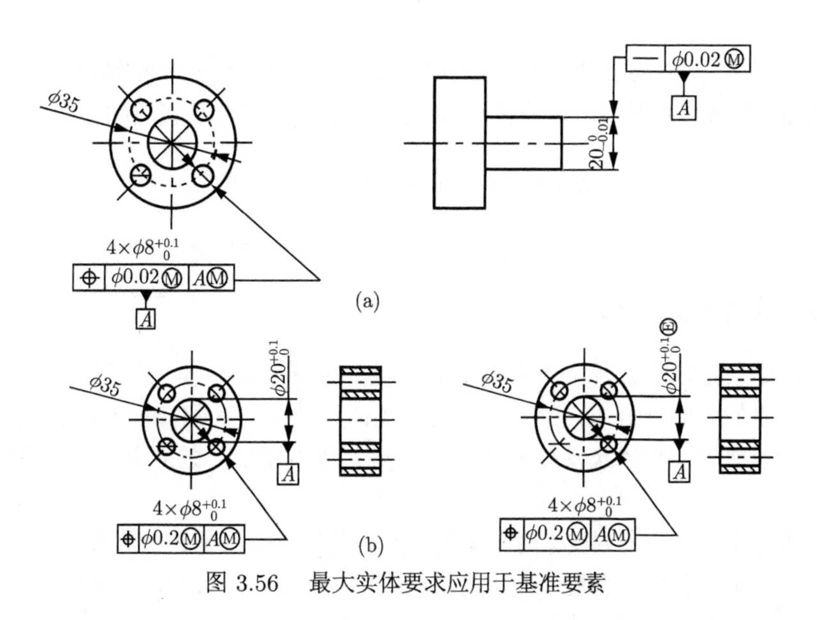

图 3.56　最大实体要求应用于基准要素

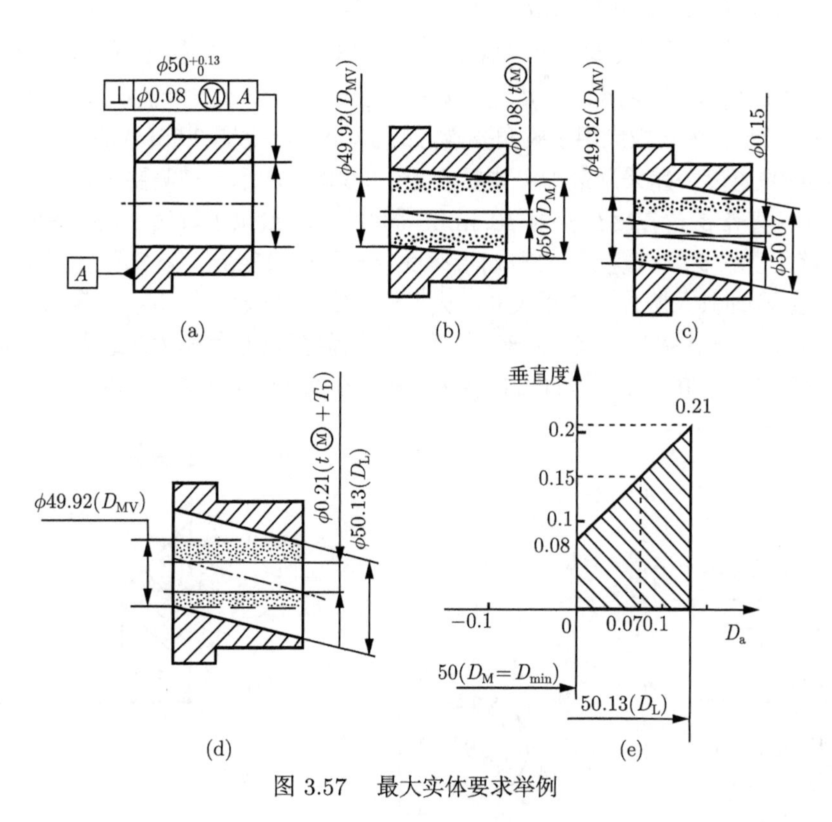

图 3.57　最大实体要求举例

图 3.57(c) 表示孔的实际 (组成) 要素为 $\phi50.07$mm 时，其轴线对基准平面 A 的垂直度公差 $t = \phi0.08\text{mm} + \phi0.07\text{mm} = \phi0.15\text{mm}$。

图 3.57(d) 表示孔的实际 (组成) 要素为最小实体尺寸 $\phi 50.13\text{mm}$，即处于最小实体状态时，其轴线对基准平面 A 的垂直度公差可达最大值，即孔的尺寸公差与几何公差之和 $T_D = \phi 0.21\text{mm}$。

图 3.57(e) 是该孔的动态公差图。图中虚线代表图 3.57(c) 所示的情况。

图 3.57(a) 所示孔的尺寸与轴线对基准平面 A 的任意方向垂直度的合格条件是

$$D_{\mathrm{a}} \leqslant D_{\mathrm{L}} = D_{\max} = \phi 50.13\text{mm}$$

且
$$D'_{\mathrm{fe}} \geqslant D'_{\mathrm{MV}} = D_{\mathrm{M}} - t = \phi 50\text{mm} - \phi 0.08\text{mm} = \phi 49.92\text{mm}$$

3.4.5 最小实体要求

最小实体要求是控制被测要素的实际轮廓处于其最小实体实效边界之内的一种公差要求。当被测要素的实际 (组成) 要素偏离最小实体尺寸时，其偏离值允许补偿给几何公差，最大补偿值等于被测要素的尺寸公差值。在图样上必须在公差框格中几何公差值后加注 Ⓛ 符号。

最小实体要求应用于被测要素时，被测要素的几何公差值是在该要素处于最小实体状态下给定的，应遵守最小实体实效边界。也就是说，其体内作用尺寸不得超出最小实体实效尺寸，且提取组成要素的局部尺寸在最大与最小实体尺寸之间。

对于内表面 (孔)：$D_{\mathrm{fi}} \leqslant D_{\mathrm{LV}} = D_{\max} + t$ 且 $D_{\mathrm{M}} = D_{\min} \leqslant D_{\mathrm{a}} \leqslant D_{\max} = D_{\mathrm{L}}$

对于外表面 (轴)：$d_{\mathrm{fi}} \geqslant d_{\mathrm{LV}} = d_{\min} - t$ 且 $d_{\mathrm{M}} = d_{\max} \geqslant d_{\mathrm{a}} \geqslant d_{\min} = d_{\mathrm{L}}$

【例 3-4】最小实体要求应用于被测要素，如图 3.58 所示。图 3.58(a) 表示孔 $\phi 8^{+0.25}_{0}$ 的轴线对 A 基准的位置度公差采用最小实体要求。图 3.58(b) 表示当被测要素处于最小实体状态时，其轴线对 A 基准的位置度公差为 $\phi 0.4\text{mm}$。图 3.58(c) 给出了表达上述关系的动态公差带图，该孔应满足下列要求：①实际 (组成) 要素为 $\phi 8 \sim \phi 8.25\text{mm}$。② 实际轮廓不超出关联最小实体实效边界，即其关联体内作用尺寸不大于最小实体实效尺寸 $D_{\mathrm{LV}} = D_{\mathrm{L}} + t = 8.65\text{mm}$。当该孔处于最大实体状态时，其轴线对 A 基准的位置度误差允许达到最大值，即等于图样给出的位置度公差 (ϕ 0.4 mm) 与孔的尺寸公差 (ϕ 0.25 mm) 之和 ϕ 0.65 mm。

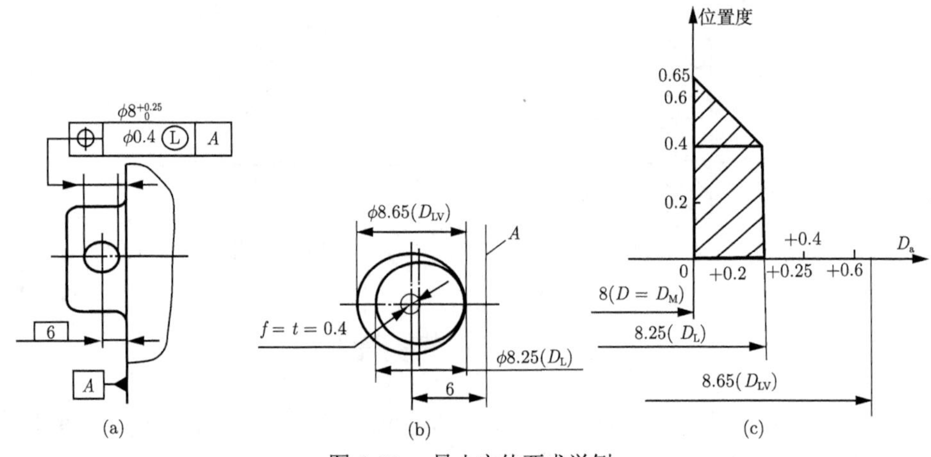

图 3.58 最小实体要求举例

3.4.6　可逆要求

可逆要求 (RR) 指当导出要素的几何误差值小于给出的几何公差值时，允许在满足零件功能要求的前提下扩大尺寸公差。

可逆要求用于最大实体要求时，被测要素的实际轮廓应遵守其最大实体实效边界。当其实际 (组成) 要素向最小实体尺寸方向偏离最大实体尺寸时，允许其几何误差值超出在最大实体状态下给出的几何公差值，即几何公差值可以增大。当其几何误差值小于给出的几何公差值时，也允许其实际 (组成) 要素超出最大实体尺寸，即可逆要求是尺寸公差值可以增大的一种要求。因此，也可以称为可逆的最大实体要求。

采用可逆的最大实体要求，应在被测要素的几何公差框格中的公差值后加注符号 Ⓡ。

【例 3-5】 如图 3.59(a) 所示，$\phi35_{-0.10}^{\ 0}$mm 轴的轴线垂直度公差采用可逆的最大实体要求，试解释其含义。

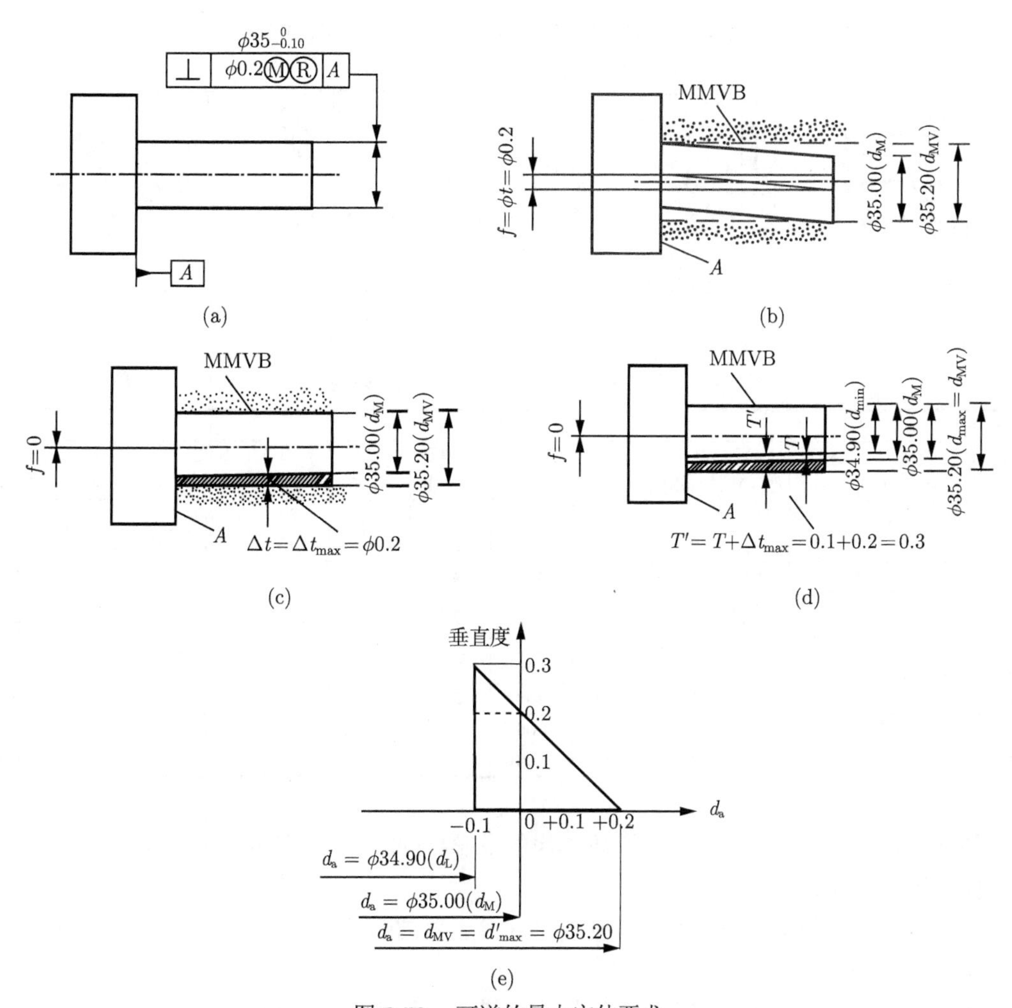

图 3.59　可逆的最大实体要求

解：轴的体外作用尺寸不得大于其最大实体实效尺寸，即

$$d_{\mathrm{MV}} = d_{\mathrm{M}} + t = \phi35 + \phi0.2 = \phi35.2(\mathrm{mm})$$

当轴处于最大实体状态时，其轴线的垂直度公差为 $\phi0.2\text{mm}$，如图 3.59(b) 所示；当轴线的垂直度误差小于给定的几何公差值 $\phi0.2\text{mm}$ 时，会有富余量 Δt 出现，即使实际 (组成) 要素增大，也不会超出边界，保证装配功能得以实现。当轴线的垂直度误差 $f=0$ 时，富余量 $\Delta t_{\max}=\phi0.2\text{mm}$，如图 3.59(c) 所示。此时尺寸公差可以获得最大的补偿值，使尺寸公差 $T=0.1\text{mm}$ 增加到 $T'=T+\Delta t_{\max}=0.1\text{mm}+0.2\text{mm}=0.3\text{mm}$，如图 3.59(d) 所示。图 3.59(e) 为该轴的尺寸公差与轴线垂直度公差关系的动态公差图。

轴线的垂直度误差可在 $\phi0\sim\phi0.3\text{mm}$ 变化，轴线的直径可在 $\phi34.9\sim\phi35.2\text{mm}$ 变化。

3.5　几何公差国家标准

3.5.1　平行度、垂直度、倾斜度公差

平行度、垂直度、倾斜度示例如图 3.60 所示，其公差见表 3.19。

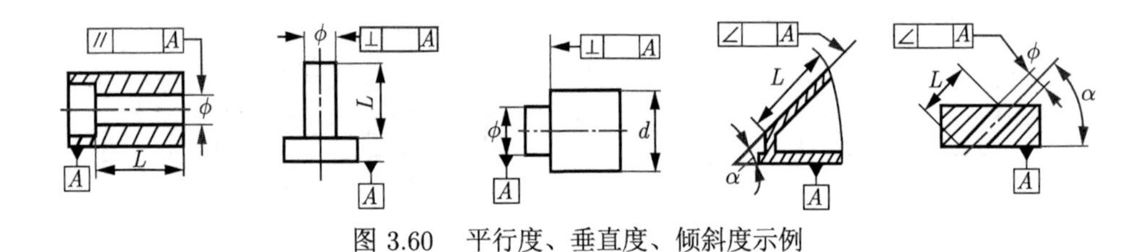

图 3.60　平行度、垂直度、倾斜度示例

表 3.19　平行度、垂直度、倾斜度的公差值　　单位：μm

精度等级	主参数 L、$d(D)$/mm											
	≤10	>10~16	>16~25	>25~40	>40~63	>63~100	>100~160	>160~250	>250~400	>400~630	>630~1000	>1000~1600	>1600~2500
4	3	4	5	6	8	10	12	15	20	25	30	40	50
5	5	6	8	10	12	15	20	25	30	40	50	60	80
6	8	10	12	15	20	25	30	40	50	60	80	100	120
7	12	15	20	25	30	40	50	60	80	100	120	150	200
8	20	25	30	40	50	60	80	100	120	150	200	250	300
9	30	40	50	60	80	100	120	150	200	250	300	400	500
10	50	60	80	100	120	150	200	250	300	400	500	600	800
11	80	100	120	150	200	250	300	400	500	600	800	1000	1200
12	120	150	200	250	300	400	500	600	800	1000	1200	1500	2000

精度等级为 4 级的平行度用于泵体和齿轮及螺杆的端面，普通精度机床的工作面，高精度机械的导槽和导板。

精度等级为 5 级的垂直度用于发动机轴和离合器的凸缘，汽缸的支承端面，安装 4、5、6 级轴承之箱体的凸肩。

精度等级为 6 级的平行度用于中等精度钻模的工作面，7～10 级精度齿轮传动箱体孔的中心线，连杆头孔的轴线。

精度等级为 7 级的垂直度用于安装 0 级轴承之壳体孔的轴线，按 h6 和 g6 连接的锥形轴减速器的箱体孔中心线，活塞中销轴。

精度等级为 8 级的平行度用于重型机械轴承盖的端面，卷扬机、手动传动装置中的传动轴。

精度等级为 9 级的垂直度用于手动卷扬机及传动装置中的轴承端面，按 f7 和 d8 连接的锥形轴减速器的箱体孔中心线。

3.5.2　同轴度、对称度、圆跳动和全跳动公差

同轴度、对称度、圆跳动和全跳动示例如图 3.61 所示，其公差见表 3.20。

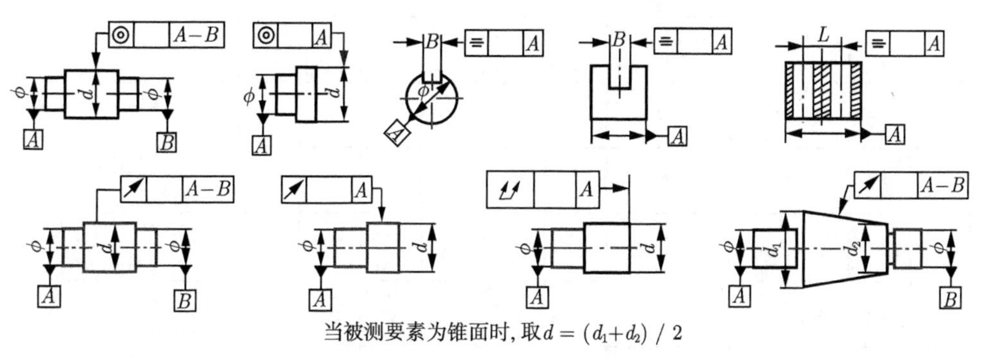

当被测要素为锥面时，取$d=(d_1+d_2)/2$

图 3.61　同轴度、对称度、圆跳动和全跳动示例

表 3.20　同轴度、对称度、圆跳动和全跳动公差　　单位：μm

精度等级	主要参数 d（D）、L、B/ mm										
	> 3 ~6	> 6 ~10	> 10 ~18	> 18 ~30	> 30 ~50	> 50 ~120	> 120 ~250	> 250 ~500	> 500 ~800	> 800 ~1250	> 1250 ~2000
5	3	4	5	6	8	10	12	15	20	25	30
6	5	6	8	10	12	15	20	25	30	40	50
7	8	10	12	15	20	25	30	40	50	60	80
8	12	15	20	25	30	40	50	60	80	100	120
9	25	30	40	50	60	80	100	120	150	200	250
10	50	60	80	100	120	150	200	250	300	400	500
11	80	100	120	150	200	250	300	400	500	600	800
12	150	200	250	300	400	500	600	800	1000	1200	1500

精度等级 5、6 级用于 6 和 7 级精度齿轮轴的配合面、较高精度的高速轴、汽车发动机曲轴和分配轴的支承轴颈、较高精度机床的轴套。

精度等级 7、8 级用于 8 和 9 级精度齿轮轴的配合面、拖拉机发动机分配轴的轴颈、普通精度高速轴 (1000r/min 以下)、长度在 1m 以下的主传动轴、起重运输机的鼓轮配合孔和导轮的滚动面。

精度等级 9、10 级用于 10 和 11 级精度齿轮轴的配合面、发动机汽缸套的配合面、水泵叶轮、离心泵泵件、摩托车活塞、自行车中轴。

精度等级 11、12 级用于无特殊要求，一般按尺寸公差等级 IT12 制造的零件。

3.5.3　圆度和圆柱度公差

圆度和圆柱度示例如图 3.62 所示，其公差见表 3.21。

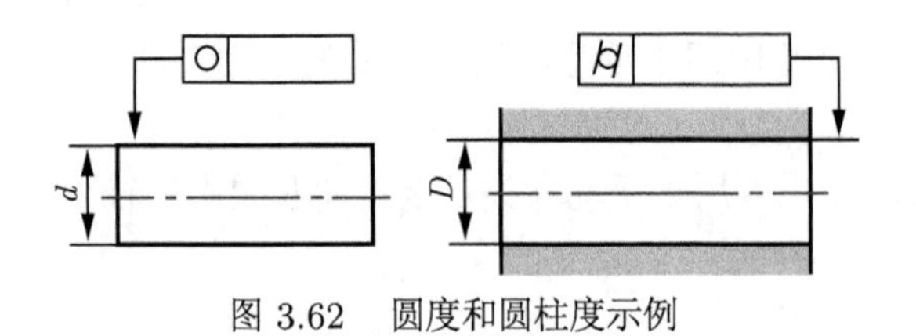

图 3.62　圆度和圆柱度示例

表 3.21　圆度和圆柱度公差值　　　　单位：μm

公差等级	主参数 d（D）/mm												应用举例
	>3~6	>6~10	>10~18	>18~30	>30~50	>50~80	>80~120	>120~180	>180~250	>250~315	>315~400	>400~500	
5	1.5	1.5	2	2.5	2.5	3	4	5	7	8	9	10	一般量仪，主轴、机床主轴等
6	2.5	2.5	3	4	4	5	6	8	10	12	13	15	仪表端盖外圈、一般机床主轴及箱孔
7	4	4	5	6	7	8	10	12	14	16	18	20	大功率低速柴油机曲轴、活塞销及连杆中装衬套的孔等
8	5	6	8	9	11	13	15	18	20	23	25	27	低速发动机、减速器、大功率曲柄轴颈等
9	8	9	11	13	16	19	22	25	29	32	36	40	空气压缩机缸体、拖拉机活塞环、套筒孔
10	12	15	18	21	25	30	35	40	46	52	57	63	起重机、卷扬机用的滑动轴承轴颈等
11	18	22	27	33	39	46	54	63	72	81	89	97	
12	30	36	43	52	62	74	87	100	115	130	140	155	

3.5.4　直线度、平面度公差

直线度、平面度示例如图 3.63 所示，其公差见表 3.22。

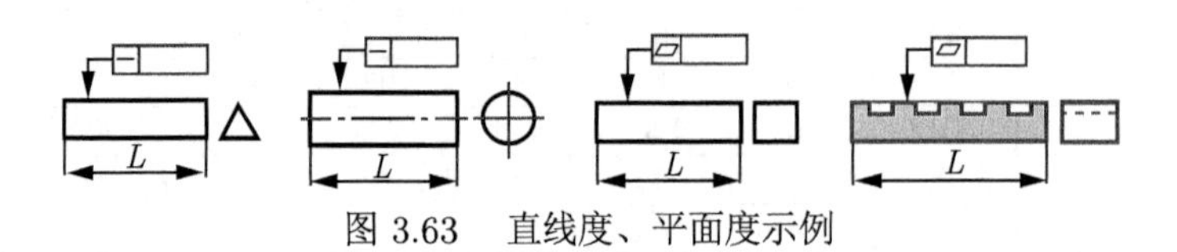

图 3.63　直线度、平面度示例

表 3.22　直线度、平面度公差　　　　单位：μm

公差等级	主参数 L/mm												
	≤10	>10~16	>16~25	>25~40	>40~63	>63~100	>100~160	>160~250	>250~400	>400~630	>630~1000	>1000~1600	>1600~2500
5	2	2.5	3	4	5	6	8	10	12	15	20	25	30
	Ra0.2			Ra0.2				Ra0.8				Ra1.6	
6	3	4	5	6	8	10	12	15	20	25	30	40	50
	Ra0.2			Ra0.4				Ra1.6				Ra3.2	
7	5	6	8	10	12	15	20	25	30	40	50	60	80
	Ra0.4			Ra0.8				Ra1.6				Ra6.3	
8	8	10	12	15	20	25	30	40	50	60	80	100	120
	Ra0.8			Ra0.8				Ra3.2				Ra6.3	

续表

公差等级	主参数 L/mm												
	≤10	>10 ~16	>16 ~25	>25 ~40	>40 ~63	>63 ~100	>100 ~160	>160 ~250	>250 ~400	>400 ~ 630	>630 ~1000	>1000 ~1600	>1600 ~2500
9	12	15	20	25	30	40	50	60	80	100	120	150	200
	*Ra*1.6			*Ra*1.6				*Ra*3.2				*Ra*12.5	
10	20	25	30	40	50	60	80	100	120	150	200	250	300
	*Ra*1.6			*Ra*3.2				*Ra*6.3				*Ra*12.5	
11	30	40	50	60	80	100	120	150	200	250	300	400	500
	*Ra*3.2			*Ra*6.3				*Ra*12.5				*Ra*12.5	
12	60	80	100	120	150	200	250	300	400	500	600	800	1000
	*Ra*6.3			*Ra*12.5			*Ra*12.5				*Ra*12.5		

注：表中的表面粗糙度 *Ra* 值和应用举例仅供参考。

3.6　几何精度设计

绘制零件图时，对于那些对几何精度有特殊要求的要素，应在图样上标注几何公差。一般来说，零件上对几何精度有特殊要求的要素只占少数，而零件上对几何精度没有特殊要求的要素占大多数，它们的几何精度用一般加工工艺就能达到，因而在图样上不必单独标注它们的几何公差，以简化图样标注。

几何公差的选择包括以下内容：几何公差项目的选择，基准要素的选择，公差原则的选择和几何公差值的选择等，主要从被测要素的几何结构特征、功能要求、在机器中所处的地位和作用、检测的方便性和特征项目本身的特点等几个方面来考虑。

3.6.1　几何公差项目的选择

在保证零件功能要求的前提下，应充分发挥综合控制项目的职能，尽量使几何公差项目减少，以使检测方法简单并能获得较好的经济效益。在选用时主要从以下几点考虑。

(1) 零件的几何结构特征：它是选择被测要素公差项目的基本依据。例如，轴类零件的外圆可选择圆度、圆柱度；零件平面要素可选择平面度；阶梯轴 (孔) 可选择同轴度；凸轮类零件可选择轮廓度；圆锥零件选择圆度等。

(2) 零件的功能要求：从要素的几何误差对零件在机器中所处的地位和作用的影响选择所需的几何公差项目。例如，对导轨面提出直线度公差要求，用以保证机床工作台或刀架运动轨迹的精度；圆柱度误差影响回转精度，故机床主轴的轴径应规定圆柱度公差和同轴度公差；对圆柱面提出圆柱度要求是为了综合控制圆度、素线直线度和轴线直线度 (如柱塞与柱塞套、阀芯与阀体等)；齿轮箱两对孔的轴线不平行，将影响齿轮正确啮合等。

(3) 检测的方便性：选择的几何公差项目要同时考虑检测的可行性和经济性。如果同样能满足零件的使用要求，应选择检测方便的项目。例如，对轴类零件，应规定圆柱度公差和同轴度公差，但为了便于检测，可用径向圆跳动或径向全跳动代替圆度、圆柱度以及同轴度公差，而且跳动公差的检测方便，具有较好的综合性能。因为径向圆跳动是同轴度误差与圆柱面形状误差的综合，所以给出的跳动公差值应略大于同轴度公差值。圆柱度公差可以控制圆度误差；定向公差可以控制有关的形状误差，定位公差可以控制有关的定向误差，跳动公差可以控制有关的形状、定向和定位误差。因此，对同一被测要素规定了圆柱度公差，一般就不再规定圆度公差；规定了定位公差，通常就不再规定与其有关的定向公差等。

3.6.2 基准要素的选择

基准要素的选择包括基准部位、基准数量和基准顺序的选择，应力求使设计、工艺和检测三者的基准一致。合理地选择基准能提高零件的精度。基准要素的选择主要根据零件在机器上的安装位置、作用、结构特点以及加工与检测要求来考虑。考虑零件各要素的功能要求，一般应以主要配合表面，如旋转轴的轴颈、轴承孔、安装定位面、重要的支承表面和导向表面等作为基准。这些表面本身的尺寸精度与形状精度均要求较高，符合作为基准的条件。基准要素通常应具有较高的形状精度，它的长度较大、面积较大、刚度较大。在功能上，基准要素应该是零件在机器上的安装基准或工作基准。

考虑零件的安装定位和测量，可以以工艺基准作为位置公差的基准，有利于加工时保证位置精度；为便于测量，应尽可能与测量基准统一起来。

根据需要，可以采用单一基准、公共基准或多基准体系。单一基准一般用于在定向或定位要求上比较单一的零件，只采用一个平面或一条直线作为基准要素，如平行度公差、垂直度公差、对称度公差等的标注；公共基准一般用于以两孔或两轴颈作为支承的圆柱形零件，并要求给定同轴度或跳动公差；多基准体系大多用于给定位置度公差，以确定孔系的位置精度。

3.6.3 几何公差值的选择

几何公差值主要根据被测要素的功能要求和加工经济性等来选择。几何公差值选用的基本原则是在满足零件功能要求的前提下，同时兼顾经济性和检测方便，在允许的情况下尽量选用较低的公差等级。

根据零件的功能要求，考虑加工的经济性和零件的结构、刚性确定要素的几何公差值，并考虑以下因素。

(1) 在同一要素上给出的形状公差值应小于方向公差值、位置公差值和跳动公差值。如要求平行的两个平面，其平面度公差值应小于平行度公差值。

(2) 圆柱形零件的形状公差值 (轴线的直线度除外) 一般情况下应小于其尺寸公差值。圆度、圆柱度的公差值小于同级的尺寸公差值的 1/3，因而可按同级选取，但也可根据零件的功能在邻近的范围内选取。

(3) 平行度公差值应小于其相应的距离公差值。

(4) 对于以下情况，考虑到加工的难易程度和除主参数以外的其他因素的影响，在满足零件功能要求的前提下，适当降低 1～2 级选用：① 孔相对于轴；② 细长比较大的轴和孔；③ 距离较大的轴和孔；④ 宽度较大 (大于 1/2 长度) 的零件表面；⑤ 线对线和线对面相对于面对面的平行度、垂直度公差。

3.6.4 几何公差等级的应用

几何公差等级的选择原则是在满足零件功能要求的前提下，尽量选取较低的公差等级。几何公差等级的确定方法有计算法与类比法。计算法是将机器性能的要求折算到零件要素上，从而确定其公差值，类比法是参考有关资料手册和现有产品零件的几何公差数值类比而确定公差值。表 3.23～ 表 3.26 为各种几何公差等级应用示例，可供类比时参考。

表 3.23　直线度、平面度公差常用等级应用

公差等级	应用举例
5	1 级平板；2 级宽平尺；平面磨床的纵向导轨，垂直导轨；立柱导轨及工作台；液压龙门刨床和转塔车床床身导轨；柴油机进气、排气阀门导杆
6	普通机车导轨面，如卧式车床、龙门刨床、滚齿机、自动车床等的床身导轨；柴油机壳体结合面
7	2 级平板；机床主轴箱、摇臂钻床底座和工作台、镗床工作台；液压泵盖；减速器壳体结合面
8	机床箱体、齿轮变速箱体、车床溜板箱体、柴油机汽缸体结合面；连杆分界面；缸盖结合面、汽车发动机缸盖、曲轴箱结合面；液压管件和法兰连接面
9	3 级平板；自动车床床身底面；摩托车曲轴箱体、汽车变速壳体结合面；手动机械的支撑面

表 3.24　圆度、圆柱度公差常用等级应用

公差等级	应用举例
5	1 级计量仪器主轴；侧杆圆柱面；陀螺仪轴颈；一般机床主轴轴颈及主轴轴承孔；柴油机、汽油机活塞、活塞销；与 6 级轴承配合的轴颈
6	仪表端盖、外圆柱面；一般机床主轴及前轴承孔；泵、压缩机活塞；汽缸、汽油发动机凸轮轴；纺机锭子；减速传动轴轴颈；高速船用柴油机、拖拉机曲轴主轴颈；与 6 级滚动轴承配合的外壳孔；与 0 级滚动轴承配合的轴颈
7	大功率低速柴油机曲轴轴颈；活塞、活塞销、连杆、汽缸；高速柴油机箱体轴承孔；千斤顶或压力油缸活塞；机车传动轴；水泵及通用减速器转轴轴颈；与 0 级滚动轴承配合的外壳孔
8	低速发动机、大功率曲柄轴轴颈；气压机连杆盖、体；拖拉机汽缸、活塞；炼胶机冷铸轴辊；印刷机传墨辊；内燃机曲轴轴颈；柴油机凸轮轴承孔、凸轮轴；拖拉机、小型船用柴油机汽缸套
9	空气压缩机缸体；液压传动缸筒；通用机械杠杆与拉杆用套筒销子；拖拉机活塞环与套筒孔

表 3.25　平行度、垂直度、倾斜度公差常用等级应用

公差等级	应用举例
4、5	卧式车床导轨；重要支撑面；机床主轴孔对基准的平行度；精密机床重要零件、计量仪器、量具、模具的基准面和工作面；主轴箱体重要孔、通用减速器壳体孔；齿轮泵的油孔断面；发动机轴和离合器的凸缘；汽缸支撑端面；安装精密滚动轴承的壳体孔的凸肩
6、7、8	一般机床的基准面和工作面；压力机和锻锤的工作面；中等精度钻模的工作面；机床一般轴承孔对基准面的平行度；变速箱箱体孔；主轴花键对定心直径部位轴线的平行度；重型机械轴承端盖面；卷扬机、手动机械传动装置中的传动面；一般导轨；主轴箱体孔；砂轮架；汽缸配合面对基准轴线；活塞销孔对活塞中心线的垂直度；滚动轴承内、外圈端面对轴线的垂直度
9、10	低精度零件；重型机械滚动轴承端盖；柴油机、发动机箱体曲轴孔、曲轴颈；花键轴和轴肩端面；皮带运输机法兰盘等端面对轴承的垂直度；手动卷扬机及传动装置中的轴承端面、减速器壳体平面

表 3.26　同轴度、对称度、跳动公差常用等级应用

公差等级	应用举例
5、6、7	应用范围广泛，用于几何精度要求较高、尺寸公差等级为 IT8 及高于 IT8 的零件。5 级常用于车床轴颈、计量仪器的测量杆、汽轮机主轴、柱塞油泵转子、高精度滚动轴承外圈、一般精度滚动轴承内圈、回转工作台端面圆跳动。7 级用于内燃机曲轴、凸轮轴、齿轮轴、水泵轴、汽车后轮输出轴、电动机转子、印刷机传墨辊的轴颈、键槽
8、9	常用于几何精度要求一般，尺寸公差等级为 IT9～IT11 的零件。8 级用于拖拉机发动机分配轴轴颈、与 9 级精度以下齿轮相配的轴、水泵叶轮、离心泵体、棉花精梳机前后滚子、键槽等。9 级用于内燃机汽缸套配合面、自行车中轴

3.6.5　公差原则及公差要求的选择

选择公差原则和公差要求时，应根据零部件的装配及性能要求、各公差原则的应用场合、可行性和经济性等方面来考虑。独立原则用于尺寸精度与几何精度需分别满足要求，或两者无联系，保证运动精度、密封性以及未注公差等场合。包容要求主要用于需要严格保证配合

性质的场合。最大实体要求用于导出要素，一般用于相配件要求为可装配性 (无配合性质要求) 的场合。如需要较高运动精度的零件，为保证不超出几何公差可采用独立原则；要求保证配合零件间的最小间隙以及采用量规检验的零件均可采用包容要求；只要求可装配性的配合零件可采用最大实体要求。

采用最大实体要求时，所给出的形状或位置公差值是在被测要素处于最大实体状态，或基准要素处于最大实体状态的前提下给定的。被测要素的最大实体实效状态是受由最大实体尺寸和几何公差值综合形成的最大实体实效边界控制的。当被测要素处于该实效状态时，装配间隙最小。被测要素的实际 (组成) 要素偏离其最大实体尺寸时，可使形状或位置公差值超过所允许的值，但必须位于该实效边界内。在一般情况下，被测要素处于最小实体状态时，几何公差所得到的补偿量最大。当基准要素采用最大实体要求时，由基准要素本身的要求而定。若采用包容要求，则基准要素受其最大实体边界的控制，当实际 (组成) 要素偏离其最大实体尺寸时，可使被测要素得到补偿量。若不采用包容要求，则其边界除考虑基准要素的最大实体尺寸外，还应考虑未注几何公差的影响，此时，基准要素受由其最大实体尺寸和未注几何公差值综合形成的最大实体实效边界控制。

采用最大实体要求时，基准要素是以它的体外作用尺寸而不是实际 (组成) 要素对控制边界的偏离来考虑其偏离量的。若被测要素是成组要素，则从基准要素作用尺寸对控制边界偏离所得到的补偿量只能补偿给成组要素，而不是补偿给每一个被测要素。

最大实体要求主要用于保证装配的部位，应在成批生产的零件上使用，以便于用量规检验。最大实体要求用于导出要素，既可以是被测要素，也可以是基准要素，并可同时采用。当采用三基面体系时，其中的导出要素可采用最大实体要求。最大实体要求主要用于位置公差，如同轴度、对称度、位置度等。对于形状公差，只有轴线直线度才能采用。

最小实体要求是当被测要素或基准要素偏离最小实体状态时，几何公差可获得补偿值的一种公差要求。被测要素可以与基准要素同时采用最小实体要求，此时，几何公差可得到来自两方面的补偿值。

采用最小实体要求时，被测要素的最小实体实效状态是受由最小实体尺寸和几何公差值综合形成的最小实体实效边界控制的。当被测要素处于该实效状态时，其实际轮廓就应处于最小实体实效边界之内，当实际 (组成) 要素偏离了最小实体尺寸时，允许几何误差值超出所给出的公差值。这就保证了零件的实际轮廓不会超出图样设计所限定的边界，以此来保证零件的强度和最小壁厚。当给出的几何公差值为零时，则为零几何公差。此时，被测要素的最小实体实效边界等于最小实体边界，最小实体实效尺寸等于最小实体尺寸。

最小实体要求应用于基准要素时，基准要素应遵守的相应的边界由基准要素本身的要求而定。若基准要素本身采用最小实体要求，则相应的边界为最小实体实效边界；若基准要素本身不采用最小实体要求，相应的边界为最小实体边界。若基准要素的实际轮廓偏离相应的边界，即其体内作用尺寸偏离相应的边界尺寸，则允许基准要素在一定范围内浮动。

3.6.6 几何精度设计实例

【例 3-6】图 3.64 为一减速器输出轴。根据功能上的要求，此轴上有两处分别与轴承、齿轮配合，根据第 2 章的有关知识，设计了轴各段的配合尺寸公差。试根据该轴功能要求，设计有关几何公差。

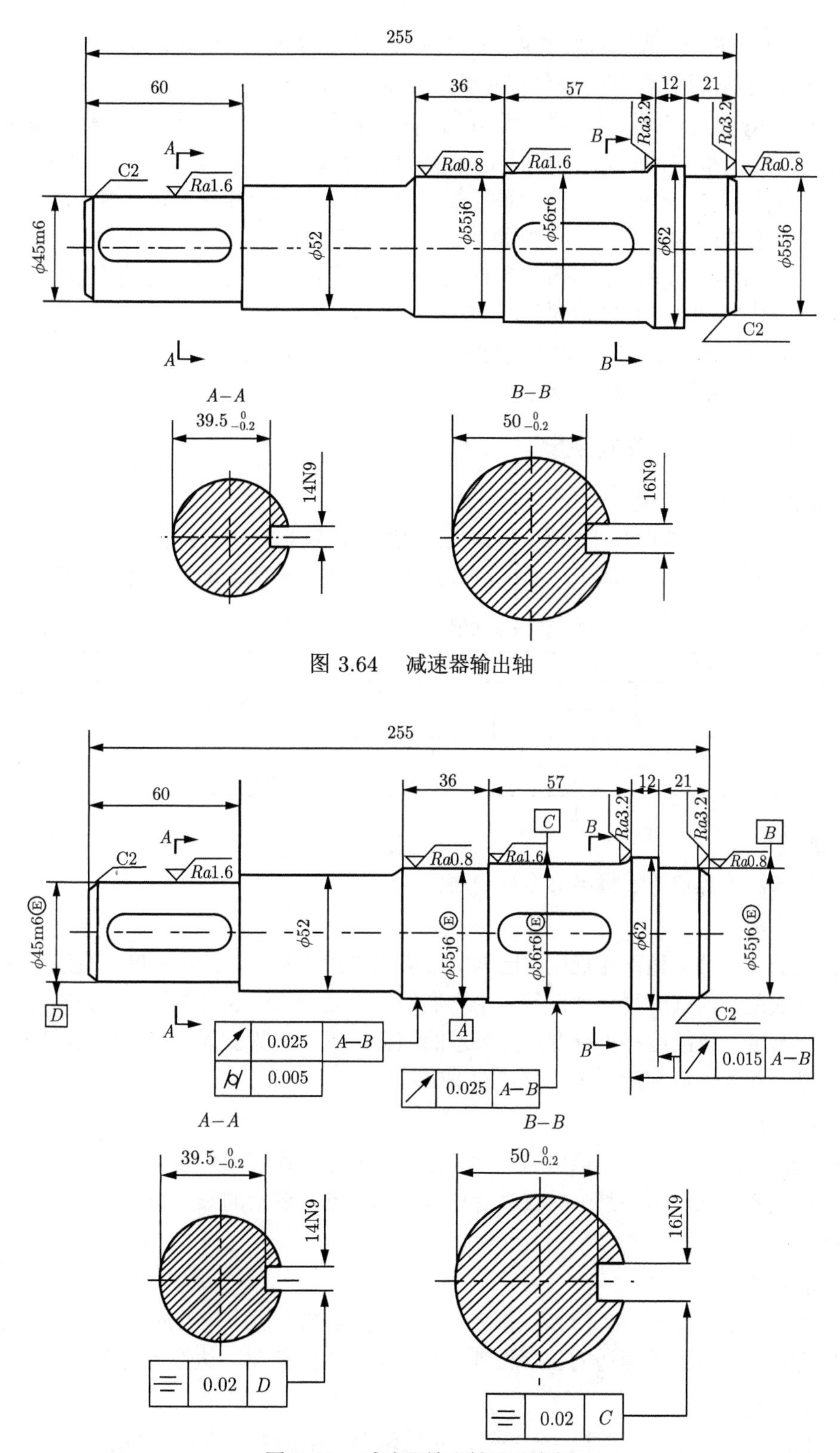

图 3.64　减速器输出轴

图 3.65　减速器输出轴设计实例

解：根据对该轴的功能要求，设计有关几何公差。两轴颈 $\phi55j6$ 与 0 级滚动轴承内圈相配合，为了保证配合性质，采用包容要求；根据国家标准，对于与 0 级滚动轴承配合的轴颈，为保证配合轴承的几何精度，在遵守包容要求的前提下，又进一步提出圆柱度公差 0.005mm 的要求；两轴颈 ϕ55j6 安装滚动轴承后，将分别与减速器箱体的两孔配合，须限制两轴颈的同轴度误差，以免影响轴承外圈和箱体孔的配合，故设计两轴颈的径向圆跳动公差为 0.025mm(相当于公差等级 7 级)。ϕ62mm 处的两轴肩都是止推面，起定位作用。参照国家标准规定，两轴肩相对于基准轴线 A—B 的端面圆跳动公差为 0.015mm。

ϕ56r6 和 ϕ45m6 分别与齿轮和带轮配合，为保证配合性质，也采用包容要求；为保证齿轮的正确啮合，对安装齿轮的 ϕ56r6 圆柱面还提出对基准 A—B 的径向圆跳动公差为 0.025mm 的要求。对 ϕ56r6 和 ϕ45m6 轴颈上的键槽 16N9 和 14N9 都提出了 8 级对称度公差，公差值为 0.02mm。标注如图 3.65 所示。

3.6.7 未注几何公差值的规定

1. 直线度和平面度

表 3.27 给出了直线度和平面度的未注公差值。在表 3.27 中选择公差值时，对于直线度应按其相应线的长度选择；对于平面度应按其表面的较长一侧或圆表面的直径选择。

表 3.27 直线度和平面度的未注公差值 单位：mm

公差等级	基本长度范围					
	≤ 10	> 10～30	> 30～100	> 100～300	> 300～1000	> 1000～3000
H	0.02	0.05	0.1	0.2	0.3	0.4
K	0.05	0.1	0.2	0.4	0.6	0.8
L	0.1	0.2	0.4	0.8	1.2	1.6

2. 圆度

圆度的未注公差值等于标准的直径公差值。

3. 圆柱度

圆柱度的未注公差值不作规定。因为圆柱度误差由三部分组成：圆度、直线度和相对素线的平行度误差。而其中每一项误差均由它们的注出公差或未注公差控制。因功能要求，圆柱度应小于圆度、直线度和平行度未注公差的综合结果，被测要素上应按相关国家标准规定标注圆柱度公差值。圆柱度可采用包容要求来控制。

4. 平行度

平行度的未注公差值等于给出的尺寸公差值，或是直线度和平面度未注公差值中的相应公差值取较大者。应取两要素中的较大者作为基准，若两要素的长度相等，则可选任一要素作为基准。

5. 垂直度

表 3.28 给出了垂直度的未注公差值。取形成直角的两边中较长的一边作为基准，较短的一边作为被测要素；若两边的长度相等，则可取其中的任意一边作为基准。

6. 对称度

表 3.29 给出了对称度的未注公差值。应取两要素中的较长者作为基准，较短者作为被测要素；若两要素长度相等，则可取任两要素作为基准。对称度的未注公差值用于至少两个要素中的一个是中心平面。

表 3.28　垂直度的未注公差值　　单位：mm

公差等级	基本长度范围			
	⩽ 100	> 100～300	> 300～1000	> 1000～3000
H	0.2	0.3	0.4	0.5
K	0.4	0.6	0.8	1
L	0.6	1	1.5	2

表 3.29　对称度的未注公差值　　单位：mm

公差等级	基本长度范围			
	⩽ 100	> 100～300	> 300～1000	> 1000～3000
H	0.5			
K	0.6		0.8	1
L	0.6	1	1.5	2

7. 同轴度

同轴度的未注公差值未作规定。

在极限状况下，同轴度的未注公差值可以和表 3.30 中规定的圆跳动的未注公差值相等。应选两要素中的较长者作为基准，若两要素长度相等，则可选任一要素作为基准。

8. 圆跳动

表 3.30 给出了圆跳动 (径向、端面和斜向) 的未注公差值。注意，圆度的未注公差值不能大于表 3.30 中的圆跳动公差值。

表 3.30　圆跳动的未注公差值　　单位：mm

公差等级	圆跳动的公差值
H	0.1
K	0.2
L	0.5

对于圆跳动的未注公差值，应以设计或工艺给出的支承面作为基准；若两要素的长度相等，则可选任一要素作为基准。

习　题　3

3-1　如图 3.66 所示，要求：

(1) 指出被测要素遵守的公差原则。

(2) 求出单一要素的最大实体实效尺寸、关联要素的最大实体实效尺寸。

(3) 求被测要素的形状、位置公差的给定值，以及最大允许值的大小。

(4) 若被测实际 (组成) 要素为 ϕ19.97mm，轴线对基准 A 的垂直度误差为 ϕ0.09mm，判断其垂直度的合格性，并说明理由。

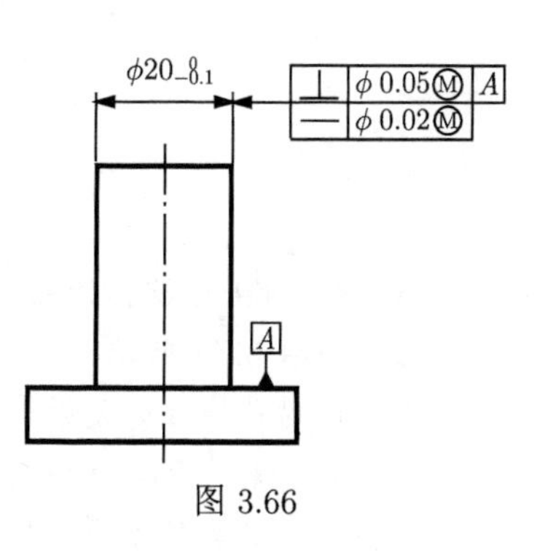

图 3.66

3-2　比较图 3.67 中的四种垂直度公差标注方法的区别。

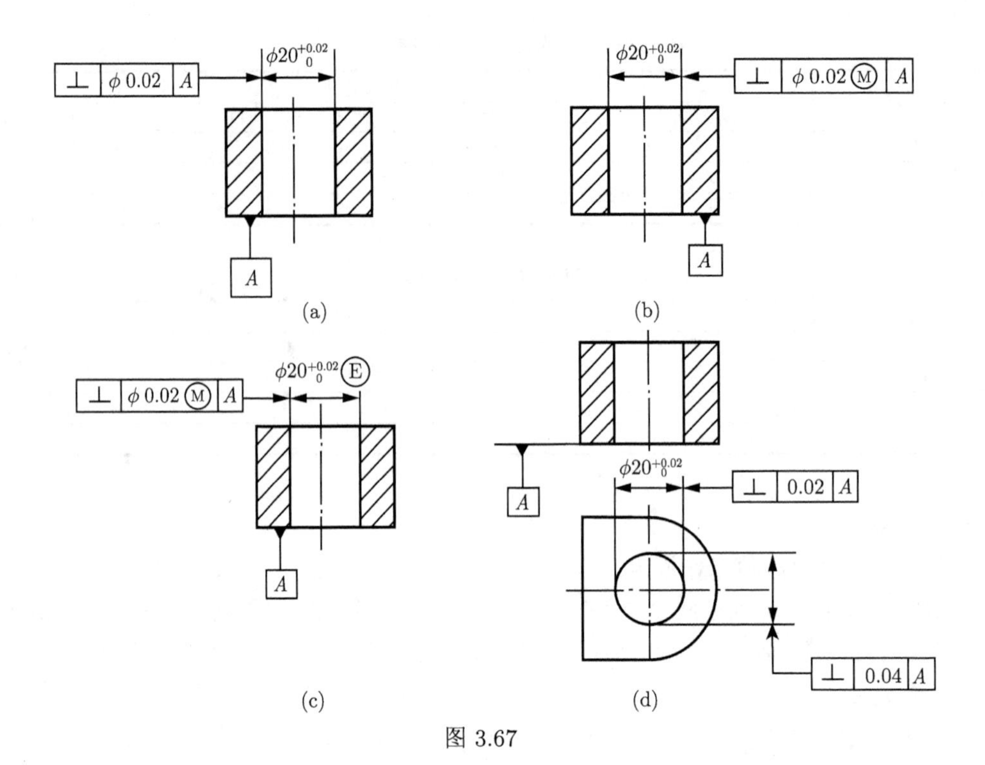

图 3.67

3-3 试将下列技术要求标注在图 3.68 上。

(1) ϕd 圆柱面的尺寸为 $\phi30_{-0.025}^{\ 0}$ mm，采用包容要求，ϕD 圆柱面的尺寸为 $\phi50_{-0.039}^{\ 0}$mm，采用独立原则。

(2) ϕd 表面粗糙度的最大允许值为 $Ra = 1.25\mu m$，ϕD 表面粗糙度的最大允许值为 $Ra = 2\mu m$。

(3) 键槽侧面对 ϕD 轴线的对称度公差为 0.02 mm。

(4) ϕD 圆柱面对 ϕd 轴线的径向圆跳动量不超过 0.03mm，轴肩端平面对 ϕd 轴线的端面圆跳动量不超过 0.05 mm。

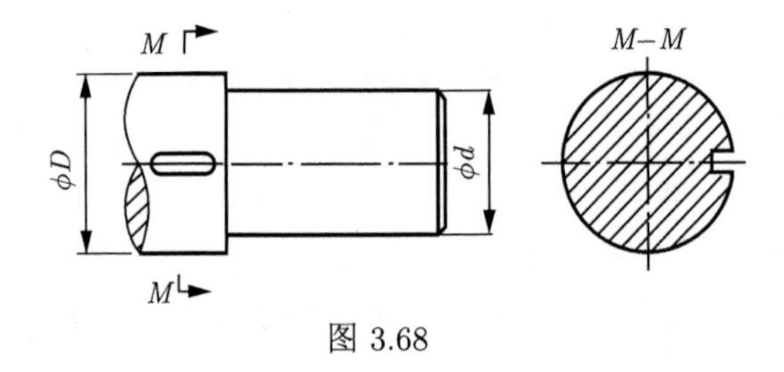

图 3.68

3-4 图 3.69 为销轴的三种几何公差标注，它们的公差带有何不同？

3-5 如图 3.70 所示：

(1) 采用的是什么公差原则？

(2) 被测要素的同轴度公差是在什么状态下给定的？

(3) 当被测要素尺寸为 $\phi30.021$mm，基准要素尺寸为 $\phi20.013$mm 时，同轴度允许的最大公差可达多少？(基准要素未注直线度公差值为 0.03mm)

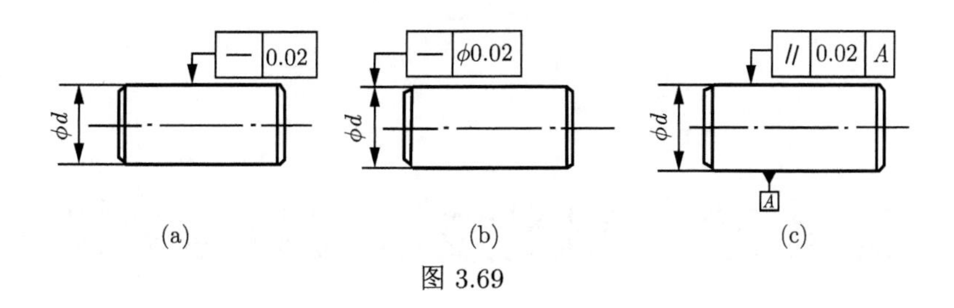

图 3.69

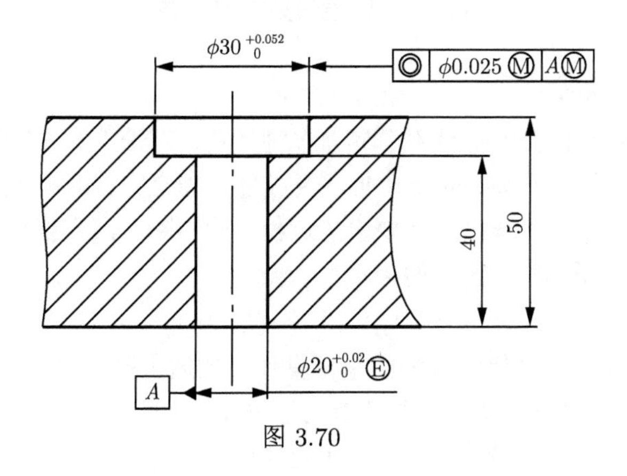

图 3.70

第 4 章　测量技术与数据处理

4.1　测量技术基础

4.1.1　测量的基本概念

测量技术是一门具有自身专业体系、涵盖多种学科、理论性和实践性都非常强的前沿科学。熟知测量技术方面的基本知识，是掌握测量技能，独立完成对机械产品几何参数测量的基础。检测就是确定产品是否满足设计要求的过程，即判断产品合格性的过程。检测的方法可以分为检验 (定性) 和测量 (定量) 两类。

1. 测量的定义

测量是以确定被测对象量值为目的的全部操作，实质上是把被测的几何量 L 与作为计量单位的标准量 E 进行比较，从而获得两者比值 q 的过程。

若被测的几何量为 L，计量单位为 u，确定的比值为 q，则测量可表示为

$$L = q \cdot u \tag{4-1}$$

例如，用游标卡尺对一轴径的测量就是将被测对象 (轴的直径) 用特定测量方法 (游标卡尺) 与长度单位 (毫米) 相比较。若其比值为 30.52，准确度为 ± 0.03mm，则测量结果可表达为 (30.52 ± 0.03)mm。

2. 测量过程的四个基本要素

测量过程的四个基本要素包括被测对象、计量单位、测量方法和测量精度。被测对象即几何量，包括长度、角度、表面粗糙度、几何形状和相互位置误差等。计量单位指为了保证测量的准确性，必须保证测量过程中单位的统一，如我国的长度单位 m、mm、μm；平面角度单位弧度 (rad) 及度 (°)、分 (′)、秒 (″) 等。测量方法是根据一定的测量原理，在实施测量的过程中对测量原理的运用及其实际操作。测量方法广义上指测量所采用的测量原理、计量器具和测量条件的总和。测量精度是测量结果与真值的一致程度，一般用测量误差表示，即测得值与被测量真值的差值。

4.1.2　长度基准和量值的传递

1. 长度基本计量单位的定义和测量基准

在我国法定计量单位中，长度单位是米 (m)，与国际单位一致。机械制造中常用的单位是毫米 (mm)，测量技术中常用的单位是微米 (μm)。

米的定义依据是 1983 年第十七届国际计量大会国际计量委员会的报告，“一米是光在真空中在 1/299792458 秒时间间隔内的行程长度”。

使用波长作为长度基准虽然可以达到足够的精确度，但显然这个长度基准不便在生产中直接用于对零件进行测量。因此，需要将长度基准的量值按照定义的规定复现在实物计量标

准器上，即需要有一个统一的量值传递系统，将米的定义长度一级一级地传递到工作计量器具上，再用其测量工件尺寸，从而保证量值的统一，这就是长度量值的传递系统。

测量基准是复现和保存计量单位并具有规定计量单位特性的计量器具。在几何量计量领域内，测量基准可分为长度基准和角度基准两类。常见的实物计量标准器有量块 (块规) 和线纹尺。

2. 长度量值传递系统

量值传递是将国家计量基准所复现的计量值，通过检定 (或其他方法) 传递给下一等级的计量标准 (器)，并依次逐级传递到工作计量器具上，以保证被测对象的量值准确一致的方式。

我国长度量值传递系统如图 4.1 所示，从最高基准谱线向下传递，有两个平等的系统，即端面量具 (量块) 和刻线量具 (线纹尺) 系统。其中尤以量块传递系统应用最广。

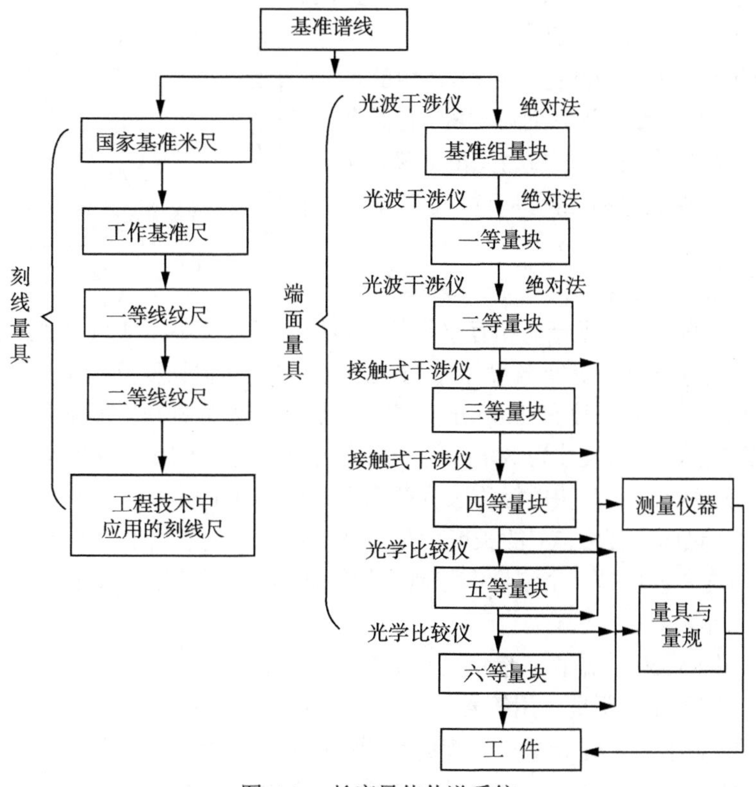

图 4.1　长度量值传递系统

3. 角度基准及角度量值传递系统

角度基准与长度基准有本质的区别。角度的自然基准是客观存在的，不需要建立，因为一个整圆所对应的圆心角是定值 (2πrad 或 360°)。因此，将整圆任意等分得到的角度的实际大小，可以通过各角度相互比较，利用圆周角的封闭性求出，实现对角度基准的复现。

为了检定和测量需要，仍然要建立角度量的基准。但为工作方便，往往用多面棱体作为角度量的基准。

角度量值传递系统如图 4.2 所示。

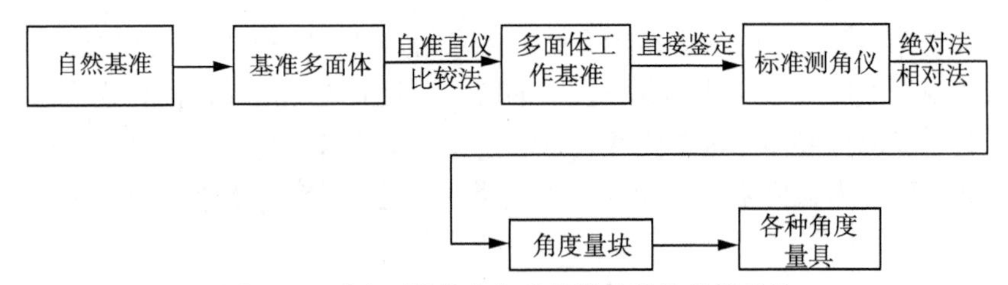

图 4.2 以多面棱体作角度基准的量值传递系统

4.1.3 量块的基本知识

量块是保证长度量值统一的常用实物量具，又称块规，用特殊合金钢 (常用铬锰钢、铬钢和轴承钢) 制成，线膨胀系数小，性能稳定，硬度高，不易变形且耐磨性好。量块是无刻度的平面平行端面量具。量块除作为标准器具进行长度量值传递之外，还可以作为标准器来调整仪器、机床或直接检测零件。

量块的形状有长方体和圆柱体两种，常用的是长方体。长方体形状的量块为六面体结构，有两个测量面和四个非测量面，测量面极为光滑平整，Ra 达 0.012μm 以上，两测量面之间具有精确的尺寸，如图 4.3 所示。

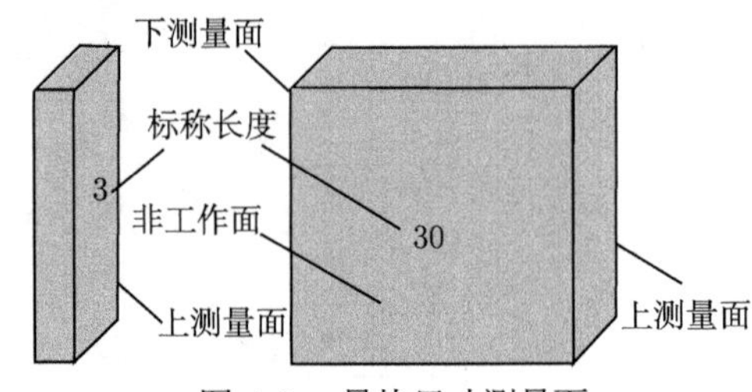

图 4.3 量块尺寸测量面

1. 量块的尺寸术语

(1) 量块的标称长度：是指两相互平行的测量面之间的距离，即量块的工作长度，在量块上标出，用符号 l 表示。标称长度 $>$ 5.5mm 的量块，标称长度值刻在上测量面左侧较宽的一个非测量面上；标称长度 $\leqslant$ 5.5mm 的量块，标称长度值刻在上测量面上。标称长度小于 10mm 的量块，其截面尺寸为 30mm $\times$ 9mm；标称长度为 10 $\sim$ 1000mm 的量块，其截面尺寸为 35mm $\times$ 9mm。量块的标称长度截面尺寸如图 4.4 所示。

(2) 量块 (测量面上任意点) 的长度：是指从量块一个测量面上任意点 (距边缘 0.5mm 区域除外) 到与这个量块另一个测量面相研合的辅助体表面之间的垂直距离，用符号 L_i 表示，如图 4.5 所示。

(3) 量块的中心长度：是指从量块一个测量面中心点到与这个量块另一个测量面相研合的辅助体表面之间的垂直距离，用符号 L 表示，如图 4.5 所示。

(4) 量块的实际长度：是指量块长度的实际测得值，分为中心长度 L 和任意点长度 L_i。

(5) 量块的长度偏差：是指量块的长度实测值与标称长度之差。

(6) 量块的长度变动量：是指量块任意点长度中的最大长度与最小长度之差的绝对值，用符号 $L_{\rm v}$ 表示。

2. 量块的用途

(1) 量块是量值传递的媒介，将国家长度基准按照一定的规范逐级传递到机械产品制造环节，实现量值统一。

(2) 生产中被用来检定和校准量具或量仪。

(3) 可直接用于精密测量、精密划线和精密机床的调整。

(4) 相对测量时用来调整量具或量仪的零位。

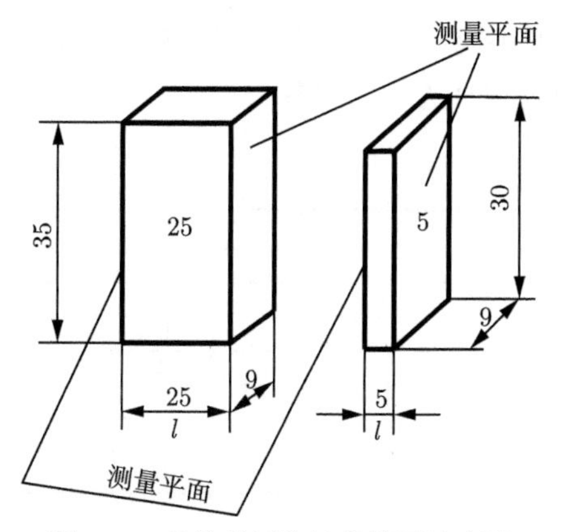

图 4.4 量块的标称长度截面尺寸图

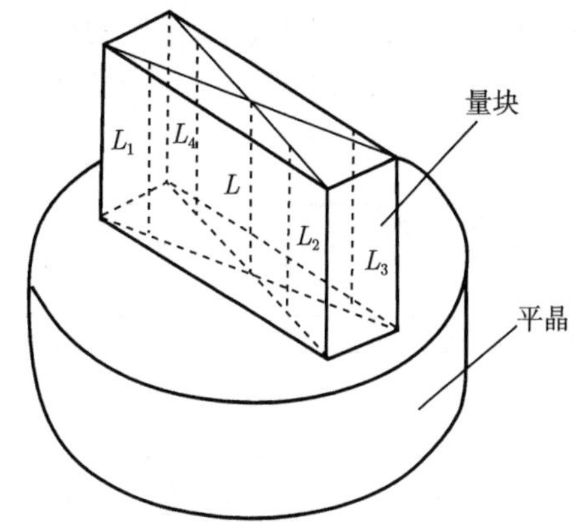

图 4.5 量块的尺寸定义

3. 量块的精度等级

量块的精度等级主要根据量块长度极限偏差、测量面的平面度、粗糙度及量块的研合性等指标来划分。按标准《几何量技术规范 (GPS)(长度标准) 量块》(GB/T 6093—2001) 的规定，量块按其制造精度 (即量块长度的极限偏差和长度变动量允许值) 分为 5 级：0、1、2、3 和 K 级。其中 0 级精度最高，3 级精度最低，K 级为校准级。量块生产企业大都按“级”向市场销售量块。用量块长度的极限偏差 (中心长度与标称长度允许的最大误差) 控制一批相同规格量块的长度变动范围；用量块长度变动量允许值控制每一个量块两测量面间各对应点的长度变动范围。量块长度是指量块上测量面的任一点到下测量面相研合的辅助体表面之间的距离，用户则按量块的标称尺寸使用量块。因此，按“级”使用量块必然受到量块长度制造偏差的影响，将把制造误差带入测量结果。量块按“级”使用时，以标称长度为工作长度，含制造误差。

制造高精度量块的工艺要求高、成本也高，而且即使制造成高精度量块，在使用一段时间后，也会因磨损而引起尺寸减小，使其原有的精度降低。因此，对于经过维修或使用一段时间后的量块，要定期送专业部门按照标准对其各项精度指标进行检定，确定符合哪一“等”，并在检定证书中给出标称尺寸的修正值。国家计量局标准《量块》(JJG 146—2011) 对量块的检定精度规定了六等：1、2、3、4、5、6，其中 1 等精度最高，精度依次降低，6 等精度最低。量块分“等”主要是依据量块测量的不确定度和量块长度变动量的允许值。按“等”使用时，量块不含制造误差，含测量误差。就同一量块而言，检定时的测量误差要比制造误差小得多。所以，量块按“等”使用时的精度比按“级”使用要高，且能在保持量块原有使用精度的基础上延长其使用寿命。所以，按“等”使用比按“级”使用测量精度高。

4. 量块的特性与选用原则

量块是单值量具，一个量块只代表一个尺寸。量块除具有稳定性、耐磨性和准确性基本特性之外，还有一个重要特性——研合性。研合性指两个量块的测量面相互接触，并在不大的压力下做切向相对滑动就能贴附在一起的性质。利用这一特性，把量块研合在一起，便可组成所需的各种尺寸。

单个量块使用很不方便，故一般都按序列将许多不同标称尺寸的量块成套配置，使用时根据需要选择多个适当的量块研合起来使用，如表 4.1 所示。量块在组合测尺寸时，为减少量块的组合误差，应尽量减少量块的组合块数，一般不超过 5 块。选用量块时，应从所需组合尺寸的最后一位数开始，每选一块至少应减去所需尺寸的一位尾数。

表 4.1　83 块量块尺寸

尺寸系列/mm	间隔/mm	块数
0.5	—	1
1	—	1
1.005	—	1
1.01～1.49	0.01	49
1.5～1.9	0.1	5
2.0～9.5	0.5	16
10～100	10	10

【例 4-1】组成 89.765mm 的尺寸，可由成套的量块中选出 1.005mm、1.26mm、7.5mm、80mm 四块组成，即

89.765	所需尺寸
−1.005	第一块量块尺寸
88.76	
−1.26	第二块量块尺寸
87.5	
−7.5	第三块量块尺寸
80	第四块量块尺寸

4.1.4　计量器具

1. 计量器具的常规分类

计量器具 (或称为测量器具) 是指测量仪器和测量工具的总称，分为量具、量规、量仪 (计量仪器) 和计量装置四类。

1) 量具

量具通常是指结构比较简单的测量工具，包括单值量具、多值量具和标准量具等。单值量具是用来复现单一量值的量具，如量块、角度块等，通常都是成套使用。多值量具是一种能复现一定范围的一系列不同量值的量具，如线纹尺等。标准量具是用作计量标准，供量值传递的量具，如量块、基准米尺等。

2) 量规

量规是一种没有刻度的，用以检验零件尺寸或形状、相互位置的专用检验工具。它只能判断零件是否合格，而不能测出具体尺寸，如光滑极限量规、螺纹量规等。

3) 量仪

量仪即计量仪器，是指能将被测的量值转换成可直接观察的指示值或等效信息的计量器具。按工作原理和结构特征，量仪可分为机械式、电动式、光学式、气动式，以及它们的组合形式——光电一体化的现代量仪。

4) 计量装置

计量装置一种专用检验工具，可以迅速地检验更多或更复杂的参数，从而有助于实现自动测量和自动控制，如自动分选机、检验夹具、主动测量装置等。

2. 计量器具按其本身的结构、用途和特点分类

可分为标准量具、通用计量器具、专用计量器具等。

1) 标准量具

标准量具是以固定形式复现量值的计量器具，通常不具有将被测量变换和放大的系统。特点是结构简单，没有传动系统，如量块、基准米尺、直角尺等。

2) 通用计量器具

通用计量器具可测量某一范围内的任一尺寸，并能获得具体数值，包括通用计量量具和量仪。通用计量量具包括固定刻线量具、游标量具、螺旋测微量具等，其中固定刻线量具包括钢尺、卷尺等，游标量具包括游标卡尺、万能角度尺等，螺旋测微量具包括内外径千分尺等。量仪是能将被测的量值转换成可直接观察的指示值或等效信息的计量器具，具有传动放大系统。量仪包括螺旋副式量仪、机械式量仪、光学式量仪、电动式量仪、气动式量仪、光电式量仪，其中螺旋副式量仪如千分尺，机械式量仪是用机械方法来实现被测量的变换和放大的量仪，如百分表等，光学式量仪是用光学原理实现被测量的变换和放大，如光学计、测长仪、投影仪、干涉仪等。

3) 专用计量器具

专用计量器具是专门测量某种特定参数的计量器具，如量规、丝杠检查仪、圆度仪等。量规是没有刻度的专用计量器具，不能获得被测几何量的具体数值，只能判断被检零件的合格性。量规分为光滑极限量规 (塞规、卡规)、螺纹量规、圆锥量规 (键槽量规、螺纹量规)。

3. 计量器具的度量指标

计量器具的度量指标包括刻度间距、分度值、测量范围等。

(1) 刻度间距：是计量器具的刻度标尺或刻度盘上两相邻刻线中心之间的距离。为了便于读数，刻度间距不宜太小，一般为 1～2.5mm。

(2) 分度值 (刻度值)：是指计量器具的刻度标尺或刻度盘上每一刻线间距所代表的被测量的量值。一般长度计量器具的分度值有 0.1mm、0.01mm、0.001mm、0.0005mm 等。一般来说，刻度值越小，则计量器具的精度就越高。例如，一外径千分尺的微分筒上相邻两刻线所代表的量值之差为 0.01mm，则该测量器具的分度值为 0.01mm。分度值是一种测量器具所能直接读出的最小单位量值，它反映了读数精度的高低，从一个侧面说明了该测量器具的测量精度高低。

(3) 测量范围：是指在允许不确定度内，测量器具所能测量的被测量值的下限值至上限值的范围。例如，外径千分尺的测量范围有 0～25mm、25～50mm 等，机械式比较仪的测量范围为 0～180mm。

(4) 示值范围：是指计量器具的刻度标尺或刻度盘内全部刻度所代表的最大与最小值的范围。如机械式比较仪的示值范围为 −0.1～+0.1mm(或 ±0.1mm)。

(5) 灵敏度：是指仪器指示装置发生最小变动时被测尺寸的最小变动量，反映被测几何量微小变化的能力。一般来说，分度值越小，则计量器具的灵敏度就越高。如果被测参数的变化量为 ΔL，引起的测量器具示值变化量为 Δx，则灵敏度 $S = \Delta x/\Delta L$。当分子分母为同一类量时，灵敏度又称放大比 K。当量仪刻度均匀时：$S = K = c/i$，即当 c 一定时，K 越大，i 越小，可以获得更精确的读数。

(6) 示值误差：是指计量器具上的示值与被测量的真值的代数差。一般来说，示值误差越小，则计量器具的精度就越高。

(7) 测量的重复性误差：在相同的测量条件下，对同一被测量进行连续多次测量时，所有测得值的分散程度即为重复性误差，它是计量器具本身各种误差的综合反映。

(8) 不确定度：表示由于计量器具的误差而对被测量的真值不能肯定的程度。

(9) 分辨力：指计量器具指示装置所能显示的最末一位数所代表的量值。

(10) 修正值：为了消除计量器具的测量误差，提高测量精度，常用代数法从测量结果中减去计量器具的测量误差。计量器具的测量误差与修正值的绝对值相等，符号相反。

4.1.5　测量方法

1. 按测得值是否为待测量分为直接测量和间接测量

(1) 直接测量：从测量器具的读数装置上直接得到被测量的数值或得到对标准值的偏差，称为直接测量，如用游标卡尺、外径千分尺测量轴径，用比较仪测量尺寸等。

(2) 间接测量：通过测量与被测量有一定函数关系的量，根据已知的函数关系式求得被测量的测量称为间接测量。如用弓高弦长法测量大尺寸圆柱体的直径，如图 4.6 所示，由弦长 b 与弓高 h 的测量结果，便可求得直径 D 的实际值：

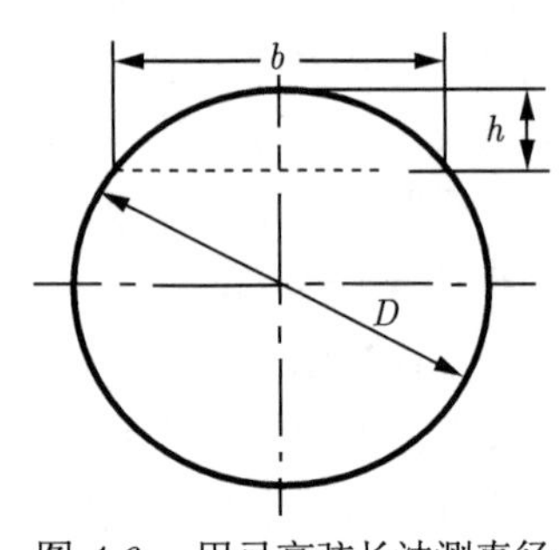

图 4.6　用弓高弦长法测直径

$$D = \frac{b^2}{4h} + h \tag{4-2}$$

2. 按测量结果的读数值不同分为绝对测量和相对测量

(1) 绝对测量：测量器具的示值直接反映被测量量值的测量为绝对测量。例如，用游标卡尺、外径千分尺测量轴径不仅是直接测量，也是绝对测量。

(2) 相对测量：将被测量与一个标准量值进行比较得到两者差值的测量为相对测量。被测量量值为已知标准量与该差值的代数和。例如，比较仪用量块调零后，测量轴的直径时，比较仪的示值就是量块与轴径的量值之差。

3. 按被测表面与测量器测头是否有机械接触分为接触测量和非接触测量

(1) 接触测量：测量器具的测头与零件被测表面接触后有机械作用力。如用外径千分尺、游标卡尺测量零件等。为了保证接触的可靠性，测量力是必要的，但它可能使测量器具及被测件发生变形而产生测量误差，还可能造成对零件被测表面质量的损坏。

(2) 非接触测量：测量器具的感应元件与零件被测表面不直接接触，因而不存在机械作用力。属于非接触测量的仪器主要是利用光、气、电、磁等作为感应元件与被测件表面联系。例如，用光切法显微镜测量表面粗糙度、光学投影测量、激光测量、气动测量即属于非接触测量。

4. 按测量中的测量因素是否变化分为等精度测量和不等精度测量

(1) 等精度测量：在测量过程中，决定测量精度的全部因素或条件不变。例如，由同一个人，用同一台仪器，在同样的环境中，以同样方法，同样仔细地测量同一个量。在一般情况下，为了简化测量结果的处理，大都采用等精度测量。实际上，绝对的等精度测量是做不到的。

(2) 不等精度测量：在测量过程中，决定测量精度的全部因素或条件可能完全改变或部分改变。由于不等精度测量的数据处理比较麻烦，因此一般用于重要科研试验中的高精度测量。

另外，按测量时计量器具与测量头相对运动的状态，测量分为静态测量和动态测量。按测量时零件是否在线分为在线测量和离线测量。按测量技术在机械制造工艺过程中所起的作用，可分为主动测量和被动测量。按零件上同时被测参数的多少，可分为单项测量和综合测量。

4.2　测量误差及数据处理

4.2.1　测量误差的基本概念

由于测量过程中计量器具本身的误差以及测量方法和条件的限制，任何一次测量的测得值都不可能是被测量的真值，二者存在差异，这种差异在数值上是测得值与被测量的真值之差，这就是测量误差。

由于测量过程的不完善而产生的测量误差，将导致测得值的分散程度不确定。因此，在测量过程中，正确分析测量误差的性质及其产生的原因，对测得值进行必要的数据处理，获得满足一定要求的置信水平的测量结果，是十分重要的。

1. 测量误差常用指标

测量误差常用两种指标来评定：绝对误差和相对误差。

(1) 绝对误差 δ：是指测得值 (l) 与被测量的真值 (μ) 之差。

$$\delta = l - \mu \tag{4-3}$$

显然式 (4-3) 反映了测得值偏离真值大小的程度。由于被测量的真值难以得知，在实际工作中，常以较高精度的测得值作为相对真值。例如，将千分尺或比较仪的测得值作为相对真值，以确定游标卡尺的测得值的测量误差。δ 可能是正值或负值，δ 绝对值越小，l 越接近 μ，测量的准确度越高。而不同被测量的测量精度则需用相对误差来评定。

(2) 相对误差 f：是被测量的绝对误差 δ 的绝对值与被测量真值 (μ) 之比。在实际测量中，被测量真值是未知的，因此可以用被测量的测得值 l 代替真值进行估算，即

$$f = \frac{|\delta|}{\mu} \times 100\% \approx \frac{|\delta|}{l} \times 100\% \tag{4-4}$$

2. 产生测量误差的原因

在实际测量中，产生测量误差的原因有很多，归纳起来主要有计量器具误差、标准件误差、测量方法误差、安装定位误差、人为误差以及环境条件所引起的测量误差。

4.2.2　测量误差的分类

1. 按测量误差的性质分类

测量误差按其性质可分为三类，即系统误差、随机误差和粗大误差。

1) 系统误差

系统误差是指在相同条件下多次重复测量同一量值时，误差的大小和符号保持不变；或在条件改变时，按某一确定规律变化的测量误差。前者称为定值系统误差，后者称为变值系统误差。

例如，在立式光学比较仪上用相对法测量工件直径，调整仪器零点所用量块的误差，对每次测量结果的影响都相同，属于定值系统误差；在测量过程中，温度产生均匀变化引起的误差为线性系统变化，属于变值系统误差。

从理论上讲，当测量条件一定时，系统误差的大小和符号是确定的，因而也是可以被消除的。但实际工作中，系统误差不一定能够被完全消除，只能减少到一定的限度。根据系统误差被掌握的情况，可分为已定系统误差和未定系统误差两种。

已定系统误差是符号和绝对值均已确定的系统误差，对于已定系统误差应予以消除或修正，即将测得值减去已定系统误差作为测量结果。

未定系统误差是指符号和绝对值未经确定的系统误差。对于未定系统误差应在分析原因、发现规律或采用其他手段的基础上，估计误差可能出现的范围，并尽量减少直至消除。

2) 随机误差 (偶然误差)

在相同条件下，多次测量同一量值时，误差的大小和符号以不可预定的方式变化的测量误差，但误差出现的整体是服从统计规律的，这种类型的误差称为随机误差。

3) 粗大误差

粗大误差是指超出在一定测量条件下预计的测量误差，即对测量结果产生明显歪曲的误差。粗大误差的产生是由某些不正常的原因所造成的。

2. 按测量误差的来源分类

按测量误差的来源可分为四类，即计量器具误差、测量方法误差、环境误差和人为误差。

1) 计量器具误差

计量器具误差指计量器具设计、制造和装配调整不准确而产生的误差。例如，游标卡尺测轴径的误差属设计原理误差 (不符合阿贝原则)，即被测量长度与基准长度未置于同一直线上，游标框架与主尺之间的间隙影响，可能使卡爪倾斜，从而产生测量误差。

2) 测量方法误差

测量方法误差指测量方法不完善引起的误差，包括工件安装、定位不合理，测量方法选择不当，计算公式不准确等。

3) 环境误差

环境误差指测量时的环境条件不符合标准条件引起的误差。

4) 人为误差

人为误差指测量人员的人为差错造成的误差。

3. 按测量精度分类

测量精度是测量误差的相对概念，二者是从两个不同角度说明同一概念的术语。测量误差越大，则测量精度就越低；测量误差越小，则测量精度就越高。为了更好地反映系统误差和随机误差对测量结果的影响，需要明确以下几个概念。

1) 正确度

正确度反映测量结果中系统误差的影响程度，是测量结果偏离实际值的程度。系统误差小，则正确度高。

2) 精密度

精密度反映测量结果中随机误差的影响程度，是测量结果的分散程度。随机误差小，则精密度高。

3) 精确度 (准确度)

精确度反映测量结果中系统误差和随机误差的综合影响程度。若系统误差和随机误差都小，则精确度高。

在具体的测量过程中，精密度高，正确度不一定高；正确度高，精密度也不一定高。精密度和正确度都高，则精确度就高。以射击为例，图 4.7(a) 表示武器系统误差小；而图 4.7(b) 则表示气象、弹药等随机误差小，正确度低而精密度高；图 4.7 (c) 表示系统误差和随机误差均小，即精确度高，说明各种条件都好。

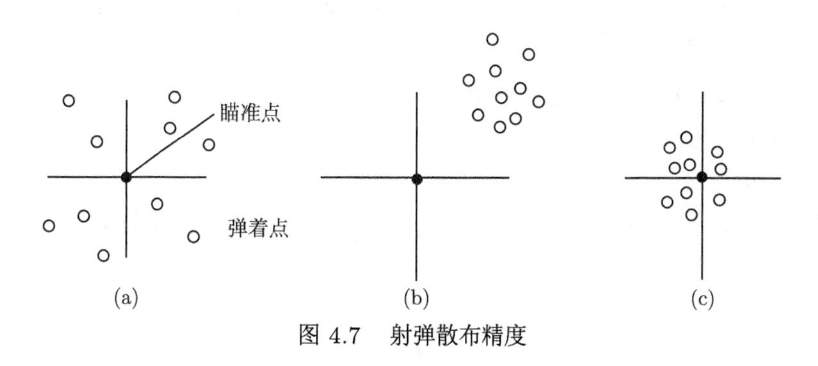

图 4.7　射弹散布精度

4.2.3　随机误差的处理

就某一次测量而言，随机误差的出现无规律可循，因而无法消除。但若进行多次等精度重复测量，则可以通过分析，估算出随机误差值的范围。

1. 随机误差的性质及其分布规律

大量的测量实践证明，多数随机误差，特别是在各不占优势的独立随机因素综合作用下的随机误差是服从正态分布规律的，其概率密度函数为

$$y=\frac{1}{\sigma\sqrt{2\pi}}\mathrm{e}^{-\frac{\delta^2}{2\sigma^2}} \tag{4-5}$$

式中，y 为概率密度；e 为自然对数的底数，$\mathrm{e}=2.71828\cdots$；δ 为随机误差，$\delta=l-\mu$；σ 为均方根误差，又称标准偏差，可按式 (4-6) 计算：

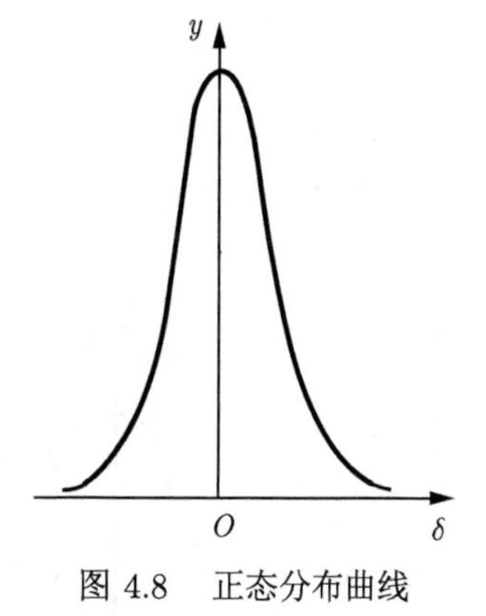

图 4.8　正态分布曲线

$$\sigma=\sqrt{\frac{\delta_1^2+\delta_2^2+\cdots+\delta_n^2}{n}}=\sqrt{\frac{\sum\limits_{i=1}^{n}\delta_i^2}{n}} \tag{4-6}$$

式中，n 为测量次数。

正态分布曲线如图 4.8 所示，由图中可以看出，随机误差有如下特性。

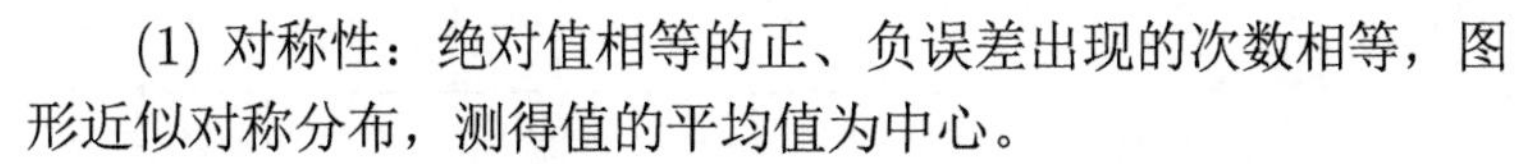

(1) 对称性：绝对值相等的正、负误差出现的次数相等，图形近似对称分布，测得值的平均值为中心。

(2) 单峰性：绝对值小的随机误差比绝对值大的随机误差出现的概率大。

(3) 有界性：在一定的测量条件下，随机误差的绝对值不会大于某一界限值，即绝对值很大的误差出现的概率接近零。误差的绝对值不会超过某一界限 ($\delta_{\mathrm{lim}} = \pm 3\sigma$)。

(4) 抵偿性：当测量次数 n 无限增加时，随机误差的算术平均值趋向于零。即当测量次数无穷大时，正负误差的总和趋于零 $\left(\sum_{i=1}^{n}\delta_i = 0\right)$。

不同的标准偏差对应不同的正态分布曲线，如图 4.9 所示，图中三条正态分布曲线的标准偏差 $\sigma_1 < \sigma_2 < \sigma_3$，则 $y_{1\max} > y_{2\max} > y_{3\max}$。表明 σ 越小，曲线就越陡，随机误差分布也越集中，测量的精密度也越高。

2. 随机误差和标准偏差之间的关系

随机误差和标准偏差之间有一定的数量关系，在 $z = \delta/\sigma$ 一定时，利用正态分布曲线，可求出随机误差的概率。

根据概率理论，正态分布曲线下所包含的全部面积等于各随机误差 δ_i 出现的概率 P 的总和，即

$$P = \int_{-\infty}^{+\infty} y\mathrm{d}\delta = \frac{1}{\sigma\sqrt{2\pi}}\int_{-\infty}^{+\infty} \mathrm{e}^{-\frac{\delta^2}{2\sigma^2}}\mathrm{d}\delta = 1 \tag{4-7}$$

式 (4-7) 说明，随机误差落在 $-\infty \sim +\infty$ 的概率 $P = 1$，也就是说全部随机误差出现的概率为 100%，大于零的正误差和小于零的负误差出现的概率各为 50%。为了运算方便，代入新变量 z，设 $z = \delta/\sigma$, 则 $\mathrm{d}z = \mathrm{d}\delta/\sigma$，于是有

$$P = \frac{1}{\sqrt{2\pi}}\int_{-\infty}^{+\infty} \mathrm{e}^{-\frac{z^2}{2}}\mathrm{d}z = \frac{2}{\sqrt{2\pi}}\int_{0}^{\infty} \mathrm{e}^{-\frac{z^2}{2}}\mathrm{d}z \tag{4-8}$$

图 4.10 中，阴影部分的面积表示随机误差 δ 落在 $0 \sim \delta_i$ 内的概率。令 $P = 2\Phi(z)$，则

$$\Phi(z) = \frac{1}{\sqrt{2\pi}}\int_{0}^{\infty} \mathrm{e}^{-\frac{z^2}{2}}\mathrm{d}z \tag{4-9}$$

$\Phi(z)$ 称为概率函数积分，z 值所对应的积分值 $\Phi(z)$ 可由正态分布的概率函数积分表查出。表 4.2 列出了特殊 z 值和 $\Phi(z)$ 的一些对应值。

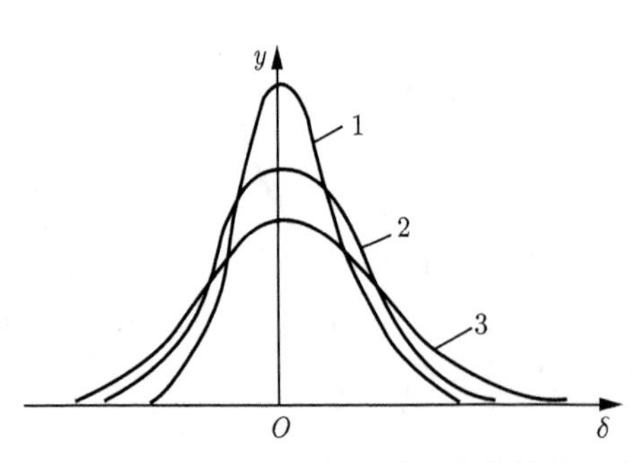

图 4.9 标准偏差对随机误差分布特性的影响

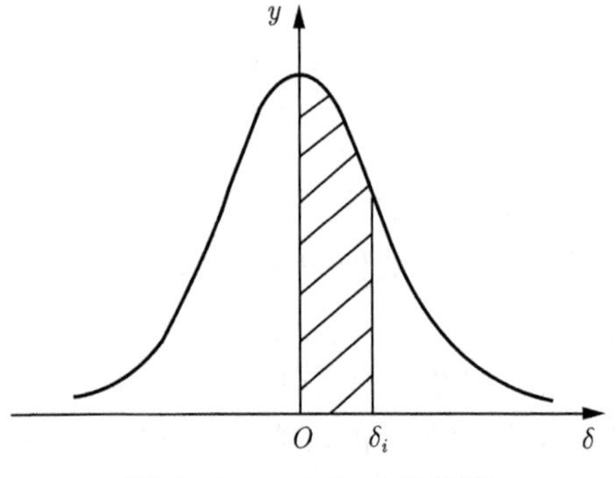

图 4.10 $0 \sim \delta_i$ 内的概率

表 4.2　z 和 $\Phi(z)$ 的一些对应值

z	$\delta=\pm z\sigma$	不超出 $\|\delta\|$ 的概率 $2\Phi(z)$	超出 $\|\delta\|$ 的概率 $1-2\Phi(z)$	测量次数 n	超出 $\|\delta\|$ 的次数
0.67	$\pm 0.67\sigma$	0.4972	0.5028	2	1
1	$\pm 1\sigma$	0.6826	0.3174	3	1
2	$\pm 2\sigma$	0.9544	0.0456	22	1
3	$\pm 3\sigma$	0.9973	0.0027	370	1
4	$\pm 4\sigma$	0.9999	0.0001	15625	1

由表 4.2 可知，$\pm 1\sigma$ 范围内的概率为 68.26%，即有约 1/3 的测量次数的误差超出 $\pm 1\sigma$ 的范围；$\pm 3\sigma$ 范围内的概率为 99.73%，即只有 0.27% 的测量次数的误差超出 $\pm 3\sigma$ 的范围，因为很小，可近似认为不会发生超出的现象。所以，通常评定随机误差时就以 $\pm 3\sigma$ 作为单次测量的极限误差，即

$$\delta_{\lim}=\pm 3\sigma \tag{4-10}$$

可以认为 $\pm 3\sigma$ 是随机误差的实际分布范围，即有界性的界限为 $\pm 3\sigma$。

3. 随机误差的评定指标及结果表达

设测量列的测得值为 l_1, l_2，$\cdots$，l_n，则测量列的算术平均值 $\bar{l}$ 为

$$\bar{l}=\frac{l_1+l_2+l_3+\cdots+l_n}{n}=\frac{1}{n}\sum_{i=1}^{n} l_i \tag{4-11}$$

随机误差为

$$\delta_1=l_1-\mu, \delta_2=l_2-\mu, \cdots, \delta_n=l_n-\mu$$

相加则为

$$\delta_1+\delta_2+\cdots+\delta_n=(l_1+l_2+\cdots+l_n)-n\mu$$

即

$$\sum_{i=1}^{n}\delta_i=\sum_{i=1}^{n} l_i-n\mu$$

其真值为

$$\mu=\frac{\sum\limits_{i=1}^{n} l_i}{n}-\frac{\sum\limits_{i=1}^{n}\delta_i}{n}=\bar{l}-\frac{\sum\limits_{i=1}^{n}\delta_i}{n} \tag{4-12}$$

由随机误差抵偿性可知，当 $n\to\infty$ 时，$\dfrac{\sum\limits_{i=1}^{n}\delta_i}{n}=0$，所以有

$$\mu=\bar{l} \tag{4-13}$$

在测量列中没有系统误差和粗大误差，且测量次数很多时，算术平均值就趋近于真值。即用算术平均值来代替真值不仅是合理的，而且是可靠的。

4. 计算残差

残余误差简称残差。用算术平均值 $\bar{l}$ 代替真值 μ 所计算的误差，即为残差 v。

$$v_i = l_i - \bar{l} \tag{4-14}$$

残差具有下述两个特性：

(1) 残差的代数和等于零，即

$$\sum_{i=1}^{n} v_i = 0$$

(2) 残差的平方和最小，即

$$\sum_{i=1}^{n} v_i^2 = \min$$

当误差平方和最小时，按最小二乘法原理可知，测量结果是最佳值。这也说明 $\bar{l}$ 是 μ 的最佳估值。

5. 测量列中任一测得值的标准偏差

由于真值不可知，随机误差 δ_i 也未知，标准偏差 σ 无法计算。在实际测量中，标准偏差 σ 用残差来估算，常用贝塞尔公式计算，即

$$S = \sqrt{\frac{\sum_{i=1}^{n} v_i^2}{n-1}} \tag{4-15}$$

式中, S 为标准偏差 σ 的估算值；v_i 为残差；n 为测量次数。

对于任一测得值 l，其落在 $\pm 3\sigma$ 范围内的概率 (称为置信概率，代号 P) 为 99.73%，常表示为

$$l = \bar{l} \pm 3S(P = 99.73\%) \tag{4-16}$$

6. 测量算术平均值的标准偏差

在多次重复测量中，是以算术平均值作为测量结果的，因此要研究算术平均值的可靠程度。根据误差理论，在等精度测量时，有

$$\sigma_{\bar{l}} = \sqrt{\frac{\sigma^2}{n}} = \frac{\sigma}{\sqrt{n}} \approx \sqrt{\frac{\sum_{i=1}^{n} v_i^2}{n\,(n-1)}} = \frac{S}{\sqrt{n}} \tag{4-17}$$

式中, n 为重复测量次数；v_i 为残差。

式 (4-17) 表明，在一定的测量条件下 (即 σ 一定)，重复测量 n 次的算术平均值的标准偏差为单次测量的标准偏差的 $\sqrt{n}$ 分之一。

算术平均值的测量精度 $\sigma_{\bar{l}}$ 与测量次数 n 的平方根成反比，要显著提高测量精度，就必须增加测量次数。但是当测量次数过大时，恒定的测量条件难以保证，可能会引起新的误差；因此一般情况下，取 $n \leqslant 10$ 为宜。

7. 测量结果的表示

单次测量：

$$L = l \pm 3\sigma \tag{4-18}$$

多次测量：

$$L = \bar{l} \pm 3\sigma_{\bar{l}} \quad (P = 99.73\%) \tag{4-19}$$

4.2.4 系统误差的处理

1. 系统误差的发现方法

(1) 试验对比法：改变测量条件，对同一几何量测量，若两者无差异则无系统误差，否则存在系统误差。该方法常用于发现定值系统误差。

(2) 残差观察法：按测量顺序观察残差，若残差大体正负相间，无明显变化规律，则无系统误差，否则有系统误差。该方法常用以发现变值系统误差，如图 4.11 所示。

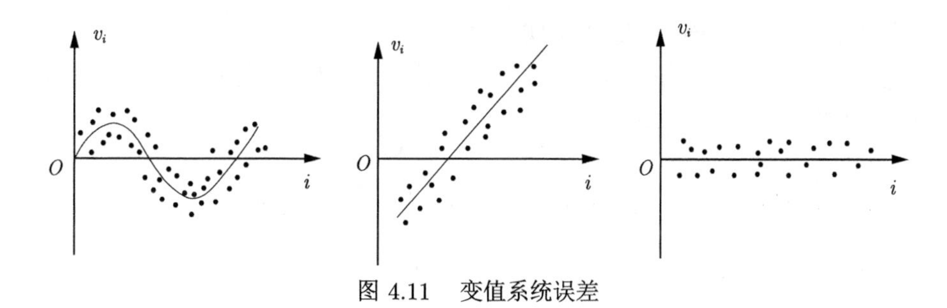

图 4.11　变值系统误差

2. 系统误差的处理方法

(1) 误差根除法：从根源上消除。如仪器使用前对零位，量块按“等”使用时可消除量块的制造误差和磨损误差。

(2) 误差修正法：预先检定出系统误差，将其数值反向作为修正值，用代数法加到实际测得值上。该方法适用于定值系统误差。

(3) 误差抵消法：对于变值系统误差，进行两头测量，使两次测量读数出现的系统误差大小相等、方向相反，再取两次测量结果的平均值作为测量结果。例如，测量螺纹零件的螺距时，分别测出左、右牙面螺距，然后进行平均，则可抵消螺纹零件测量时安装不正确引起的系统误差。

大部分系统误差能通过修正值 (定值系统误差) 或找出其变化规律后加以消除 (变值系统误差)。有些系统误差无法修正，如温度有规律变化造成的测量误差。

4.2.5 粗大误差的处理

明显超出规定条件下预期的误差称为粗大误差。粗大误差的数值较大，它是由测量过程中的各种错误造成的，对测量结果有明显的歪曲。若有粗大误差存在，则应予剔除。可根据拉依达准则 (3σ 准则) 判断，超出 $\pm 3\sigma$ 的残余误差作为粗大误差，即若

$$|v_i| > 3\sigma \tag{4-20}$$

则认为该残余误差对应的测得值含有粗大误差，在误差处理时应予以剔除。

4.2.6 测量误差的数据处理实例

1. 等精度直接测量列的数据处理实例

等精度直接测量列的数据处理是指在同一测量条件下 (等精度测量)，对某一量值进行 n 次重复测量而获得一系列的测量值。在这些测量值中，可能同时含有系统误差、随机误差和粗大误差，为了获得正确的测量结果，应将测量数据按误差分析原理进行处理。数据处理的步骤如下。

(1) 判断系统误差：首先查找并判断测得值中是否含有系统误差，如果存在系统误差，则应采取措施加以消除。

(2) 求算术平均值、残余误差、标准偏差估算值。

(3) 判断粗大误差，若有，予以剔除并重新进行步骤 (2)，直至无粗大误差。

(4) 计算测量列算术平均值的标准偏差估算值和测量极限误差。

(5) 写出测量结果的表达式。

2. 等精度间接测量列的数据处理实例

(1) 根据函数关系 $y=f(x_1,x_2,\cdots,x_n)$ 和各直接测得值 x_i 计算间接测量值 y_0。

(2) 计算函数的系统误差 Δy：

$$\Delta y=\frac{\partial f}{\partial x_1}\Delta x_1+\frac{\partial f}{\partial x_2}\Delta x_2+\cdots+\frac{\partial f}{\partial x_n}\Delta x_n \tag{4-21}$$

计算函数的测量极限误差 $\delta_{\lim y}$：

$$\begin{aligned}\delta_{\lim y}&=\pm\sqrt{\left(\frac{\partial f}{\partial x_1}\right)^2\delta_{\lim x_1}^2+\left(\frac{\partial f}{\partial x_2}\right)^2\delta_{\lim x_2}^2+\cdots+\left(\frac{\partial f}{\partial x_n}\right)^2\delta_{\lim x_n}^2}\\&=\pm\sqrt{\sum_{i=1}^{n}\left(\frac{\partial f}{\partial x_i}\right)^2\delta_{\lim x_i}^2}\end{aligned} \tag{4-22}$$

(3) 确定测量结果 y：

$$y=(y_0-\Delta y)\pm\delta_{\lim y} \tag{4-23}$$

【**例 4-2**】以一个 30mm 的 5 等量块为标准，用立式光学比较仪对一圆柱轴进行 10 次等精度直接测量，测得值见表 4.3 第二列，已知量块长度的修正值为 $-1\mu m$，试对其进行数据处理并写出测量结果。

解：(1) 对量块的系统误差进行修正，全部测得值分别加上量块的修正值 -0.001mm，见表 4.3 第三列。

(2) 求算术平均值 $\overline{x}$、残余误差 v_i、测量列任一测得值的标准偏差估算值 σ。

算术平均值：$\overline{x}=\dfrac{\sum\limits_{i=1}^{n}x_i'}{n}=\dfrac{\sum\limits_{i=1}^{n}x_i'}{10}=30.048(\text{mm})$

残余误差：$v_i=x_i'-\overline{x}$，计算结果见表 4.3 第四列。

标准偏差估算值：$\sigma=\sqrt{\dfrac{\sum\limits_{i=1}^{n}v_i^2}{n-1}}=\sqrt{\dfrac{0.00007}{10-1}}=0.0028(\text{mm})$。

(3) 判断粗大误差：用拉依达准则进行判定。

测量列中每个数据的残余误差 v_i 应在三倍的标准偏差以内，否则作为坏值予以剔除。即 $3\sigma=3\times0.0028\text{mm}=0.0084\text{mm}$，而表 4.3 第四列 v_i 的最大绝对值 $|v_i|=0.005<0.0084\text{mm}$。因此，测量列中不存在粗大误差。

表 4.3　等精度直接测量的数据处理表

序号 I	测得值 x_i/mm	去除系统误差的测得值 x_i'	残余误差 v_i/ mm	残余误差的平方 v_i^2/mm
1	30.050	30.049	+0.001	0.000001
2	30.048	30.047	−0.001	0.000001
3	30.049	30.048	0	0
4	30.047	30.046	−0.002	0.000004
5	30.051	30.050	+0.002	0.000004
6	30.052	30.051	+0.003	0.000009
7	30.044	30.043	−0.005	0.000025
8	30.053	30.052	+0.004	0.000016
9	30.046	30.045	−0.003	0.000009
10	30.050	30.049	+0.001	0.000001
		$\overline{x}=\dfrac{\sum\limits_{i=1}^{n}x_i'}{n}=30.048$	$\sum\limits_{i=1}^{n}v_i=0$	$\sum\limits_{i=1}^{n}v_i^2=0.00007$

(4) 计算测量列算术平均值的标准偏差：

$$\sigma_{\overline{x}}=\frac{\sigma}{\sqrt{n}}=\frac{0.0028}{\sqrt{10}}=0.00088(\text{mm})$$

(5) 计算测量列算术平均值的测量极限偏差：

$\delta_{\lim}=\pm3\sigma_{\bar{x}}=\pm3\times0.00088=\pm0.00264(\text{mm})$

(6) 测量结果为

$$x=\overline{x}+\delta_{\lim}=30.048\pm0.00264(\text{mm})$$

即该轴的直径为 30.048mm，其不确定度在 ±0.00264mm 内的可能性达 99.73%。

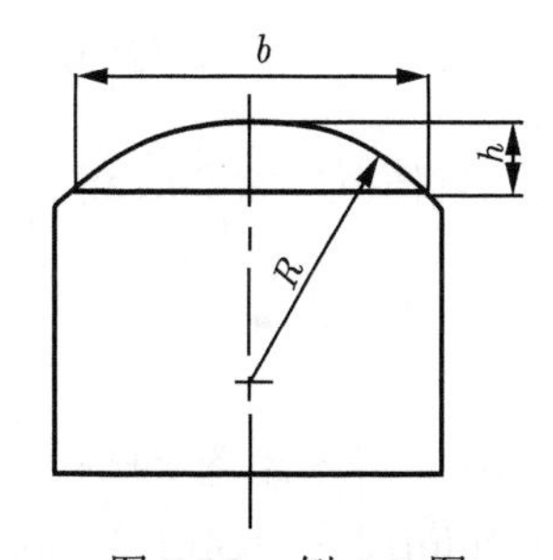

图 4.12　例 4-3 图

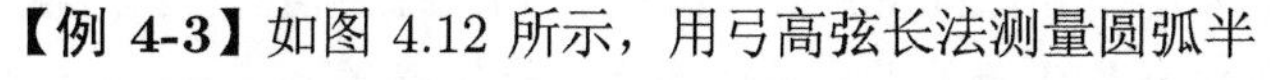

【例 4-3】如图 4.12 所示，用弓高弦长法测量圆弧半径 R。测得弓高 $h=10\text{mm}$，弦长 $b=40\text{mm}$，它们的系统误差和测量极限误差分别为 $\Delta h=+0.0008\text{mm}$，$\delta_{\lim h}=\pm0.0015\text{mm}$，$\Delta b=-0.002\text{mm}$，$\delta_{\lim b}=\pm0.002\text{mm}$, 试求圆弧半径 R 的测量结果。

解：(1) 列出函数关系式：

$$R=\frac{b^2}{8h}+\frac{h}{2}$$

(2) 计算圆弧半径 R_n：

$$R_n = \frac{40^2}{8 \times 10} + \frac{10}{2} = 25(\text{mm})$$

(3) 计算误差传递函数：

$$\frac{\partial f}{\partial b} = \frac{b}{4h} = \frac{40}{4 \times 10} = 1$$

$$\frac{\partial f}{\partial h} = \frac{1}{2} - \frac{b^2}{8h^2} = \frac{1}{2} - \frac{40^2}{8 \times 10^2} = -1.5$$

(4) 计算圆弧半径 R 的系统误差 ΔR：

$$\begin{aligned}\Delta R &= \frac{\partial f}{\partial b}\Delta b + \frac{\partial f}{\partial h}\Delta h = \frac{b}{4h}\Delta b + \left(\frac{1}{2} - \frac{b^2}{8h^2}\right)\Delta h \\ &= \frac{40}{4 \times 10} \times (-0.002) + \left(\frac{1}{2} - \frac{40^2}{8 \times 10^2}\right) \times 0.0008 = -0.0032(\text{mm})\end{aligned}$$

(5) 计算圆弧半径 R 的测量极限误差 $\delta_{\lim R}$：

$$\begin{aligned}\delta_{\lim R} &= \pm\sqrt{\left(\frac{b}{4h}\right)^2 \delta_{\lim b}^2 + \left(\frac{1}{2} - \frac{b^2}{8h^2}\right)\delta_{\lim h}^2} \\ &= \pm\sqrt{1^2 \times 0.002^2 + (-1.5)^2 \times 0.0015^2} \\ &= \pm 0.003(\text{mm})\end{aligned}$$

测量结果为

$$\begin{aligned}R &= (R_n - \Delta R) \pm \delta_{\lim R} = \{[25 - (-0.0032)] \pm 0.003\}\text{mm} \\ &= (25.0032 \pm 0.003)\text{mm}\end{aligned}$$

此时的置信概率为 99.73%。

习 题 4

4-1 用立式光学比较仪对外圆同一部位进行 10 次重复测量，测量值为 24.999mm、24.994mm、24.998mm、24.999mm、24.996mm、24.998mm、24.998mm、24.995mm、24.999mm、24.994mm，试求单一测量值及 10 次测量值的算术平均值的测量极限误差。

4-2 已知某仪器的标准偏差为 $\sigma = \pm 0.002\text{mm}$，用该仪器对某零件进行 4 次等精度测量，测量值为 67.020mm、67.019mm、67.018mm、67.015mm，试求测量结果。

4-3 在相同的条件下用立式光学比较仪对轴的同一部位重复测量 10 次，按照测量顺序记下测量值为：25.994mm、25.999mm、25.998mm、25.994mm、25.999mm、25.996mm、25.999mm、25.998mm、25.995mm、25.998mm。要求：

(1) 求出算术平均值及标准偏差；

(2) 判断有无变值系统误差；

(3) 判断有无粗大误差，若有则剔除之；

(4) 求出算术平均值的标准偏差；

(5) 写出以算术平均值和第一次测量值为测量结果的表达式。

4-4　用标称长度为 20mm 的量块调整机械比较仪零位后测量一塞规的尺寸，指示表的读数为 6μm，若量块的实际尺寸为 19.9995mm，不计仪器的示值误差，试确定该仪器的调零误差和修正值，并求该塞规的实际尺寸。

4-5　已知某仪器的测量极限误差为 $\delta_{\rm lim} = \pm 3\sigma = \pm 0.006$mm，若某一次的测得值为 20.029mm，9 次测得值的平均值为 20.032mm，试分别写出它们的测量结果。

4-6　对图 4.13 所示的零件测得如下尺寸及其测量误差：$d_1 = (\phi 30.002 \pm 0.01)$mm，$d_2 = (\phi 5.050 \pm 0.002)$mm，$l = (40.01 \pm 3)$mm，试求中心距 L 值及其测量误差。

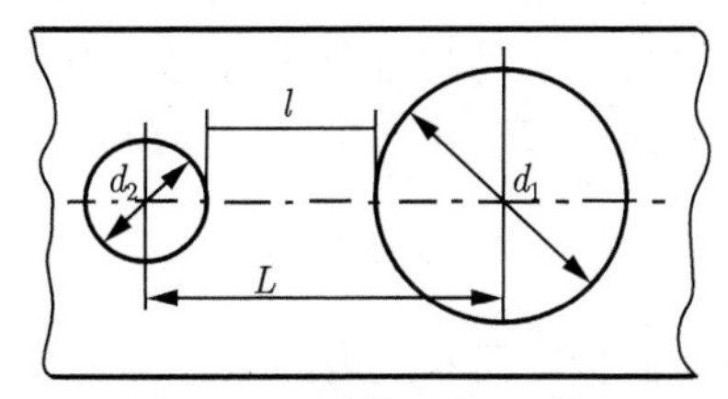

图 4.13　零件局部尺寸图

4-7　用光学比较仪测量某轴，读数为 $\phi 20.005$mm，设该比较仪的示值误差为 $+0.001$mm，试求该轴的实际尺寸。

第 5 章　光滑工件尺寸的检测

5.1　尺寸检测与验收原则

5.1.1　尺寸检测概述

检测指使用普通计量器具来测量尺寸，按规定的验收极限判断工件尺寸是否合格，是兼有测量和检验两种特性的一个综合鉴别过程。

因误差存在，真实尺寸等于实际 (组成) 要素的测得值减去测量误差。

检测通常只进行一次测量来判断工件尺寸是否合格，因此，检测根据实际 (组成) 要素是否超出极限尺寸来判断其合格性，即以孔、轴的极限尺寸作为孔、轴尺寸的验收极限。

5.1.2　验收原则

验收原则是只接收位于规定的极限尺寸之内的工件，即允许有误废而不允许有误收。验收极限是检验工件尺寸时，判断其尺寸合格与否的尺寸界限，国家标准规定了两种验收极限方式。

1. 误收与误废

测得值在工件上、下极限尺寸附近，有可能将真实尺寸处于公差带之内的合格品判为废品，称为误废，也有可能将真实尺寸处于公差带之外的废品判为合格品，称为误收。因此，必须正确确定验收极限。

2. 验收极限方式

验收极限可以按照下列两种方式之一确定。

1) 内缩方式

从规定的最大实体极限 (MML) 和最小实体极限 (LML) 分别向工件公差内移动一个安全裕度 (A) 来确定，其上、下验收极限的计算见式 (5-1) 和式 (5-2)。A 值选得大，易保证产品质量，公差减小过多，误废率增大，经济性差。A 值选得小，加工经济性好，但为了保证较小的误收率，就要提高对计量器具精度的要求，如图 5.1 所示。

$$\text{上验收极限} = \text{上极限尺寸}(D_{\max}, d_{\max}) - \text{安全裕度}(A) \tag{5-1}$$

$$\text{下验收极限} = \text{下极限尺寸}(D_{\min}, d_{\min}) + \text{安全裕度}(A) \tag{5-2}$$

安全裕度 (A) 实际上就是测量中的总不确定度，它表征了各种误差的综合影响。选择安全裕度数值时，必须使误收率下降，满足验收要求，又不致使误废率上升过多，增加成本。A 值一般按工件标准公差 T 的 1/10 确定，国家标准规定的安全裕度 (A) 值见表 5.1。

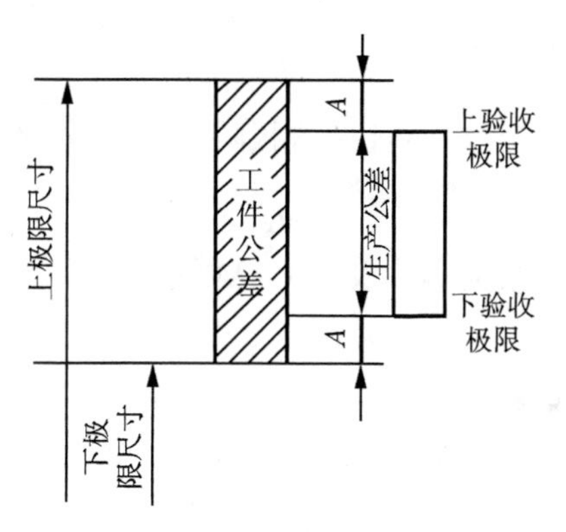

图 5.1　内缩的验收极限

表 5.1　安全裕度 (A) 与计量器具的测量不确定度允许值 (u_1)　　单位：μm

公差等级		IT6					IT7					IT8					IT9				
公称尺寸/mm		T	A	u_1			T	A	u_1			T	A	u_1			T	A	u_1		
大于	至			Ⅰ	Ⅱ	Ⅲ			Ⅰ	Ⅱ	Ⅲ			Ⅰ	Ⅱ	Ⅲ			Ⅰ	Ⅱ	Ⅲ
0	3	6	0.6	0.5	0.9	1.4	10	1.0	0.9	1.5	2.3	14	1.4	1.3	2.1	3.2	25	2.5	2.3	3.8	5.6
3	6	8	0.8	0.7	1.2	1.8	12	1.2	1.1	1.8	2.7	18	1.8	1.6	2.7	4.1	30	3	2.7	4.5	6.8
6	10	9	0.9	0.8	1.4	2	15	1.5	1.4	2.3	3.4	22	2.2	2	3.3	5	36	3.6	3.3	5.4	8.1
10	18	11	1.1	1	1.7	2.5	18	1.8	1.7	2.7	4.1	27	2.7	2.4	4.1	6.1	43	4.3	3.9	6.5	9.7
18	30	13	1.3	1.2	2	2.9	21	2.1	1.9	3.2	4.7	33	3.3	3.0	5	7.4	52	5.2	4.7	7.8	12
30	50	16	1.6	1.4	2.4	3.6	25	2.5	2.3	3.8	5.6	39	3.9	3.5	5.9	8.8	62	6.2	5.6	9.3	14
50	80	19	1.9	1.7	2.9	4.3	30	3.0	2.7	4.5	6.8	46	4.6	4.1	6.9	10	74	7.4	6.7	11	17
80	120	22	2.2	2	3.3	5	35	3.5	3.2	5.3	7.9	54	5.4	4.9	8.1	12	87	8.7	7.8	13	20
120	180	25	2.5	2.3	3.8	5.6	40	4.0	3.6	6.0	9.0	63	6.3	5.7	9.5	14	100	10	9	15	23
180	250	29	2.9	2.6	4.4	6.5	46	4.6	4.1	6.9	10.0	72	7.2	6.5	11	16	115	12	10	17	26
250	315	32	3.2	2.9	4.8	7.2	52	5.2	4.7	7.8	12.0	81	8.1	7.3	12	18	130	13	12	19	29
315	400	36	3.6	3.2	5.4	8.1	57	5.7	5.1	8.4	13.0	89	8.9	8	13	20	140	14	13	21	32
400	500	40	4	3.6	6	9	63	6.3	5.7	9.5	14.0	97	9.7	8.7	15	22	155	16	14	23	35

公差等级		IT10					IT11					IT12				IT13			
公称尺寸/mm		T	A	u_1			T	A	u_1			T	A	u_1		T	A	u_1	
大于	至			Ⅰ	Ⅱ	Ⅲ			Ⅰ	Ⅱ	Ⅲ			Ⅰ	Ⅱ			Ⅰ	Ⅱ
0	3	40	4	3.6	6	9	60	6	5.4	9	14	100	10	9	15	140	14	13	21
3	6	48	4.8	4.3	7.2	11	75	7.5	6.8	11	17	120	12	11	18	180	18	16	27
6	10	58	5.8	5.2	8.7	13	90	9	8.1	14	20	150	15	14	23	220	22	20	33
10	18	70	7	6.3	11	16	110	11	10	17	25	180	18	16	27	270	27	24	41
18	30	84	8.4	7.6	13	19	130	13	12	20	29	210	21	19	32	330	33	30	50
30	50	100	10	9	15	23	160	16	14	24	36	250	25	23	38	390	39	35	59
50	80	120	12	11	18	27	190	19	17	29	43	300	30	27	45	460	46	41	69
80	120	140	14	13	21	32	220	22	20	33	50	350	35	32	53	540	54	49	81
120	180	160	16	15	24	36	250	25	23	38	56	400	40	36	60	630	63	57	95
180	250	185	18	17	28	42	290	29	26	44	65	460	46	41	69	720	72	65	110
250	315	210	21	19	32	47	320	32	29	48	72	520	52	47	78	810	81	73	120
315	400	230	23	21	35	52	360	36	32	54	81	570	57	51	86	890	89	80	130
400	500	250	25	23	38	56	400	40	36	60	90	630	63	57	95	970	97	87	150

因验收极限向内移动，在生产时工件不能按原来的极限尺寸加工，应按由验收极限所确

定的范围生产，此范围称为生产公差。

$$生产公差 = 上验收极限 - 下验收极限$$

2) 不内缩方式

规定验收极限等于工件的最大实体极限 (MML) 和最小实体极限 (LML)，即安全裕度 (A) 等于零。

3. 验收极限方式的选择

验收极限方式的选择要结合尺寸功能要求及其重要程度、尺寸公差等级、测量不确定度和工艺能力等因素综合考虑。

(1) 对于遵循包容要求的尺寸公差等级高的尺寸，其验收极限要选内缩方式。

(2) 工艺能力指数 C_{p} 值是工件公差 T 与加工设备工艺能力 $c\sigma$ 之比值。c 为常数，σ 为加工设备的标准偏差。当工件尺寸遵循正态分布时，$c=6$，$C_{\mathrm{p}}=T/(6\sigma)$，其验收极限可按不内缩方式确定；但对于采用包容要求的尺寸，在最大实体极限尺寸一边仍按内缩方式确定验收极限。

(3) 对于偏态分布的尺寸，尺寸偏向的一边应按内缩方式确定。

(4) 对于非配合和一般公差的尺寸，其验收极限则选不内缩方式。

4. 计量器具的选择

综合考虑加工和检验的经济性，按照计量器具的测量不确定度允许值 (u_1) 选择计量器具。选择时，应使所选用的计量器具的测量不确定度数值等于或小于选定的计量器具的测量不确定度允许值 (u_1 值)，表 5.1 列出了测量器具的测量不确定度允许值 (u_1)。表 5.2 列出了常用计量器具的测量不确定度。

表 5.2　千分尺和游标卡尺的测量不确定度　　单位：mm

<table>
<tr><th colspan="2" rowspan="2">尺寸范围</th><th colspan="4">计量器具类型 (分度值)</th></tr>
<tr><th>游标卡尺 (0.02)</th><th>游标卡尺 (0.05)</th><th>外径千分尺 (0.01)</th><th>内径千分尺 (0.01)</th></tr>
<tr><th>大于</th><th>至</th><th colspan="4">测量不确定度</th></tr>
<tr><td>—</td><td>50</td><td rowspan="6">0.020</td><td rowspan="4">0.020</td><td>0.004</td><td rowspan="3">0.008</td></tr>
<tr><td>50</td><td>100</td><td>0.005</td></tr>
<tr><td>100</td><td>150</td><td>0.006</td></tr>
<tr><td>150</td><td>200</td><td>0.007</td><td rowspan="3">0.013</td></tr>
<tr><td>200</td><td>250</td><td rowspan="8">0.100</td><td>0.008</td></tr>
<tr><td>250</td><td>300</td><td>0.009</td></tr>
<tr><td>300</td><td>350</td><td rowspan="7"></td><td>0.010</td><td rowspan="3">0.020</td></tr>
<tr><td>350</td><td>400</td><td>0.011</td></tr>
<tr><td>400</td><td>450</td><td>0.012</td></tr>
<tr><td>450</td><td>500</td><td>0.013</td><td>0.025</td></tr>
<tr><td>500</td><td>600</td><td rowspan="3"></td><td rowspan="3">0.030</td></tr>
<tr><td>600</td><td>700</td></tr>
<tr><td>700</td><td>1000</td><td>0.150</td></tr>
</table>

【例 5-1】 试确定 $\phi 140\mathrm{H}9^{+0.1}_{0}$Ⓔ的验收极限，并选择相应的计量器具。

解：由表 5.1 可知，公称尺寸 $>120 \sim 180$mm、IT9 时，安全裕度 $A = 10\mu$m，计量器具不确定度允许值 $u_1 = 9\mu$m (I 挡)。

由于工件尺寸采用包容要求，应按内缩方式确定验收极限：

$$\text{上验收极限} = D_{\max} - A = (140.1 - 0.010)\,\text{mm} = 140.090\text{mm}$$
$$\text{下验收极限} = D_{\min} + A = (140 + 0.010)\,\text{mm} = 140.010\text{mm}$$

画出尺寸公差带图，如图 5.2 所示。

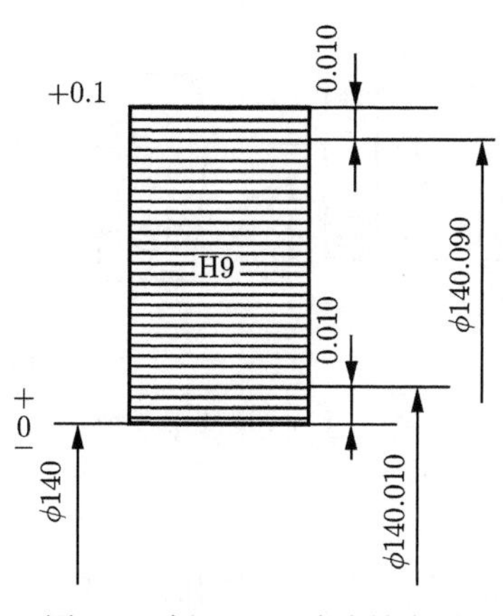

图 5.2　例 5-1 尺寸公差带图

由表 5.2 可知，在工件尺寸 $>100 \sim 150$mm 时，分度值为 0.01mm 的内径千分尺的不确定度为 0.008mm，小于计量器具不确定度允许值 $u_1 = 0.009$mm，可以满足使用要求。

5.2　光滑极限量规

5.2.1　量规的作用与种类

光滑极限量规是指被检验工件为光滑孔或光滑轴时所用的极限量规的总称，简称量规。在大批量生产时，为了提高产品质量和检验效率，常采用量规进行检验。量规结构简单、使用方便，并能保证互换性。

1. 量规的作用

量规是一种无刻度定值专用量具，用它来检验工件时，只能判断工件是否在允许的极限尺寸范围内，而不能测量出工件的实际尺寸。当图样上被测单一要素的孔和轴采用包容要求标注时，使用量规来检验，把尺寸误差和形状误差都控制在尺寸公差范围内。量规的形状与被检测工件的形状相反，检验孔用的量规称为塞规，如图 5.3(a) 所示；检验轴用的量规称为卡规 (或环规)，如图 5.3(b) 所示。孔用塞规和轴用卡规 (或环规) 均由通端量规 (通规) 和止端量规 (止规) 成对组成。

塞规的通规按被检验孔的最大实体尺寸 ($D_{\min}$) 制造，塞规的止规按被检验孔的最小实体尺寸 ($D_{\max}$) 制造。卡规的通规按被检验轴的最大实体尺寸 ($d_{\max}$) 制造，卡规的止规按被检验轴的最小实体尺寸 ($d_{\min}$) 制造。检验工件时，当通规通过被检验的孔或轴而止规不能通过时，说明被检验的孔或轴的尺寸误差和形状误差都控制在极限尺寸范围内，被检验孔或轴是合格的。

量规的通规用于控制工件的体外作用尺寸，止规用于控制工件的实际 (组成) 要素。用量规检验工件时，其合格标志是通规能通过被检验轴或孔，即表示工件的体外作用尺寸没有超出最大实体尺寸；而止规不通过，则说明该工件实际 (组成) 要素也正好没有超越最小实体尺寸。反之即为不合格。因此，用量规检验工件时，必须通规和止规成对使用，才能判断被检验孔或轴是否在规定的极限尺寸范围内。

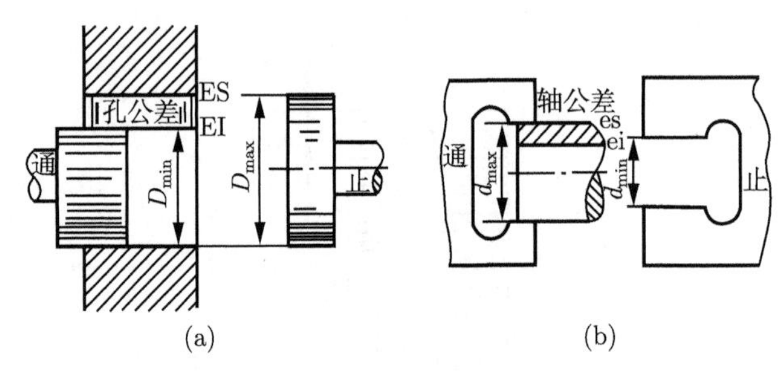

图 5.3　光滑极限量规

2. 量规的种类

量规按其用途不同分为工作量规、验收量规和校对量规三种。

1) 工作量规

工作量规是生产过程中操作者检验工件时所使用的量规。通规用代号 “T” 表示，止规用代号 “Z” 表示。

2) 验收量规

验收量规是验收工件时，检验人员或用户代表所使用的量规。验收量规一般不需要另行制造，它是从磨损较多，但未超过磨损极限的工作量规通规中挑选出来的，验收量规的止规应接近工件的最小实体尺寸。这样，操作者用工作量规检验合格的工件，当检验人员用验收量规验收时也一定合格。

3) 校对量规

校对量规是检验工作量规的量规。因为孔用量规便于用精密仪器测量，故国标未规定校对量规，国标只对轴用量规 (即卡规) 规定了校对量规。校对量规分为以下三类。

(1) 校通—通 (TT)：检验轴用量规“通规”的校对量规，作用是防止通规尺寸过小，检验时应通过被校对的量规。

(2) 校通—损 (TS)：检验轴用量规“通规”磨损极限的校对量规，作用是防止通规超出磨损极限尺寸，检验时若通过被校对的量规，说明已用到磨损极限。

(3) 校止—通 (ZT)：检验轴用量规“止规”的校对量规，作用是防止止规尺寸过小，检验时应通过被校对的量规。

5.2.2　量规设计原则及其结构

量规设计包括选择量规结构形式、确定量规结构尺寸、计算量规工作尺寸、绘制量规工作图、标注尺寸及技术要求。

设计量规应遵守泰勒原则 (极限尺寸判断原则)，用符合泰勒原则的量规检验工件时，若通规能通过并且止规不能通过，则表示工件合格；否则即为不合格。

符合泰勒原则的量规要求如下。

1) 尺寸要求

通规的公称尺寸应等于工件的最大实体尺寸；止规的公称尺寸应等于工件的最小实体尺寸。

2) 形状要求

通规用来控制工件的体外作用尺寸，它的测量面应是与孔或轴形状相对应的完整表面 (全形量规)，且测量长度等于配合长度。止规用来控制工件的实际 (组成) 要素，它的测量面应是非完整表面 (非全形量规)，且测量长度尽可能短些，止规表面与被测工件是点接触。

光滑极限量规的结构形式有很多，图 5.4 和图 5.5 分别给出了几种常用的轴用量规和孔用量规的结构形式及适用范围，供设计时选用。

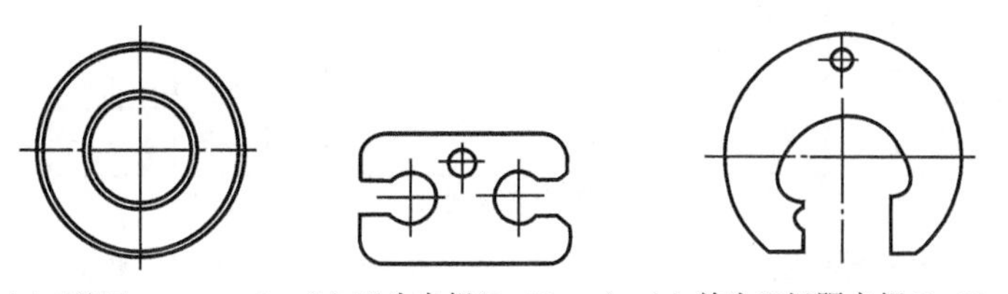

(a) 环规(1～100mm)　(b) 双头卡规(3～10mm)　(c) 单头双极限卡规(1～80mm)

图 5.4　轴用量规的结构形式及适用范围

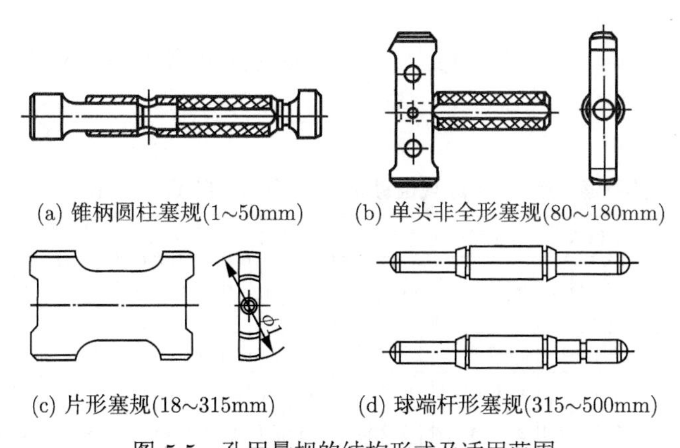

(a) 锥柄圆柱塞规(1～50mm)　(b) 单头非全形塞规(80～180mm)

(c) 片形塞规(18～315mm)　(d) 球端杆形塞规(315～500mm)

图 5.5　孔用量规的结构形式及适用范围

5.2.3　量规公差带

量规是一种制造精度比被检验工件的精度要求更高的精密检验工具，但在制造过程中也不可避免地会产生误差，因此对量规也必须规定制造公差。

由于通规在使用过程中经常通过工件而逐渐磨损，为了使通规具有一定的使用寿命，应留出适当的磨损储备量，因此对通规应规定磨损极限，即将通规公差带从最大实体尺寸向工件公差带内缩一个距离；而止规通常不通过工件，所以不需要留磨损储备量，故将止规公差带放在工件公差带内、紧靠最小实体尺寸处。校对量规也不需要留磨损储备量。

1. 工作量规公差带

国家标准规定量规的公差带不得超越工件的公差带，这样有利于防止误收，保证产品质量与互换性。工作量规“止规”的制造公差带从工件最小实体尺寸起，向工件的公差带内分布；工作量规“通规”的制造公差带对称于 Z 值，磨损极限与工件的最大实体尺寸重合。孔用和轴用工作量规的公差带分布如图 5.6 所示。T 为量规制造公差，Z 为位置要素 (即通规制造公差带中心到工件最大实体尺寸之间的距离)，T、Z 值取决于工件公差的大小。

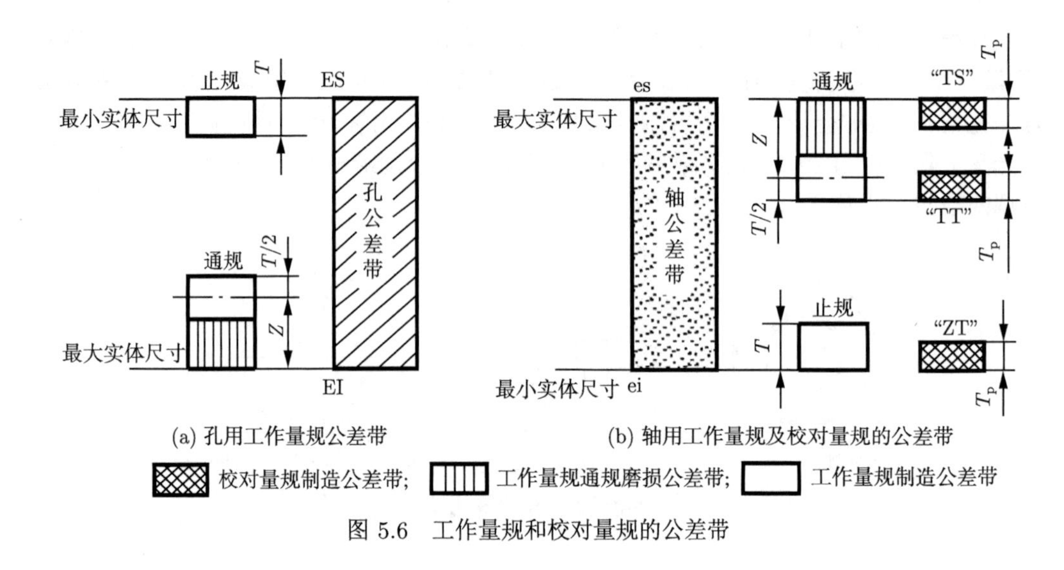

图 5.6 工作量规和校对量规的公差带

国家标准规定的 T 值和 Z 值见表 5.3。通规的磨损极限尺寸等于工件的最大实体尺寸。

表 5.3 工作量规的制造公差 T 和通规位置要素 Z 值 (摘自 GB/T 1957—2006) 单位：μm

工件公称尺寸 D, d/mm		IT6			IT7			IT8			IT9			IT10			IT11			IT12			IT13			IT14		
大于	至	IT6	T	Z	IT7	T	Z	IT8	T	Z	IT9	T	Z	IT10	T	Z	IT11	T	Z	IT12	T	Z	IT13	T	Z	IT14	T	Z
0	3	6	1	1	10	1.2	1.6	14	1.6	2	25	2	3	40	2.4	4	60	3	6	100	4	9	140	6	14	250	9	20
3	6	8	1.2	1.4	12	1.4	2	18	2	2.6	30	2.4	4	48	3	5	75	4	8	120	5	11	180	7	16	300	11	25
6	10	9	1.4	1.6	15	1.8	2.4	22	2.4	3.2	36	2.8	5	58	3.6	6	90	5	9	150	6	13	220	8	20	360	13	30
10	18	11	1.6	2	18	2	2.8	27	2.8	4	43	3.4	6	70	4	8	110	6	11	180	7	15	270	10	24	430	15	35
18	30	13	2	2.4	21	2.4	3.4	33	3.4	5	52	4	7	84	5	9	130	7	13	210	8	18	330	12	28	520	18	40
30	50	16	2.4	2.8	25	3	4	39	4	6	62	5	8	100	6	11	160	8	16	250	10	22	390	14	34	620	22	50
50	80	19	2.8	3.4	30	3.6	4.6	46	4.6	7	74	6	9	120	7	13	190	9	19	300	12	26	460	16	40	740	26	60
80	120	22	3.2	3.8	35	4.2	5.4	54	5.4	8	87	7	10	140	8	15	220	10	22	350	14	30	540	20	46	870	30	70
120	180	25	3.8	4.4	40	4.8	6	63	6	9	100	8	12	160	9	18	250	12	25	400	16	35	630	22	52	1000	35	80
180	250	29	4.4	5	46	5.4	7	72	7	10	115	9	14	185	10	20	290	14	29	460	18	40	720	26	60	1150	40	90
250	315	32	4.8	5.6	52	6	8	81	8	11	130	10	16	210	12	22	320	16	32	520	20	45	810	28	66	1300	45	100
315	400	36	5.4	6.2	57	7	9	89	9	12	140	11	18	230	14	25	360	18	36	570	22	50	890	32	74	1400	50	110
400	500	40	6	7	63	8	10	97	10	14	155	12	20	250	16	28	400	20	40	630	24	55	970	36	80	1550	55	120

2. 校对量规公差带

如前所述，只有轴用量规才有校对量规，其公差带如图 5.6 所示。校对量规的尺寸公差为被校对轴用量规制造公差的 50%，校对量规的形状公差应控制在其尺寸公差带内。校通—通塞规 TT 公差带从通规的下极限偏差起向轴用量规通规公差带内分布；校通—损塞规 TS 公差带从通规的磨损极限起向轴用量规通规公差带内分布；校止—通塞规 ZT 公差带从止规的下极限偏差起向轴用量规止规公差带内分布。由于校对量规精度高，制造困难，因此在实际生产中通常用量块或计量器具代替校对量规。

5.2.4　量规的技术要求

1. 量规材料

量规测量面的材料通常用合金工具钢 (如 CrMn、CrMnW、CrMoV)、碳素工具钢 (如 T10A、T12A)、渗碳钢 (如 15 钢、20 钢) 及其他耐磨材料 (如硬质合金) 等制造。测量面硬度为 58 ~ 65HRC，并应经过稳定性处理。

2. 几何公差

国家标准规定量规工作部位的几何公差应控制在尺寸公差的 50% 内。考虑到制造和测量的困难，当量规的尺寸公差小于 0.002mm 时，其几何公差仍取 0.001mm。国家标准规定工作量规的的几何误差应在工作量规的制造公差范围内，其公差为量规制造公差的 50%。校对量规的制造公差为被校对的轴用量规制造公差的 50%，其形状公差应在校对量规的制造公差范围内。工作量规公差带位于工件极限尺寸范围内，校对量规公差带位于被校对量规的公差带内，从而保证了工件符合国家标准要求，但缩小了工件制造公差。

3. 表面粗糙度

量规测量面不应有锈迹、毛刺、黑斑、划痕等明显影响外观和使用质量的缺陷。量规测量面的表面粗糙度 Ra 值见表 5.4。

5.2.5　量规工作尺寸的计算

(1) 从国家标准中查出孔与轴的尺寸极限偏差；

(2) 由表 5.3 查出工作量规的制造公差 T 和位置要素 Z 值，按工作量规的制造公差 T，确定工作量规的形状公差和校对量规的制造公差；

(3) 计算各种量规的工作尺寸或极限偏差；

(4) 画出工件和量规的公差带图。

表 5.4　量规工作面的表面粗糙度 *Ra* 值 (摘自 GB/T 1957—2006)　　单位：mm

<table>
<tr><th rowspan="3">工作量规</th><th colspan="3">工作量规的公称尺寸/mm</th></tr>
<tr><th>≤ 120</th><th>> 120 ~ 315</th><th>> 315 ~ 500</th></tr>
<tr><th colspan="3">Ra</th></tr>
<tr><td>IT6 级孔用量规</td><td>0.05</td><td>0.10</td><td>0.20</td></tr>
<tr><td>IT6~IT9 级轴用量规</td><td rowspan="2">0.10</td><td rowspan="2">0.20</td><td rowspan="2">0.40</td></tr>
<tr><td>IT7~IT9 级孔用量规</td></tr>
<tr><td>IT10~IT12 级孔、轴用量规</td><td>0.20</td><td>0.40</td><td>0.80</td></tr>
<tr><td>IT13~IT16 级孔、轴用量规</td><td>0.40</td><td>0.80</td><td>0.80</td></tr>
</table>

【例 5-2】设计检验 $\phi30\text{H8}$ 孔用工作量规。

解：(1) 查表 2.1 得 $\phi30\text{H8}$ 孔的极限偏差为：$\text{ES} = +0.033\text{mm}$，$\text{EI} = 0$。

(2) 由表 5.3 查出工作量规塞规的制造公差 T 和位置要素 Z 值。

$$T = 0.0034\text{mm},\quad Z = 0.005\text{mm},\quad T/2 = 0.0017\text{mm}$$

(3) 画出工件和量规的公差带图，如图 5.7 所示。

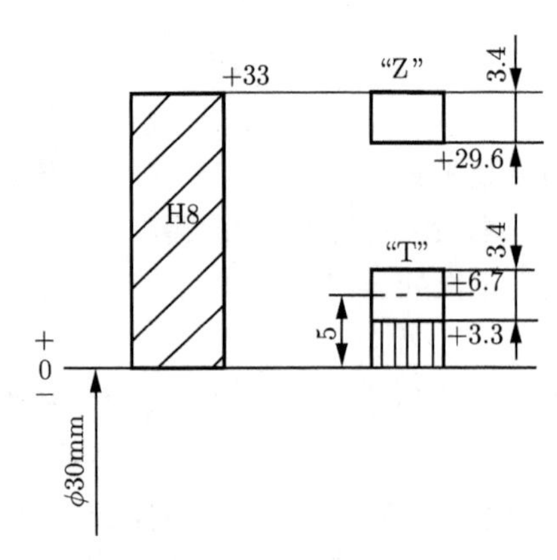

图 5.7 $\phi30\text{H8}$ 孔用工作量规公差带图

(4) 计算量规的极限偏差。

通规 (T)：

$$\text{上极限偏差} = \text{EI} + Z + T/2 = (0 + 0.005 + 0.0017)\text{mm} = +0.0067\text{mm}$$
$$\text{下极限偏差} = \text{EI} + Z - T/2 = (0 + 0.005 - 0.0017)\text{mm} = +0.0033\text{mm}$$
$$\text{磨损极限偏差} = \text{EI} = 0$$

止规 (Z)：

$$\text{上极限偏差} = \text{ES} = +0.0330\text{mm}$$

$$\text{下极限偏差} = \text{ES} - T = (+0.033 - 0.0034)\text{mm} = +0.0296\text{mm}$$

(5) 计算量规的极限尺寸和磨损极限尺寸。

通规 (T)：

$$\text{上极限尺寸} = (30 + 0.0067)\text{mm} = 30.0067\text{mm}$$

$$\text{下极限尺寸} = (30 + 0.0033)\text{mm} = 30.0033\text{mm}$$

$$\text{磨损极限尺寸} = 30\text{mm}$$

所以塞规的通规尺寸为 $\phi30^{+0.0067}_{+0.0033}\text{mm}$，一般在图样上按工艺尺寸标注为 $\phi30.0067^{\ \ 0}_{-0.0034}$ 。

止规 (Z)：

$$上极限尺寸 = (30 + 0.0330)\text{mm} = 30.0330\text{mm}$$

$$下极限尺寸 = (30 + 0.0296)\text{mm} = 30.0296\text{mm}$$

所以塞规的止规尺寸为 $\phi 30^{+0.0330}_{+0.0296}$mm，同理按工艺尺寸标注为 $\phi 30.033^{\ 0}_{-0.0034}$　。

(6) 塞规工作图如图 5.8 所示。

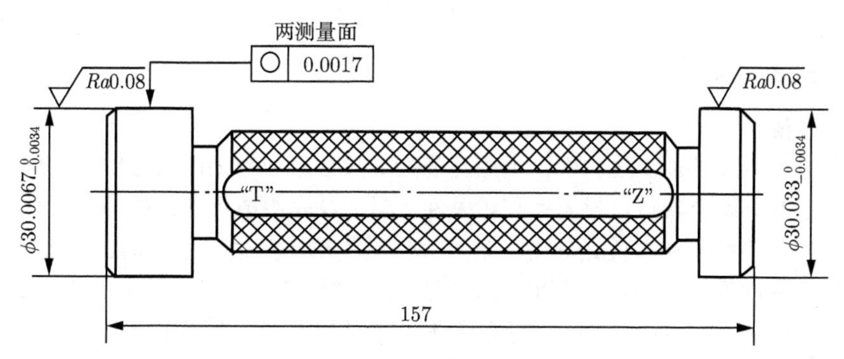

图 5.8　检验 ϕ30H8 孔用锥柄双头塞规工作图

习　题　5

5-1　已知某轴 ϕ50f8 $\left(^{-0.025}_{-0.064}\text{mm}\right)$ Ⓔ 的实测轴径为 ϕ49.966mm，轴线直线度误差为 ϕ0.01mm，试判断该零件的合格性。采用什么测量器具检验其合格性较方便?

5-2　已知某孔 ϕ50H8Ⓔ的实测直径为 ϕ50.01mm，轴线直线度误差为 ϕ0.015mm，试判断该零件的合格性。用什么测量器具检验其合格性较方便?

5-3　用立式光学比较仪测得 ϕ32D11 mm 塞规直径为：通规 ϕ 32.1mm，止规 ϕ 32.242 mm，试判断该塞规是否合格。(该测量仪器的分度值为 0.001mm。)

5-4　用立式光学比较仪测得 ϕ32d11mm 卡规直径为：通规 ϕ 31.890mm，止规 ϕ 31.755 mm，试判断该卡规是否合格。用该卡规检验工件会产生什么结果?(该测量仪器的分度值为 0.001 mm，IT11 = 0.16mm，卡规公差 T = 0.008mm, Z = 0.016mm。)

5-5　已知某被测零件的尺寸为 ϕ80H9，试选择合适的测量器具，并确定其验收极限。

5-6　根据国家检验标准确定 ϕ280D10 的验收极限，并选择合适的测量器具。

5-7　工件尺寸为 ϕ40h9，试确定:

(1) 测量器具的测量不确定度允许值 u_1；　(2) 测量器具；　(3) 验收极限。

5-8　工件尺寸为 ϕ38f8，今采用分度值为 0.01mm 的外径千分尺测量，确定验收极限。

第 6 章　尺寸链基础

6.1　基 本 概 念

6.1.1　相关术语定义

1. 尺寸链

在机器装配或零件加工过程中，由相互连接的尺寸形成封闭的尺寸组，该尺寸组称为尺寸链。尺寸链具有两个特点：封闭性和相关性。封闭性是组成尺寸链的各个尺寸应按一定顺序构成一个封闭系统。相关性是其中一个尺寸变动将影响其他尺寸变动。如图 6.1(a) 所示，零件经过加工依次得尺寸 A_1、A_2 和 A_3，则尺寸 A_0 也就随之确定。A_0、A_1、A_2 和 A_3 形成尺寸链，如图 6.1(b) 所示，A_0 尺寸在零件图上是根据加工顺序来确定，在零件图上是不标注的。

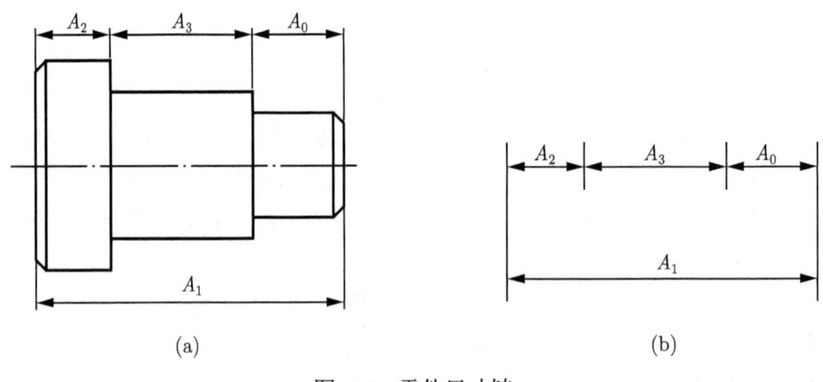

图 6.1　零件尺寸链

如图 6.2(a) 所示，车床主轴轴线与尾架顶尖轴线之间的高度差 A_0、尾架顶尖轴线高度 A_1、尾架底座高度 A_2 和主轴轴线高度 A_3 等设计尺寸相互连接成封闭的尺寸组，形成尺寸链，如图 6.2(b) 所示。

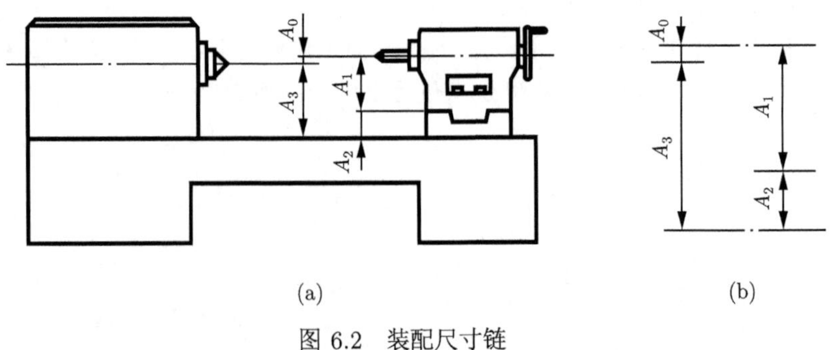

图 6.2　装配尺寸链

2. 环

尺寸链中的每一个尺寸，都称为环。如图 6.1 和图 6.2 中的 A_0、A_1、A_2 和 A_3，都是环。

(1) 封闭环：尺寸链中在装配过程或加工过程最后自然形成的一环称为封闭环，它也是确保机器装配精度要求或零件加工质量的一环，封闭环加下角标 “0” 表示。任何一个尺寸链中，只有一个封闭环。如图 6.1 和图 6.2 所示的 A_0 都是封闭环。

(2) 组成环：尺寸链中除封闭环以外的其他各环都称为组成环，如图 6.1 和图 6.2 中的 A_1、A_2 和 A_3。组成环用拉丁字母 A、B、$C\cdots$ 或希腊字母 α、β、γ 等再加下角标 “i” 表示，序号 $i=1,2,3,\cdots,m$。同一尺寸链的各组成环一般用同一字母表示。

组成环按其对封闭环影响的不同，又分为增环与减环。

① 增环：当尺寸链中其他组成环不变时，某一组成环增大，封闭环也随之增大，则该组成环称为增环。如图 6.1 中，若 A_1 增大，A_0 将随之增大，所以 A_1 为增环。

② 减环：当尺寸链中其他组成环不变时，某一组成环增大，封闭环反而随之减小，则该组成环称为减环。如图 6.1 中，若 A_2 和 A_3 增大，A_0 将随之减小，所以 A_2 和 A_3 为减环。

有时增减环的判别不是很容易，如图 6.3 所示的尺寸链，当 A_0 为封闭环时，增、减环的判别就较困难，这时可用回路法进行判别。方法是从封闭环 A_0 开始顺着一定的路线标箭头，凡是箭头方向与封闭环的箭头方向相反的环，便是增环，箭头方向与封闭环的箭头方向相同的环，便为减环。如图 6.3 所示，A_1、A_3、A_5 和 A_7 为增环，A_2、A_4、A_6 为减环。

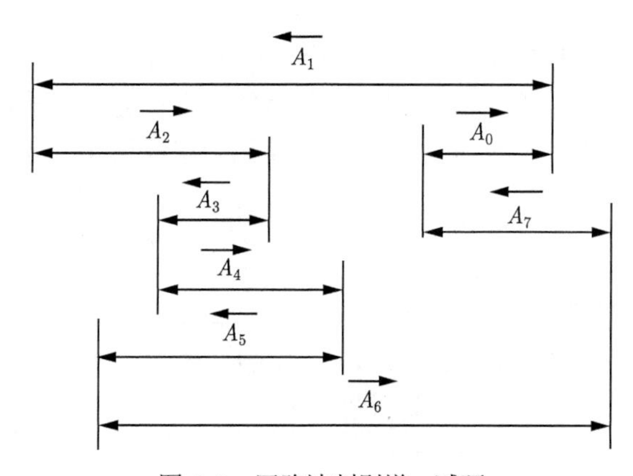

图 6.3　回路法判别增、减环

3. 传递系数 ξ

各组成环对封闭环影响大小的系数，称为传递系数。

尺寸链中封闭环与组成环之间表现为函数关系，即

$$A_0=f(A_1,\ A_2,\ \cdots,\ A_m) \tag{6-1}$$

式中，A_0 为封闭环；A_1，A_2，$\cdots$，A_m 为组成环。

若第 i 个组成环的传递系数为 ξ_i，则有

$$\xi_i=\frac{\partial f}{\partial A_i}\quad (1\leqslant i\leqslant m) \tag{6-2}$$

一般对于直线尺寸链 $|\xi_i| = 1$，且对于增环 ξ_i 为正值；对于减环 ξ_i 为负值。如图 6.1 中的尺寸链 ($\xi_1 = 1$，$\xi_2 = \xi_3 = -1$)，按式 (6-2) 计算可得

$$A_0 = A_1 - (A_2 + A_3) \tag{6-3}$$

6.1.2 尺寸链的类型

1. 按在不同生产过程中的应用情况进行分类

(1) 装配尺寸链：在机器设计或装配过程中，由一些相关零件形成有联系的封闭的尺寸组，称为装配尺寸链，如图 6.2 所示。

(2) 零件尺寸链：同一零件上由各个设计尺寸构成相互有联系的封闭的尺寸组，称为零件尺寸链，如图 6.1 所示。设计尺寸是指图样上标注的尺寸。

(3) 工艺尺寸链：在机械加工过程中，同一零件上由各个工艺尺寸构成相互有联系的封闭的尺寸组，称为工艺尺寸链。工艺尺寸是指工序尺寸、定位尺寸、基准尺寸。

装配尺寸链与零件尺寸链统称为设计尺寸链。

2. 按组成尺寸链各环在空间所处的形态进行分类

(1) 直线尺寸链：全部环都位于两条或几条平行的直线上，称为直线尺寸链。如图 6.1～图 6.3 所示的尺寸链。

(2) 平面尺寸链：全部环都位于一个或几个平行的平面上，但其中某些组成环不平行于封闭环，这类尺寸链称为平面尺寸链。图 6.4 即为平面尺寸链。将平面尺寸链中各有关组成环按平行于封闭环方向投影，就可将平面尺寸链简化为直线尺寸链来计算。

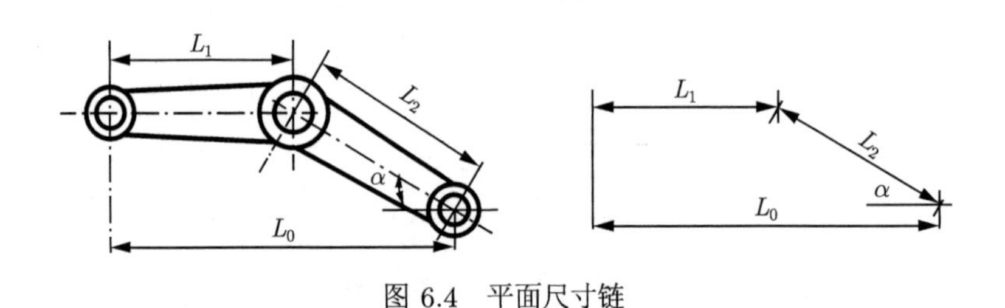

图 6.4 平面尺寸链

(3) 空间尺寸链：全部环位于空间不平行的平面上，称为空间尺寸链。对于空间尺寸链，一般按三维坐标分解，化成平面尺寸链或直线尺寸链，然后根据需要，在某特定平面上求解。

3. 按构成尺寸链各环的几何特征进行分类

(1) 长度尺寸链：表示零件两要素之间距离的称为长度尺寸，由长度尺寸构成的尺寸链，称为长度尺寸链，如图 6.1、图 6.2 所示的尺寸链，其各环位于平行线上。

(2) 角度尺寸链：表示两要素之间位置的称为角度尺寸，由角度尺寸构成的尺寸链，称为角度尺寸链。其各环尺寸为角度量，或平行度、垂直度等。图 6.5 为由各角度所组成的封闭多边形，这时 α_1、α_2、α_3 及 α_0 构成一个角度尺寸链。

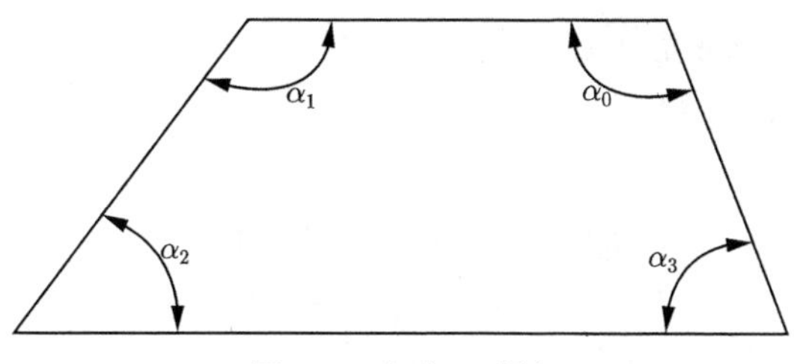

图 6.5　角度尺寸链

6.2　完全互换法计算直线尺寸链

完全互换法又称为极值法，它是按各环的极限值进行尺寸链计算的方法。这种方法的特点是从保证完全互换的角度出发，由各组成环的极限尺寸计算封闭环的极限尺寸，从而求得封闭环的公差。按完全互换法计算出来的尺寸加工各组成环，进行装配时各组成环不需挑选或辅助加工，装配后即能满足封闭环的公差要求，即可实现完全互换。

6.2.1　完全互换法解尺寸链的基本公式

1. 封闭环的公称尺寸 A_0

A_0 等于所有增环的公称尺寸之和减去所有减环的公称尺寸之和，用公式表示为

$$A_0 = \sum_{i=1}^{n} \overrightarrow{A}_i - \sum_{j=n+1}^{m} \overleftarrow{A}_j \tag{6-4}$$

式中，n 为增环环数；m 为全部组成环数。

2. 封闭环的上极限尺寸 $A_{0\max}$

$A_{0\max}$ 等于所有增环的上极限尺寸之和减去所有减环的下极限尺寸之和，用公式表示为

$$A_{0\max} = \sum_{i=1}^{n} \overrightarrow{A}_{i\max} - \sum_{j=n+1}^{m} \overleftarrow{A}_{j\min} \tag{6-5}$$

3. 封闭环的下极限尺寸 $A_{0\min}$

$A_{0\min}$ 等于所有增环的下极限尺寸之和减去所有减环的上极限尺寸之和，用公式表示为

$$A_{0\min} = \sum_{i=1}^{n} \overrightarrow{A}_{i\min} - \sum_{j=n+1}^{m} \overleftarrow{A}_{j\max} \tag{6-6}$$

4. 封闭环的上极限偏差 ES_0

由式 (6-5) 减去式 (6-4) 得

$$\mathrm{ES}_0 = \sum_{i=1}^{n} \overrightarrow{\mathrm{ES}}_i - \sum_{j=n+1}^{m} \overleftarrow{\mathrm{EI}}_j \tag{6-7}$$

即封闭环的上极限偏差等于所有增环的上极限偏差之和减去所有减环的下极限偏差之和。

5. 封闭环的下极限偏差 EI_0

由式 (6-6) 减去式 (6-4) 得

$$\mathrm{EI}_0=\sum_{i=1}^{n}\overrightarrow{\mathrm{EI}}_i-\sum_{j=n+1}^{m}\overleftarrow{\mathrm{ES}}_j \tag{6-8}$$

即封闭环的下极限偏差等于所有增环的下极限偏差之和减去所有减环的上极限偏差之和。

6. 封闭环公差 T_0

由式 (6-7) 减去式 (6-8) 得

$$T_0=\sum_{i=1}^{m}T_i \tag{6-9}$$

即封闭环公差等于所有组成环公差之和。由式 (6-9) 看出：

(1) $T_0>T_i$，即封闭环公差最大，精度最低。因此在零件尺寸链中应尽可能选取最不重要的尺寸作为封闭环。在装配尺寸链中，封闭环往往是装配后应达到的要求，不能随意选定；

(2) T_0 一定时，组成环数越多，则各组成环公差必然越小，经济性越差。因此，设计中应遵守“最短尺寸链”原则，即使组成环数尽可能少。

6.2.2 精度设计校核计算

已知各组成环的公称尺寸和极限偏差，求封闭环的公称尺寸和极限偏差，以校核几何精度设计的正确性。

【例 6-1】 图 6.6(a) 为某一齿轮和轴的部件装配图。为了便于弹性挡圈 3 的装拆，而又不至于使齿轮 2 在轴 1 上有过大的轴向游动，要求装配间隙 A_0 在 0.1~0.5mm 内。设计时初步确定有关尺寸和极限偏差为：$A_1=40^{+0.16}_{0}$mm、$A_2=38^{\ 0}_{-0.15}$mm、$A_3=2^{-0.10}_{-0.18}$mm，试验算这些尺寸设计是否正确。

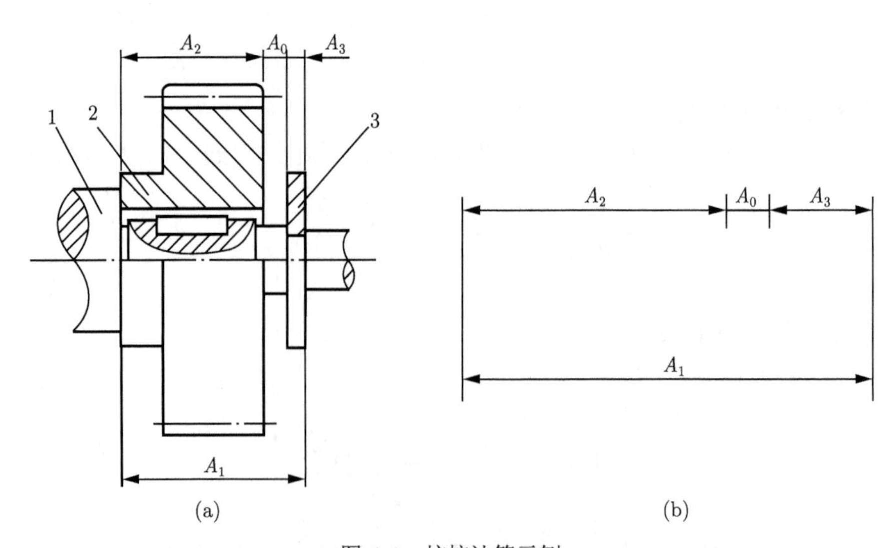

图 6.6 校核计算示例

解：(1) 确定封闭环。由题意可知，间隙 A_0 是装配后得到的，故为封闭环。

(2) 画尺寸链图。确定组成环，并画出尺寸链图，如图 6.6(b) 所示。

(3) 确定增、减环。根据定义可知 A_1 为增环，A_2 与 A_3 为减环。

(4) 计算封闭环的公称尺寸和极限偏差。

由式 (6-4) 得 A_0 的公称尺寸为

$$A_0 = A_1 - (A_2 + A_3) = 40\text{mm} - (38 + 2)\text{mm} = 0\text{mm}$$

由式 (6-7)、式 (6-8) 得

A_0 的上极限偏差：$\text{ES}_{A_0} = +0.16\text{mm} - [-0.15\text{mm} + (-0.18\text{mm})] = +0.49\text{mm}$

A_0 的下极限偏差：$\text{EI}_{A_0} = 0 - [0 + (-0.10\text{mm})] = +0.10\text{mm}$

从计算结果可以看出，由于封闭环的尺寸在 0.1~0.49mm 内，能满足装配间隙的要求，因此，设计时初步确定的各有关尺寸是正确的。

6.2.3　公差分配设计计算

已知封闭环的公称尺寸和极限偏差，求各组成环的公称尺寸和极限偏差，即合理分配各组成环公差问题。各组成环公差的分配确定可用两种方法，即等公差法和等公差等级法。

1. 等公差法

等公差法是假设各组成环的公差值是相等的，按照已知的封闭环公差 T_0 和组成环环数 m，计算各组成环的平均公差 T，即

$$T = \frac{T_0}{m} \tag{6-10}$$

在此基础上，根据各组成环的尺寸大小、加工的难易程度对各组成环公差进行适当调整，并满足组成环公差之和等于封闭环公差的关系。

【例 6-2】如图 6.7(a) 所示的齿轮机构尺寸链，已知各组成环的公称尺寸分别为 $L_1 = 35\text{mm}$，$L_2 = 14\text{mm}$，$L_3 = 49\text{mm}$。要求装配后齿轮右端的间隙为 0.10~0.35mm。试用完全互换法的等公差法计算尺寸链，确定各组成环的极限偏差。

解：(1) 由于间隙 L_0 是装配后得到的，故为封闭环；尺寸链图如图 6.7(b) 所示，其中 L_3 为增环，L_1 和 L_2 为减环。

(2) 计算封闭环公称尺寸及公差。$L_0 = L_3 - (L_1 + L_2) = 0$，故封闭环的尺寸为 $0^{+0.35}_{+0.10}\text{mm}$，其公差 $T_0 = 0.35\text{mm} - 0.10\text{mm} = 0.25\text{mm}$。

(3) 计算各组成环的公差。按式 (6-10) 计算各组成环的平均公差：

$$T = T_0/3 = 0.25/3 = 0.083\ (\text{mm})$$

考虑到各组成环的公称尺寸及加工工艺各不相同，故各组成环的公差应在平均公差数值的基础上进行适当调整。因为尺寸 L_1 和 L_3 在同一尺寸分段内，平均公差数值接近 IT10 级，所以，根据标准公差表可取

$$T_1 = T_3 = 0.10 \quad (\text{IT10})$$

由式 (6-9) 得

$$T_2 = T_0 - T_1 - T_3 = 0.25 - 0.10 - 0.10 = 0.05 \quad (\text{接近 IT9})$$

(4) 确定各组成环的极限偏差。尺寸链中的各组成环的极限偏差按入体原则配置，即对于内尺寸按 H 配置，对于外尺寸按 h 配置；一般长度尺寸的极限偏差按偏差对称原则，即按 JS(js) 配置。即 $L_1 = 35_{-0.10}^{\ 0}$(35h10)，$L_3 = 49 \pm 0.05$(49JS10)，留 L_2 为调整环。

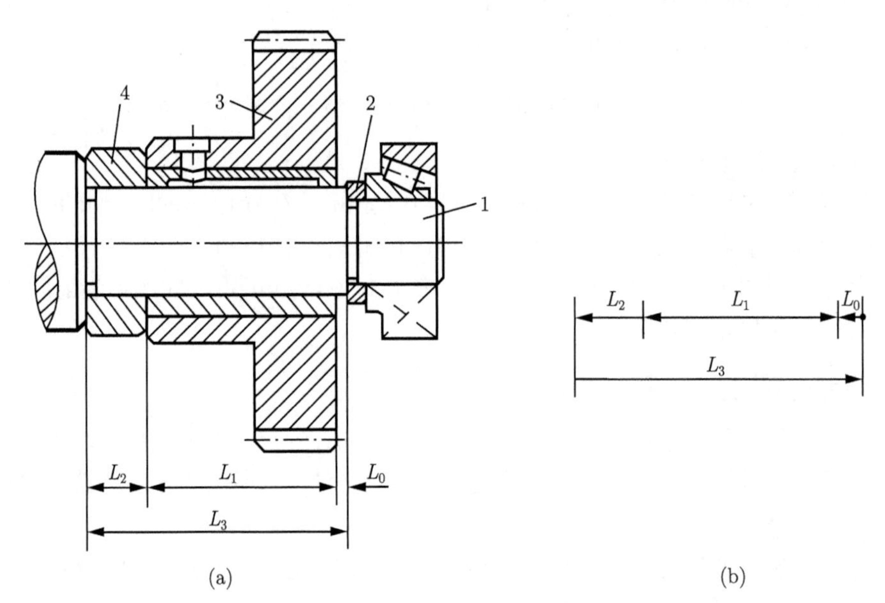

图 6.7 齿轮机构及其尺寸链

1-轴；2-挡圈；3-齿轮；4-轴套

根据式 (6-7) 有

$$+0.35 = +0.05 - (-0.10 + \mathrm{EI}_2)$$

解得

$$\mathrm{EI}_2 = -0.20 \text{ mm}$$

因为 $T_2 = 0.05$，所以 $L_2 = 14_{-0.20}^{-0.15}$。

如果要求将组成环 L_2 的公差带标准化，可以选用 14b9，即

$$L_2 = 14_{-0.193}^{-0.150} \quad (14\text{b}9)$$

(5) 按式 (6-5)、式 (6-6) 核算封闭环的极限尺寸，有

$$L_{0\max} = 49.05 - (34.9 + 13.807) = 0.343 \text{ (mm)}$$
$$L_{0\min} = 48.95 - (35 + 13.85) = 0.1 \text{ (mm)}$$

由此可见，该设计能够满足设计要求。

最后结果为

$L_1 = 35_{-0.10}^{\ 0}$mm，　$L_2 = 14_{-0.193}^{-0.150}$mm，　$L_3 = 49 \pm 0.05$mm，　$L_0 = 0_{+0.10}^{+0.35}$mm

2. 等公差等级法

实际工作中，各组成环的公称尺寸一般相差较大，而按等公差法分配公差，从加工工艺上讲是不合理的。为此，可采用等精度法，又称为等公差等级法。等公差等级法是假设各组成环的公差等级是相等的。当尺寸 $\leqslant$ 500mm，公差等级在 IT5~IT18 内时，公差值的计算公式为：$\mathrm{IT}=ai$ (见第 2 章所述)，按照已知的封闭环公差 T_0 和各组成环的公差因子 i_i，计算各组成环的平均公差等级系数 a，即

$$a=\frac{T_0}{\sum i_i} \tag{6-11}$$

为方便计算，各尺寸分段的 i 值列于表 6.1 中。

表 6.1　尺寸≤500mm 各尺寸分段的公差因子值

分段尺寸	≤3	>3 ~6	>6 ~10	>10 ~18	>18 ~30	>30 ~50	>50 ~80	>80 ~120	>120 ~180	>180 ~250	>250 ~315	>315 ~400	>400 ~500
i/μm	0.54	0.73	0.90	1.08	1.31	1.56	1.86	2.17	2.52	2.90	3.23	3.54	3.89

求出 a 值后，将其与标准公差的计算公式表 2.2 相比较，得出最接近的公差等级后，可按该等级查标准公差表 2.1，求出组成环的公差值。各组成环的极限偏差确定方法是先留一个组成环作为调整环，其余各组成环的极限偏差按入体原则确定，即包容尺寸的基本偏差为 H，被包容尺寸的基本偏差为 h，一般长度尺寸用 js，从而进一步确定各组成环的极限偏差。进行公差设计计算时，最后必须进行校核，各组成环的公差应满足组成环公差之和等于封闭环公差的关系。

【例 6-3】一对开式齿轮箱如图 6.8(a) 所示，根据使用要求，间隙 A_0 在 1~1.75mm 内，已知各零件的公称尺寸为 $A_1=101$mm，$A_2=50$mm，$A_3=A_5=5$mm，$A_4=140$mm，求各环的尺寸偏差。

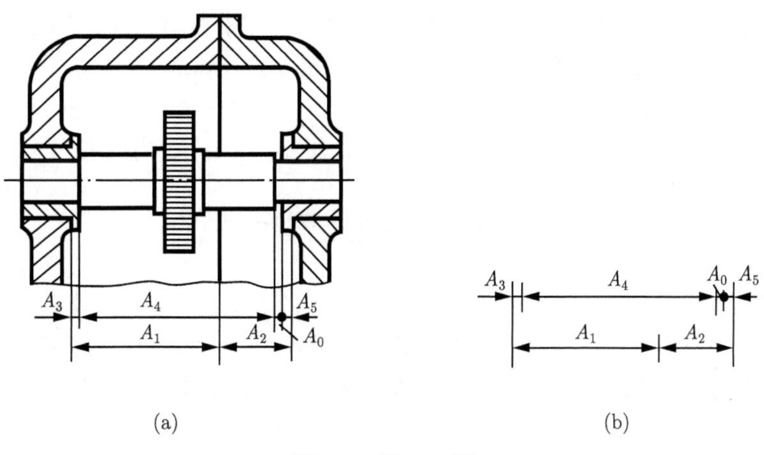

图 6.8　例 6-3 图

解：(1) 画尺寸链图，如图 6.8(b) 所示。

(2) A_1、A_2 为增环，A_3、A_4、A_5 为减环，间隙 A_0 是在装配后形成的，为封闭环。

$$\begin{aligned}A_0 &= A_1 + A_2 - (A_3 + A_4 + A_5)\\ &= 101 + 50 - (5 + 140 + 5) = 1(\text{mm})\end{aligned}$$

封闭环公差 $T_0 = 1.75 - 1 = 0.75(\text{mm})$。

则 A_0 的公称尺寸为 1mm，上、下极限偏差分别为 +0.75、0mm。

(3) 封闭环公差为各组成环公差之和。求各环公差时，可采用等精度法，先初步估算公差值，然后根据实际情况合理确定各环公差值。

因为

$$T_0 = a\sum\left(0.45\sqrt[3]{A_i} + 0.001A_i\right)$$

式中，A_i 为各组成环尺寸；a 为平均公差等级系数。

$$\begin{aligned}a &= T_0/\sum(0.45\sqrt[3]{A_i} + 0.001A_i) = T_0/\sum i_i\\ &= 750/(2.2 + 1.7 + 0.77 + 2.47 + 0.77) = 94.8\end{aligned}$$

根据标准公差计算公式，$a = 94.8$ 相当于 IT11 级。

由标准公差表 2.1 可知：

$$T_1 = 0.22\text{mm},\quad T_2 = 0.16\text{mm},\quad T_3 = T_5 = 0.075\text{mm}$$

则

$$T_4 = T_0 - (T_1 + T_2 + T_3 + T_5) = 0.75 - 0.53 = 0.22(\text{mm})$$

查表知：可取 $T_4 = 0.16\text{mm}$ (IT10)。

故 A_1 的公称尺寸为 101mm，上、下极限偏差分别为 +0.22mm、0mm；A_2 的公称尺寸为 50mm，上、下极限偏差分别为 +0.16mm、0mm；A_3 和 A_5 的公称尺寸为 5mm，上、下极限偏差分别为 0mm、−0.075mm；A_4 的公称尺寸为 140mm，上、下极限偏差分别为 0mm、−0.16mm。

验算 $\text{ES}_0 = 0.69\text{mm}$，$\text{EI}_0 = 0\text{mm}$，满足 A_0 在 1~1.75mm 内的要求。

6.3 大数互换法解尺寸链

极值法是按尺寸链中各环的极限尺寸来计算公差的。但是，由生产实践可知，在成批生产和大量生产中，零件实际 (组成) 要素的分布是随机的，多数情况下可考虑成正态分布概率或偏态分布概率。换句话说，当加工或工艺调整中心接近公差带中心时，大多数零件的尺寸分布于公差带中心附近，靠近极限尺寸的零件数目极少。因此，可利用这一规律，将组成环公差放大，这样不但使零件易于加工，又能满足封闭环的技术要求，从而获得更大的经济效益。当然，此时封闭环超出技术要求的情况是存在的，但其概率很小。这种方法称为概率法，又称大数互换法。

6.3.1　大数互换法解尺寸链的基本公式

1. 封闭环公差

由于在大批量生产中，封闭环 A_0 的变化和组成环 A_i 的变化都可视为随机变量，且 A_0 是 A_i 的函数，则按随机函数的标准偏差的求法，得

$$\sigma_0 = \sqrt{\sum_{i=1}^{m} \xi_i^2 \sigma_i^2} \tag{6-12}$$

式中，σ_0，σ_1，$\cdots$，σ_m 为封闭环和各组成环的标准偏差；ξ_1，ξ_2，$\cdots$，ξ_m 为传递系数。

若组成环和封闭环尺寸偏差均服从正态分布，且分布范围与公差带宽度一致，且 $T_i = 6\sigma_i$，则封闭环的公差与组成环公差有如下关系：

$$T_0 = \sqrt{\sum_{i=1}^{m} \xi_i^2 T_i^2} \tag{6-13}$$

如果考虑到各组成环的分布不为正态分布，式中应引入相对分布系数 K_i，对不同的分布，K_i 值的大小可由表 6.2 中查出，则

$$T_0 = \sqrt{\sum_{i=1}^{m} \xi_i^2 K_i^2 T_i^2} \tag{6-14}$$

2. 封闭环中间偏差

上极限偏差与下极限偏差的平均值为中间偏差，用 $\varDelta$ 表示，即

$$\varDelta = \frac{\mathrm{ES} + \mathrm{EI}}{2} \tag{6-15}$$

当各组成环为对称分布时，封闭环中间偏差为各组成环中间偏差的代数和，即

$$\varDelta_0 = \sum_{i=1}^{m} \xi_i \varDelta_i \tag{6-16}$$

当组成环为偏态分布或其他不对称分布时，平均偏差相对中间偏差的偏移量为 $e\dfrac{T}{2}$，e 称为相对不对称系数 (对称分布 $e = 0$，见表 6.2)，这时式 (6-16) 应改为

$$\varDelta_0 = \sum_{i=1}^{m} \xi_i \left(\varDelta_i + e_i \frac{T_i}{2} \right) \tag{6-17}$$

表 6.2　典型分布曲线与 K、e 值

分布特征	正态分布	三角分布	均匀分布	瑞利分布	偏态分布	
					外尺寸	内尺寸
e	0	0	0	−0.28	0.26	−0.26
K	1	1.22	1.73	1.14	1.17	1.17

3. 封闭环极限偏差

封闭环上极限偏差等于中间偏差加 1/2 封闭环公差，下极限偏差等于中间偏差减 1/2 封闭环公差，即

$$\begin{cases} \mathrm{ES}_0 = \varDelta_0 + \dfrac{1}{2}T_0 \\ \mathrm{EI}_0 = \varDelta_0 - \dfrac{1}{2}T_0 \end{cases} \tag{6-18}$$

6.3.2 用大数互换法解尺寸链的实例

【例 6-4】 用大数互换法解例 6-3。

解： 步骤 (1) 和 (2) 同例 6-3。

(3) 确定各组成环公差。

设各组成环尺寸偏差均接近正态分布，则 $K_i = 1$，又因该尺寸链为直线尺寸链，故 $|\xi_1| = 1$。按等公差等级法，由式 (6-14) 有

$$T_0 = \sqrt{T_1^2 + T_2^2 + T_3^2 + T_4^2 + T_5^2} = a\sqrt{i_1^2 + i_2^2 + i_3^2 + i_4^2 + i_5^2} = 0.75\text{mm}$$

所以

$$a = \frac{T_0}{\sqrt{i_1^2 + i_2^2 + i_3^2 + i_4^2 + i_5^2}} = \frac{750}{\sqrt{2.2^2 + 0.77^2 + 2.48^2 + 1.7^2 + 0.77^2}} \approx 193.22$$

由标准公差计算公式表查得，接近 IT12 级。根据各组成环的公称尺寸，从标准公差表查得各组成环的公差为 $T_4 = 400\mu\text{m}$，$T_3 = T_5 = 120\mu\text{m}$，$T_1 = 350\mu\text{m}$，$T_2 = 250\mu\text{m}$，则

$$T_0' = \sqrt{0.4^2 + 0.12^2 + 0.35^2 + 0.25^2 + 0.12^2}\text{mm} = 0.611\text{mm} < 0.750\text{mm} = T_0$$

可见，确定的各组成环公差是正确的。

(4) 确定各组成环的极限偏差。

按入体原则确定各组成环的极限偏差如下：

$$A_4 = 140^{+0.200}_{-0.200}\text{mm}，\quad A_3 = A_5 = 5^{\ 0}_{-0.120}\text{mm}，\quad A_1 = 101^{+0.350}_{\ 0}\text{mm}，\quad A_2 = 50^{+0.250}_{\ 0}\text{mm}。$$

(5) 校核确定的各组成环的极限偏差能否满足使用要求。

设各组成环的尺寸偏差均接近正态分布，则 $e_i = 0$。

计算封闭环的中间偏差，由式 (6-16) 有

$$\varDelta_0' = \sum_{i=1}^{5} \xi_i \varDelta_i = \varDelta_1 + \varDelta_2 - \varDelta_4 - \varDelta_3 - \varDelta_5 = 0.175 + 0.125 - 0 - (-0.060) - (-0.060) = 0.420(\text{mm})$$

(6) 计算封闭环的极限偏差，由式 (6-18) 有

$$\mathrm{ES}_0' = \varDelta_0' + \frac{1}{2}T_0' = 0.420\text{mm} + \frac{1}{2} \times 0.611\text{mm} \approx 0.726\text{mm} < 0.750\text{mm} = \mathrm{ES}_0$$

$$\mathrm{EI}_0' = \varDelta_0' - \frac{1}{2}T_0' = 0.420\text{mm} - \frac{1}{2} \times 0.611\text{mm} \approx 0.115\text{mm} > 0 = \mathrm{EI}_0$$

以上计算说明确定的组成环极限偏差是满足使用要求的。

由例 6-3 和例 6-4 相比较可以算出，用概率法计算尺寸链，可以在不改变技术要求所规定的封闭环公差的情况下，组成环公差放大约 60%，而实际上出现不合格件的可能性却很小 (仅有 0.27%)，这会给生产带来显著的经济效益。

6.4　其他互换法

6.4.1　分组装配法

分组装配法是把组成环的公差扩大 N 倍，使之达到经济加工精度要求，然后将完工后零件按实际 (组成) 要素分成 N 组，装配时根据大配大、小配小的原则，按对应组进行装配，以满足封闭环要求。

例如，设公称尺寸为 ϕ18mm 的孔、轴配合间隙要求为 $x = 3\sim 8\mu\text{m}$，这意味着封闭环的公差 $T_0 = 5\mu\text{m}$，若按完全互换法，则孔、轴的制造公差只能为 2.5μm。

若采用分组装配法，将孔、轴的制造公差扩大四倍，公差为 10μm，将完工后的孔、轴按实际 (组成) 要素分为四组，按对应组进行装配，各组的最大间隙均为 8μm，最小间隙为 3μm，故能满足要求，如图 6.9 所示。

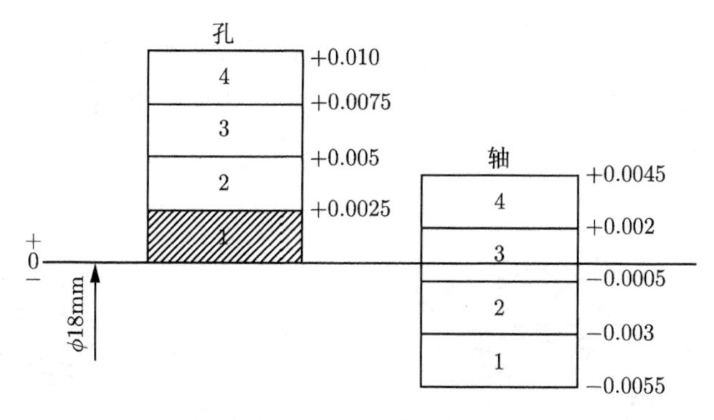

图 6.9　分组装配法

分组装配法一般宜用于大批量生产中的高精度、零件形状简单易测、环数少的尺寸链。另外，由于分组后零件的形状误差不会减少，这就限制了分组数，一般分为 2~4 组。

6.4.2　修配补偿法

修配补偿法是根据零件加工的可能性，对各组成环规定经济可行的制造公差，装配时，通过修配法改变尺寸链中预先规定的某组成环的尺寸 (该环叫补偿环)，以满足装配精度要求。

如图 6.2(a) 所示，将 A_1、A_2 和 A_3 的公差放大到经济可行的程度，为保证主轴和尾架等高性的要求，选面积最小、重量最轻的尾架底座 A_2 为补偿环，装配时通过对 A_2 环的辅助加工 (如铲、刮等) 切除少量材料，以抵偿封闭环上产生的累积误差，直到满足 A_0 要求。

切莫选择各尺寸链的公共环作为补偿环，以免因修配而影响其他尺寸链的封闭环精度。

6.4.3 调整补偿法

调整补偿法 (简称调整法) 是将尺寸链各组成环按经济公差制造，对于组成环尺寸公差放大使封闭环上产生的累积误差，可在装配时采用调整补偿环的尺寸或位置来补偿。

常用的补偿环可分为以下两种。

1. 固定补偿环

在尺寸链中选择一个合适的组成环作为补偿环 (如垫片、垫圈或轴套等)。补偿环可根据需要按尺寸大小分为若干组，装配时，从合适的尺寸组中取一个补偿环，装入尺寸链中预定的位置，使封闭环达到规定的技术要求。例如，当齿轮的轴向窜动量有严格要求而无法用完全互换法保证时，就在结构中加入一个尺寸合适的固定补偿件 ($A_{0\,补}$) 来保证装配精度。

2. 可动补偿环

装配时调整可动补偿环的位置以达到封闭环的精度要求。这种补偿环在机械设计中应用很广，结构形式很多，如机床中常用的镶条、调节螺旋副等。图 6.10 为用螺钉调整镶条位置以保证所需间隙。

调整法的主要优点是：加大组成环的制造公差，使制造容易，同时可得到很高的装配精度；装配时不需修配；使用过程中可以调整补偿环的位置或更换补偿环，以恢复机器原有的精度。它的主要缺点是有时需要额外增加尺寸链零件数 (补偿环)，使结构复杂，制造费用增高，降低了结构的刚性。

调整法主要应用在封闭环精度要求高、组成环数目较多的尺寸链中，尤其是当使用过程中，组成环的尺寸可能由于磨损、温度变化或受力变形等而产生较大变化时，调整法具有独到的优越性。

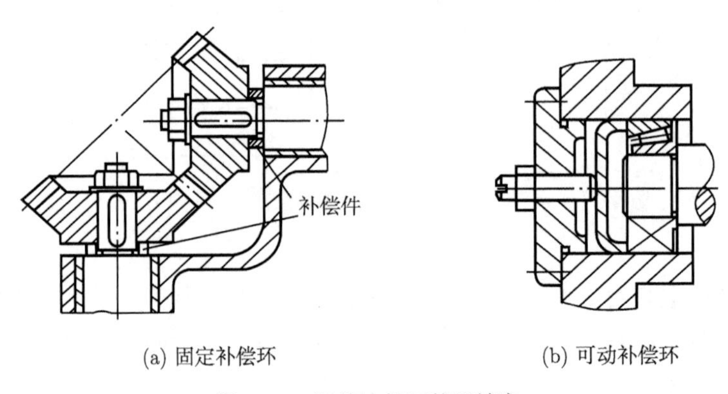

(a) 固定补偿环　　(b) 可动补偿环

图 6.10　调整法保证装配精度

习　题　6

6-1　在图 6.11 所示的尺寸链中，A_0 为封闭环，试分析各组成环中，哪些是增环，哪些是减环。

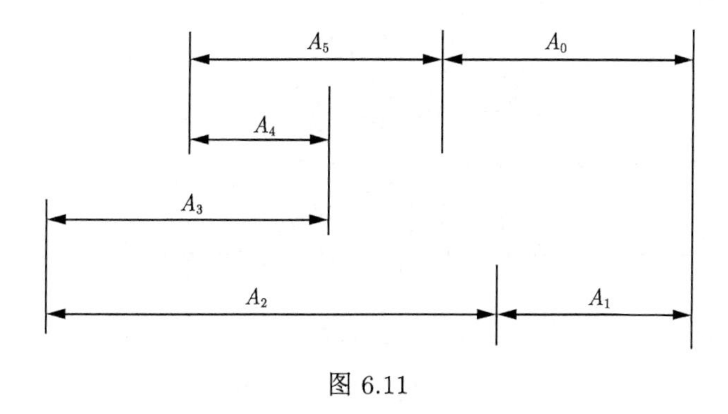

图 6.11

6-2　对于图 6.12 所示的零件，已知尺寸 $A_1 = 16_{-0.043}^{\ \ 0}$mm，$A_2 = 6^{+0.048}_{\ \ 0}$mm，试用极值法求封闭环的公称尺寸和极限偏差。

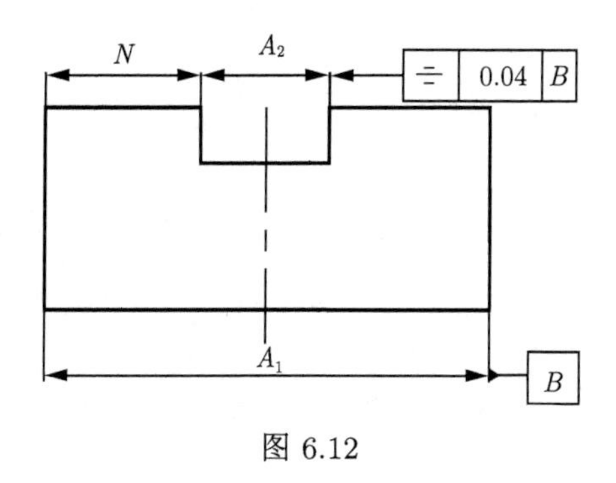

图 6.12

6-3　某尺寸链如图 6.13 所示，封闭环尺寸 A_0 应为 $19.7 \sim 20.3$mm，试校核各组成环公差、极限偏差的正确性。

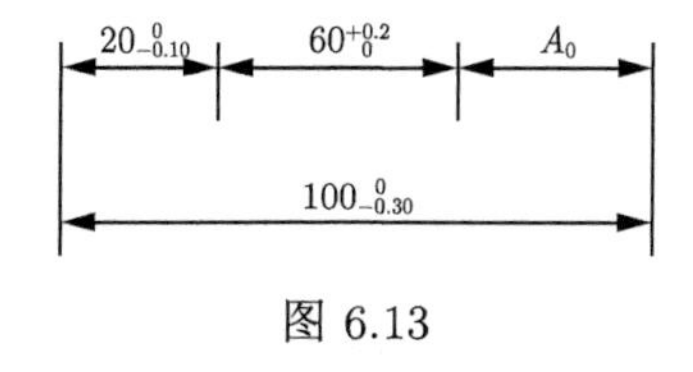

图 6.13

6-4　对于图 6.14 所示的曲轴、连杆和衬套等零件装配图，装配后要求间隙为 $N = 0.1 \sim 0.2$mm，而图样设计时 $A_1 = 150^{+0.016}_{\ \ 0}$mm，$A_2 = A_3 = 75_{-0.06}^{-0.02}$mm，试验算设计图样给定零件的极限尺寸是否合理。

6-5　加工某轴套，轴套外径公称尺寸为 $\phi 100$mm，轴套内径公称尺寸为 $\phi 80$mm，已知外圆轴线对内孔轴线的同轴度为 $\phi 0.028$mm，要求完工后轴套的壁厚为 9.96~10.014mm。求轴套内径和外径的尺寸公差及极限偏差。

6-6　某轴装配前需要镀铬，镀铬层的厚度为 $(10\pm2)\mu$m，镀铬后的尺寸为 $\phi 80_{-0.060}^{-0.030}$mm，问镀铬前的尺寸应是多少？

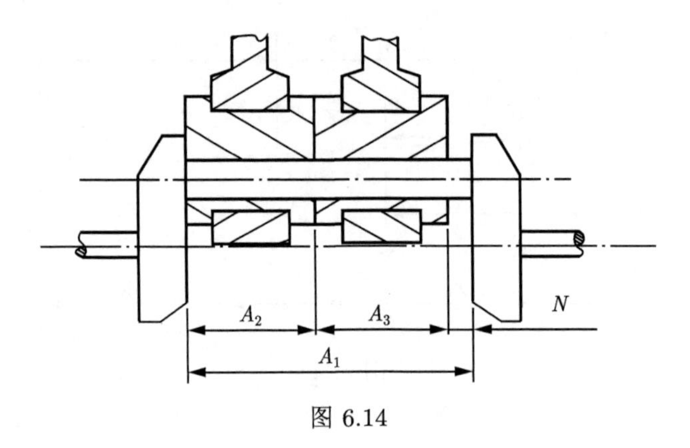

图 6.14

第 7 章　表面粗糙度精度设计及其检测

7.1　表面形貌及影响

7.1.1　零件表面形貌的分类

机械零件表面精度所研究和描述的对象是零件的表面形貌特性。零件的表面形貌分三种情况。

1. 表面粗糙度

表面粗糙度是零件表面所具有的微小峰谷的不平程度，其波长和波高之比一般小于 50。表面粗糙度主要是由切削加工过程中刀具和被加工工件间的相对运动轨迹 (即刀痕) 及刀具和被加工工件表面间的摩擦、切削过程中切屑分离时表层金属材料的塑性变形以及机床–刀具–工件–夹具组成的工艺系统的高频振动等原因形成的。

2. 表面波纹度

零件表面中峰谷的波长和波高之比等于 50~1000 的不平程度称为波纹度。

表面波纹度会引起零件运转时的振动、噪声，特别对旋转零件 (如轴承) 的影响是很大的。

3. 形状误差

零件表面中峰谷的波长和波高之比大于 1000 的不平程度属于形状误差。

表面粗糙度对机器零件的摩擦磨损、配合性质、耐腐蚀性、疲劳强度及结合密封性等都有很大的影响。

形状误差、表面波纹度、表面粗糙度三者之间的区分通常按波距或波距与波幅之比来划分，如图 7.1 所示。一般波距与波幅的比值小于 40 者属于表面粗糙度；大于 1000 者属

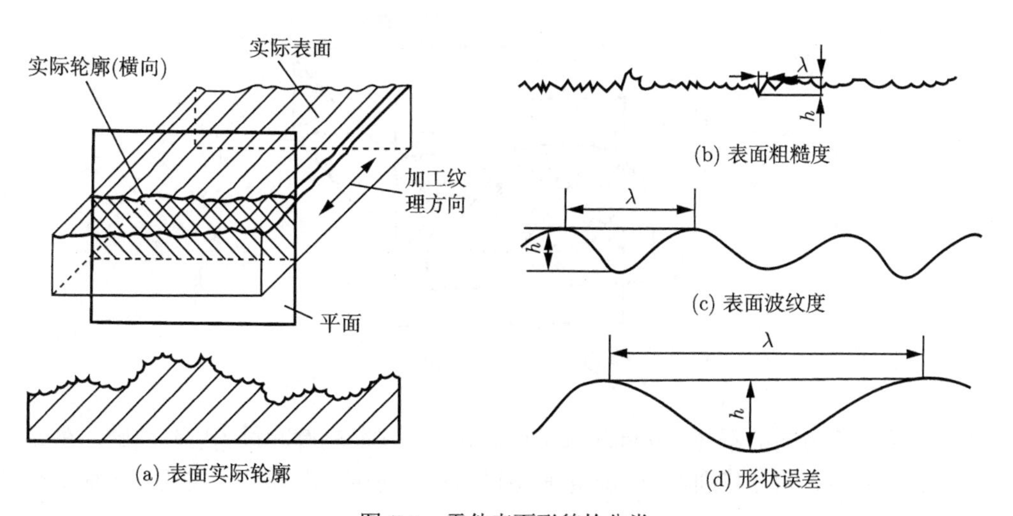

图 7.1　零件表面形貌的分类

于形状误差；介于两者之间者属于表面波纹度。波距 λ 小于 1mm 的属于表面粗糙度；波距 λ 大于 10mm 的属于形状误差；波距 λ 为 1～10mm 的属于表面波纹度。

7.1.2 表面粗糙度对零件使用性能的影响

1. 对耐磨性的影响

相互接触的表面由于凹凸不平，只能在轮廓峰顶处接触，实际有效接触面积减小，单位面积上的压力增大，滑动时，表面磨损加剧。

2. 对配合性质的影响

对于间隙配合，表面越粗糙，微观峰顶在工作时磨损越快，导致间隙增大；对于过盈配合，在装配时零件表面的峰顶会被挤平，减小实际有效过盈量，降低连接强度。

3. 对腐蚀性的影响

表面越粗糙，越容易使腐蚀性气体或液体附着于表面的微观凹谷，并渗入金属内层，使腐蚀加剧。

4. 对疲劳强度的影响

表面越粗糙，表面微观不平的凹谷一般越深，对应力集中越敏感，零件表面在交变载荷作用下，疲劳损坏的可能性就越大，疲劳强度就越低。

5. 其他影响

影响零件的密封性，对零件的外观、测量精度、表面光学性能、导电导热性能和胶合强度等也有着不同程度的影响。

7.2 表面粗糙度的评定

7.2.1 主要术语及定义

1. 实际轮廓

实际轮廓是平面与实际表面垂直相交所得的轮廓线，如图 7.2 所示。

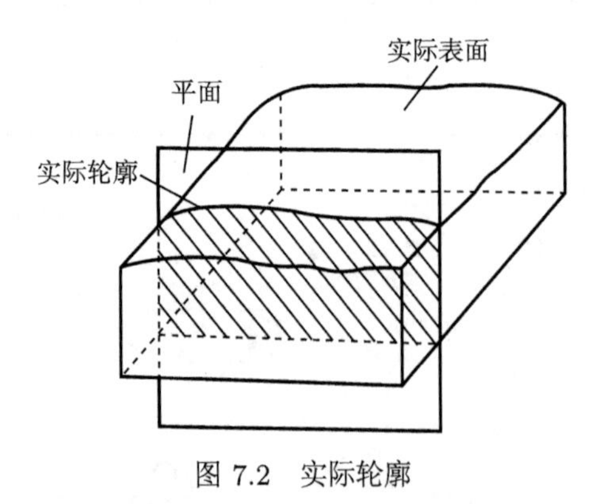

图 7.2 实际轮廓

按照所取截面方向的不同，实际轮廓又可分为横向实际轮廓和纵向实际轮廓。在评定或测量表面粗糙度时，除非特别指明，通常是指横向实际轮廓，即与加工纹理方向垂直的截面上的轮廓。

2. 取样长度 l_r

用于判别被评定轮廓特征的一段基准线长度，称为取样长度 l_r，如图 7.3 所示。规定取样长度是为了限制和减弱表面波纹度对表面粗糙度测量结果的影响。表面越粗糙，取样长度应越大，因为表面越粗糙，波距也越大，较大的取样长度才能反映一定数量的高低不平的痕迹。一般取样长度至少包含 5 个轮廓峰和轮廓谷。

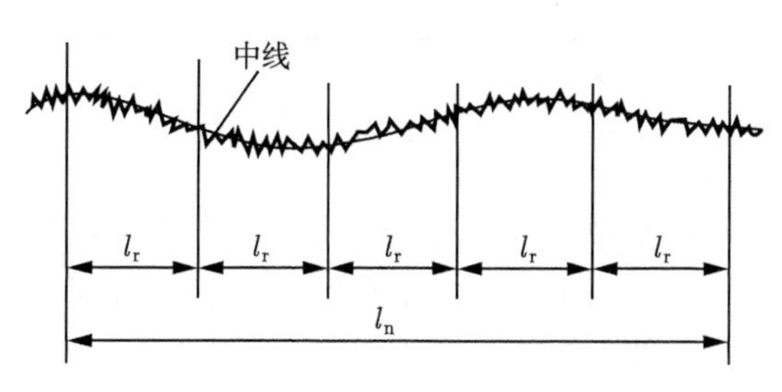

图 7.3　取样长度和评定长度

3. 评定长度 l_n

评定长度是指评定表面轮廓所必需的一段长度，如图 7.3 所示。由于被加工表面粗糙度不一定很均匀，在一个取样长度上往往不能合理地反映某一表面粗糙度特征，为了合理、客观地反映表面质量，通常取几个连续取样长度，一般 $l_n = 5l_r$。如果加工表面比较均匀，可取 $l_n < 5l_r$，反之，则取 $l_n > 5l_r$。

4. 基准线

基准线是评定表面粗糙度参数值大小的一条参考线。基准线有下列两种：轮廓最小二乘中线、轮廓算术平均中线。

1) 轮廓最小二乘中线

轮廓最小二乘中线是具有几何轮廓形状并划分轮廓的基准线，如图 7.4 所示，它在取样长度内使轮廓上各点至该线的距离的平方和为最小，即 $\sum_{i=1}^{n} z_i^2 = \min$。

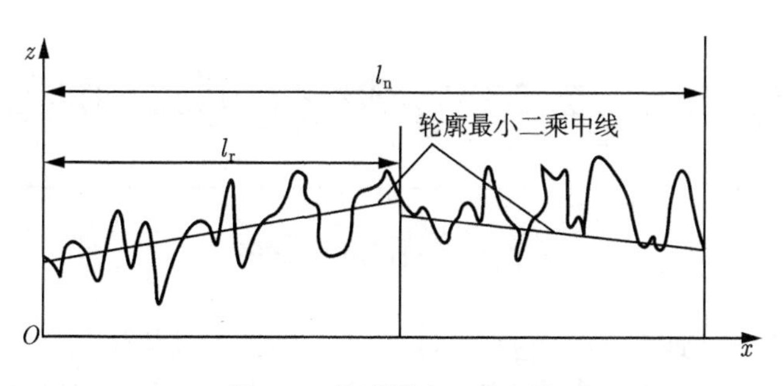

图 7.4　轮廓最小二乘中线

2) 轮廓算术平均中线

轮廓算术平均中线是具有几何轮廓形状且在取样长度内与轮廓走向一致的基准线，该线划分实际轮廓并使上、下两部分的面积相等，即 $\sum_{i=1}^{n} F_i = \sum_{i=1}^{n} F'_i$，如图 7.5 所示。

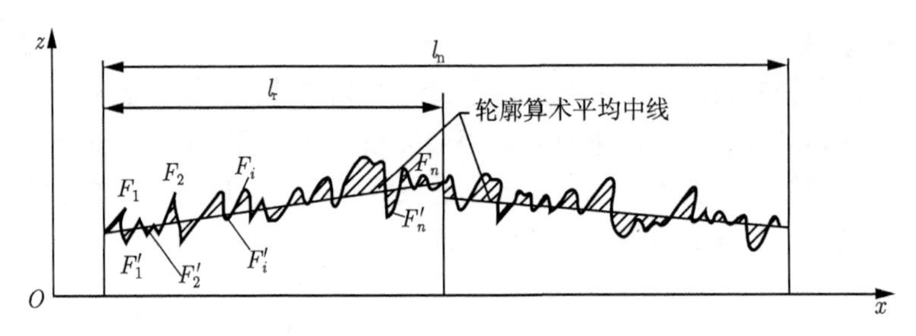

图 7.5　轮廓算术平均中线

用最小二乘法确定的中线是唯一的，但比较困难。轮廓算术平均中线往往不是唯一的，在一簇算术平均中线中只有一条与最小二乘中线重合。在实际评定和测量表面粗糙度时，可用算术平均中线代替最小二乘中线。

7.2.2　表面粗糙度的评定参数

国家标准规定了粗糙度轮廓的幅度、间距、形状等方面的评定参数。

1. 幅度参数

1) 轮廓算术平均偏差 Ra

在一个取样长度 l_r 内，被测轮廓线上各点至中线距离的算术平均值即为轮廓的算术平均偏差 Ra，如图 7.6 所示，表示为式 (7-1) 或式 (7-2)。

$$Ra = \frac{1}{l_r}\int_0^{l_r} |z(x)|\,\mathrm{d}x \tag{7-1}$$

或近似为

$$Ra = \frac{1}{n}\sum_{i=1}^{n} |z(x_i)| \tag{7-2}$$

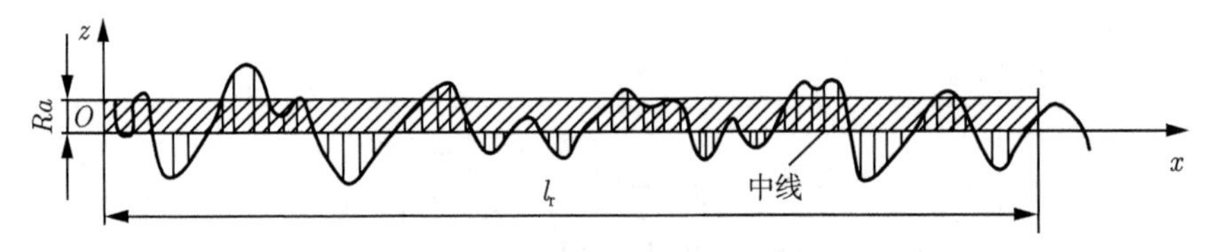

图 7.6　轮廓算数平均偏差

Ra 参数能客观全面地反映表面的微观几何形状特性，其值越大，表面越粗糙。一般用电动轮廓仪进行测量，Ra 是普遍采用的评定参数。因受计量器具功能的限制，Ra 不用作过于粗糙或太光滑的表面的评定参数。

2) 轮廓最大高度 Rz

在一个取样长度 l_r 内，最大轮廓峰高 z_p 和最大轮廓谷深 z_v 之和的高度即为轮廓最大高度 Rz，如图 7.7 所示，表示为

$$Rz = z_{\mathrm{p\,max}} + z_{\mathrm{v\,max}} \tag{7-3}$$

式中，$z_{\mathrm{p\,max}}$ 和 $z_{\mathrm{v\,max}}$ 都取正值。

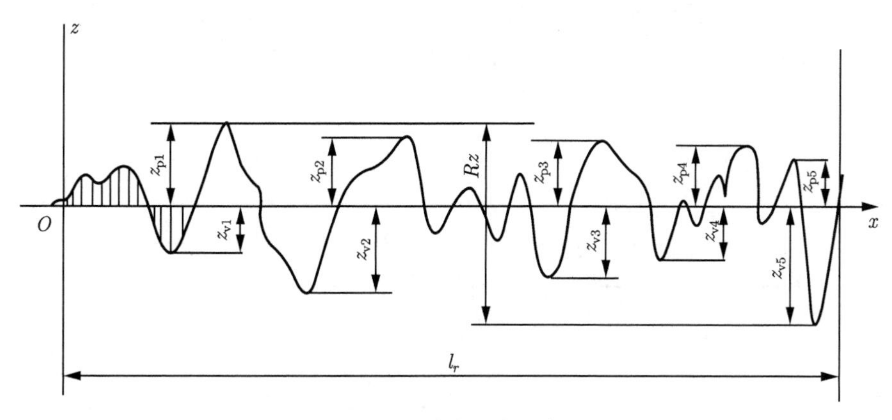

图 7.7　轮廓最大高度

Rz 用于控制不允许出现较深加工痕迹的表面，如受交变应力作用的齿廓工作表面。Ra、Rz 是标准规定必须标注的参数 (二者只需取其一)，故又称为基本参数。

2. 间距参数

轮廓单元的平均宽度 Rsm 是指在取样长度 l_{r} 内，所有轮廓单元的宽度 $X_{\mathrm{s}i}$ 的平均值，如图 7.8 所示，表示为

$$Rsm = \frac{1}{m}\sum_{i=1}^{m} X_{\mathrm{s}i} \tag{7-4}$$

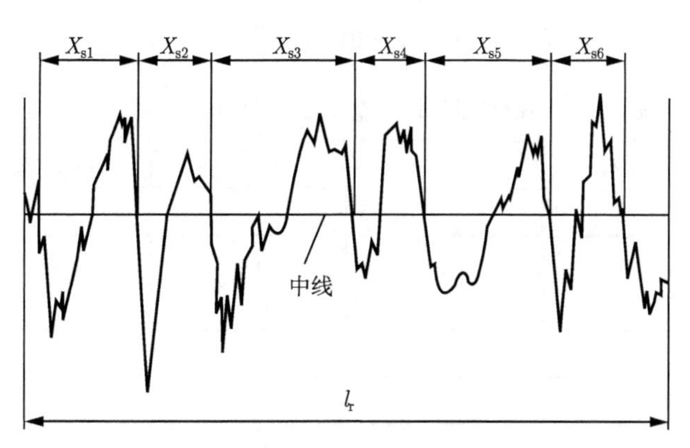

图 7.8　轮廓单元宽度

国家标准规定：粗糙度轮廓峰与粗糙度轮廓谷的组合称为粗糙度轮廓单元，中线与粗糙度轮廓单元相交线段的长度称为轮廓单元的宽度，用符号 $X_{\mathrm{s}i}$ 表示。

3. 混合参数

轮廓支承长度率 $Rmr\,(c)$ 指在给定水平位置 c 上，轮廓的实体材料长度 $\mathrm{Ml}(c)$ 与评定长度的比率，如图 7.9 所示。公式表示为

$$Rmr\,(c) = \frac{\mathrm{Ml}\,(c)}{l_{\mathrm{n}}} = \frac{1}{l_{\mathrm{n}}}\sum_{i=1}^{n} b_i \tag{7-5}$$

水平位置 c 上轮廓的实体材料长度 Ml(c) 是指评定长度内，在一水平位置 c 上用一条平行于 x 轴的直线从峰顶向下移一水平截距 c 时，与轮廓单元相截所得的各段截线长度之和。不同的水平截距 c 对应着不同的 $Rmr\,(c)$ 值，c 值可用微米或 Rz 的百分数表示。

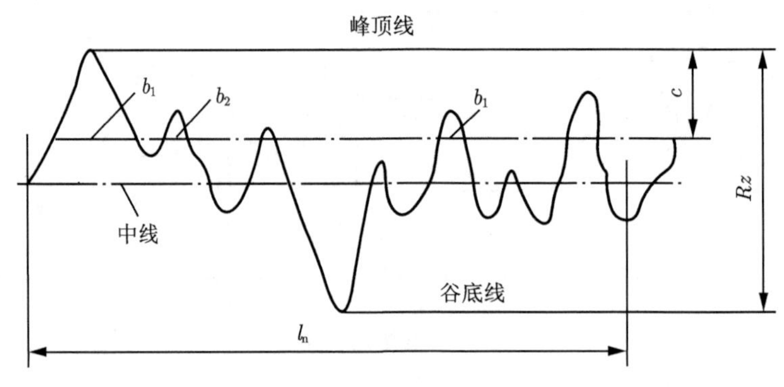

图 7.9　轮廓支承长度率

轮廓单元的平均宽度 Rsm 和轮廓支承长度率 $Rmr\,(c)$ 相对幅度参数而言称为附加参数，只有在零件表面有特殊要求时才选用。

7.2.3　表面粗糙度的国家标准

表面粗糙度的评定参数值已经标准化，设计时应根据国家规定的参数值系列选取。国家标准对参数值的规定有基本系列和补充系列，要求优先选用基本系列值，轮廓算术平均偏差 Ra 的数值如表 7.1，轮廓最大高度 Rz 的数值如表 7.2 所示。

表 7.1　轮廓算术平均偏差 Ra 的数值　　单位：μm

基本系列	补充系列	基本系列	补充系列	基本系列	补充系列
	0.008	0.2			5.0
	0.010		0.25	6.3	
0.012			0.32		8.0
	0.016	0.4			10.0
	0.020		0.50	12.5	
0.025			0.63		16.0
	0.032	0.8			20
	0.040		1.00	25	
0.050			1.25		32
	0.063	1.6			40
	0.080		2.0	50	
0.1			2.5		63
	0.125	3.2			80
	0.160		4.0	100	

表 7.2　轮廓最大高度 Rz 的数值　单位：μm

基本系列	补充系列	基本系列	补充系列	基本系列	补充系列	基本系列	补充系列	基本系列	补充系列	基本系列	补充系列
0.025		0.2		1.6		12.5		100		800	
	0.032		0.25		2.0		16.0		125		1000
	0.040		0.32		2.5		20		160		1250
0.05		0.4		3.2		25		200		1600	
	0.063		0.50		4.0		32		250		
	0.080		0.63		5.0		40		320		
0.1		0.8		6.3		50		400			
	0.125		1.00		8.0		63		500		
	0.160		1.25		10.0		80		630		

7.3　表面粗糙度的标注

图样上给定的表面特征符号、代号，是对完工后表面的要求。国家标准对表面粗糙度的符号、代号及标注做出了规定。

7.3.1　表面粗糙度的符号

表面粗糙度基本符号的画法如图 7.10 所示。

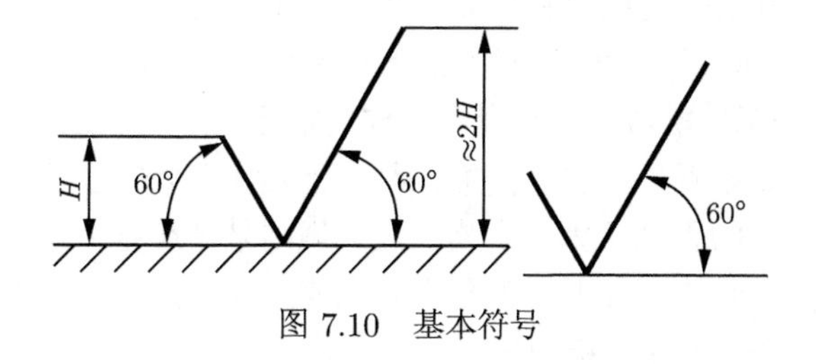

图 7.10　基本符号

表面粗糙度符号及意义如表 7.3 所示。

表 7.3　表面粗糙度符号及意义 (摘自 GB/T 131—2006)

符号	意义
	基本符号，表示表面用任何方法获得。当不加注粗糙度参数值或有关说明 (如表面处理、局部热处理状况等) 时，仅适用于简化代号标注
	基本符号加一短划，表示表面用去除材料的方法获得。如车、铣、钻、磨、剪切、抛光、腐蚀、电火花加工、气割等
	基本符号加一小圆，表示表面用不去除材料方法获得。如铸、锻、冲压变形、热轧、粉末冶金等，或者是用于保持原供应状况的表面 (包括保持上道工序的状况)
	在上述三个符号的长边上加一横线，用于标注有关参数和说明
	在上述三个符号的长边上加一小圆，表示所有表面具有相同的表面粗糙度要求

7.3.2　表面粗糙度参数标注

由表面粗糙度符号及其他表面特征要求的标注，组成了表面粗糙度的代号。表面特征各项规定在基本符号中的注写位置如图 7.11 所示。

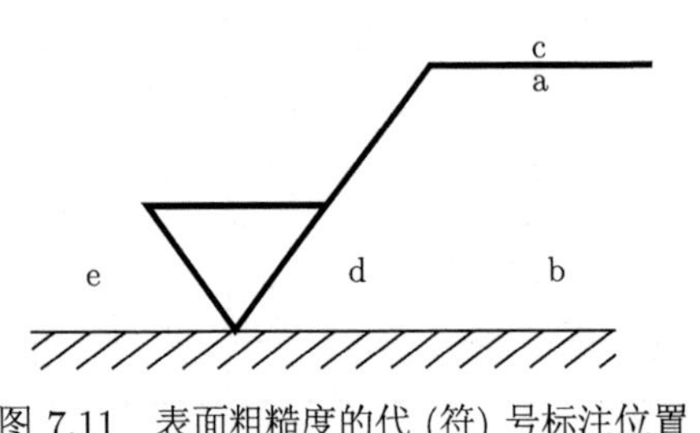

图 7.11　表面粗糙度的代 (符) 号标注位置

图中各字母表示：

a——注写表面结构的单一要求 (表面粗糙度参数代号、数值和传输带或取样长度) 粗糙度幅度参数允许值；

b——和 a 一起注写两个或多个表面结构要求；

c——注写加工代号；

d——注写表面纹理方向；

e——注写加工余量 (mm)。

1. 表面粗糙度幅度参数的标注

表面粗糙度幅度参数是基本参数，当选用幅度参数时，在参数代号和极限值间应插入空格，参数值和参数代号均应标出；当允许实测值中超过规定值的个数少于总数的 16% 时，应在图中标注上限值和下限值；当所有实测值不允许超过规定值时，应在图样上标注最大值或最小值。

取样长度若按国家标准选用，则可省略标注；表面加工纹理方向指表面微观结构的主要方向，由所采用的加工方法或其他因素形成，必要时才规定。其中，参数代号前的 U、L 为上限值和下限值代号。表面粗糙度幅度参数的各种标注方法见图 7.12，表面粗糙度 Ra 值标注示例见表 7.4，其中 16% 规则是所有表面结构要求标注的默认规则（省略标注），其含义是同一评定长度内幅度参数所有的实测值中，大于上限值的个数小于总数的 16%，且小于下限值的个数少于总数的 16%，则认为是合格。最大规则是指在整个被测表面上，幅度参数所有实测值均不大于最大允许值，且不小于最小允许值，则认为合格。采用最大规则时，应在参数代号后增加标注一个“max”标记。

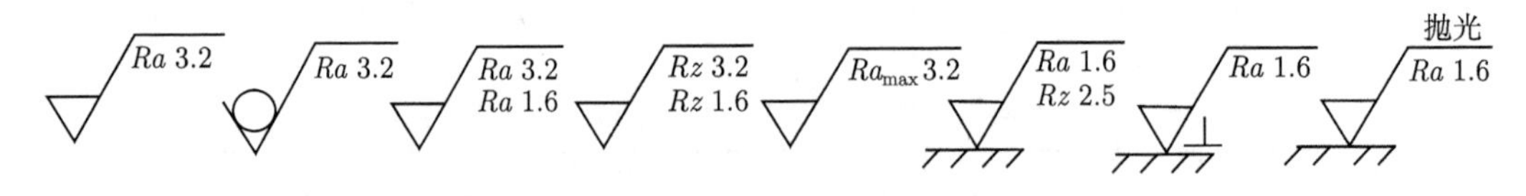

图 7.12　表面粗糙度的符号

2. 表面粗糙度附加参数的标注

表面粗糙度的间距参数和混合参数称为附加参数，在幅度参数未标注时，附加参数不能单独标注。当需要标注 Rsm 或 $Rmr\,(c)$ 时，应标注在符号长边的横线下面，数值写在相应代号的后面。图 7.13(a) 为 Rsm 上限值的标注示例；图 7.13(b) 为 Rsm 最大值的标注示例；图 7.13(c) 为 $Rmr\,(c)$ 的标注示例，表示水平位置 c 在 Rz 的 50% 位置上，$Rmr\,(c)$ 下限值为 70%；图 7.13(d) 为 $Rmr\,(c)$ 最小值的标注。

表 7.4　表面粗糙度 *Ra* 值标注示例

代号	意义	代号	意义
√Ra 3.2	用任何方法获得的表面粗糙度，*Ra* 的上限值为 3.2μm，采用16%规则	√Ramax3.2	用任何方法获得的表面粗糙度，*Ra* 的上限值为 3.2μm，采用最大规则
√Ra 3.2	用去除材料方法获得的表面粗糙度，*Ra* 的上限值为 3.2μm，采用16%规则	√Ramax3.2	用去除材料方法获得的表面粗糙度，*Ra* 的上限值为 3.2μm，采用最大规则
√Ra 3.2	用不去除材料方法获得的表面粗糙度，*Ra* 的上限值为 3.2μm，采用16%规则	√Ramax3.2	用不去除材料方法获得的表面粗糙度，*Ra* 的上限值为 3.2μm，采用最大规则
√Ra 3.2 Ra 1.6	用去除材料方法获得的表面粗糙度，*Ra* 的上限值为 3.2μm，*Ra* 的下限值为 1.6μm，采用16%规则	√Ramax3.2 Ramin1.6	用去除材料方法获得的表面粗糙度，*Ra* 的上限值为3.2μm，*Ra* 的下限值为1.6μm，采用最大规则

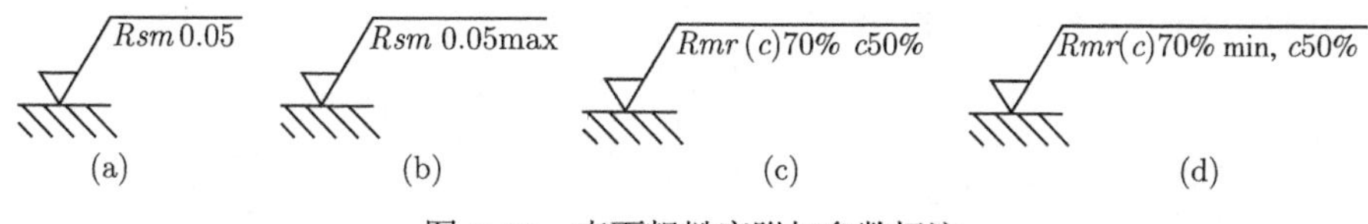

图 7.13　表面粗糙度附加参数标注

3. 表面粗糙度其他项目的标注

(1) 当按国家标准推荐值选取取样长度时，在图样上可省略标注，否则应标注在长边的横线下方参数代号的前面，并用斜线“/”隔开，如图 7.14(a) 所示 (“-”前面标注短波滤波器截止波长，“-”后面标注长波滤波器截止波长，而长滤波器的截止波长就是取样长度；两个滤波器的截止波长值间的波长范围称为传输带)。

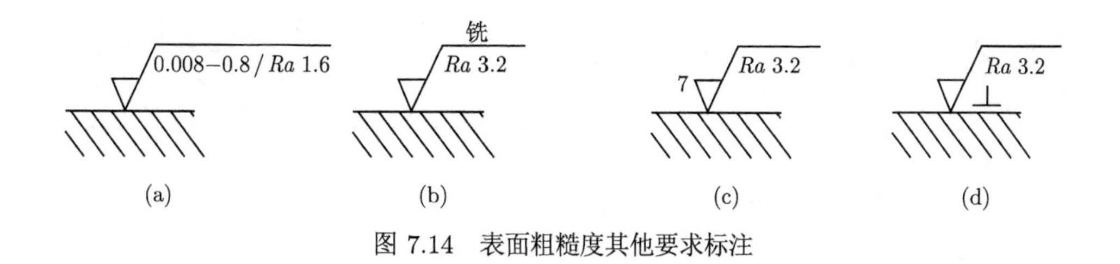

图 7.14　表面粗糙度其他要求标注

(2) 当某表面的粗糙度要求由指定的加工方法 (如铣削) 获得时，可用文字标注在符号长边的横线上面，如图 7.14(b) 所示。

(3) 若需要标注加工余量，可在规定之处加注余量值，如图 7.14(c) 所示。

(4) 当需要控制表面加工纹理方向时，可在符号的右边加注加工纹理方向符号，如图 7.14(d) 所示。国家标准规定了加工纹理方向符号，如表 7.5 所示。

表 7.5 加工纹理方向符号

符号	示意图及说明	符号	示意图及说明
=	纹理方向平行于注有符号的视图投影面 纹理方向	C	纹理对于注有符号表面的中心来说是近似同心圆
⊥	纹理方向垂直于注有符号的视图投影面 纹理方向	R	纹理对于注有符号表面的中心来说是近似放射形
×	纹理对注有符号的视图投影面是两个相交的方向 纹理方向	P	纹理无方向或呈凸起的细粒状
M	纹理呈多方向		

4. 表面粗糙度在图样上的标注方法

图样上表面粗糙度符号、代号一般标注在可见轮廓线、尺寸线、引出线或它们的延长线上，也可标注在几何公差框格的上方。如图 7.15(a)~(c) 所示。符号的尖端必须从材料外面指向被注表面，数字及符号的注写与读取方向必须与尺寸方向一致。当零件大部分表面具有相同的表面粗糙度要求时，其中使用最多的一种代号可以统一标注在图样的标题栏附近。

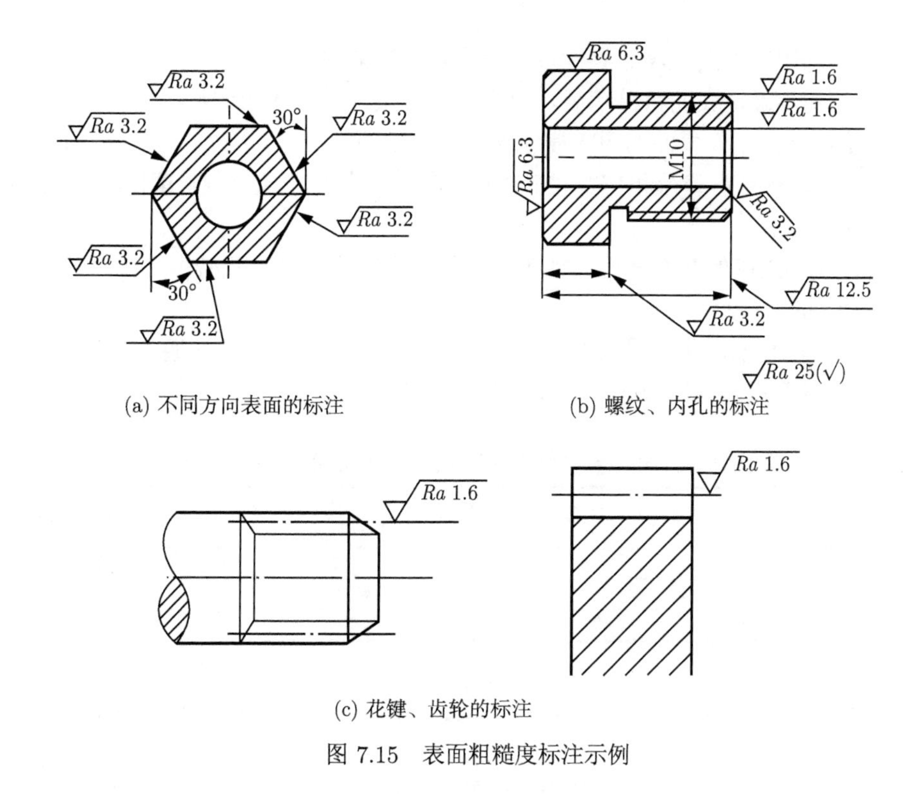

(a) 不同方向表面的标注　(b) 螺纹、内孔的标注

(c) 花键、齿轮的标注

图 7.15 表面粗糙度标注示例

7.4 表面粗糙度的选用及检测

7.4.1 表面粗糙度的选用

1. 表面粗糙度选用原则

表面粗糙度参数总的选用原则是：既要满足零件使用功能要求，又要兼顾工艺性和经济性。也就是说在满足使用功能要求的前提下，尽可能选用较大的表面粗糙度值。表面粗糙度选择包括参数的选择和参数值的选择。

2. 表面粗糙度评定参数的选择

在选择表面粗糙度评定参数时，应能够充分合理地反映表面微观几何形状的真实情况。在机械零件精度设计中，一般只给出幅度参数 Ra 或 Rz 及其允许值，对于有特殊要求的零件的重要表面，可附加选用间距参数或其他的评定参数及相应的允许值。

评定参数 Ra 能客观地反映表面微观几何形状的特征，而且所用测量仪器 (轮廓仪) 的测量方法简单，能连续测量，测量效率高。因此，在常用的参数值范围内 (Ra 为 0.025~6.3μm)，国家标准推荐优先选用 Ra。

Rz 测量简便，用于评定测量部位小、峰谷小或有疲劳强度要求的零件表面。在 $Ra <$ 0.025μm 或 $Ra >$ 6.3μm 的零件表面可选用 Rz。

3. 表面粗糙度评定参数值的选择

在实际应用中，由于表面粗糙度和零件的功能关系十分复杂，很难全面而准确地按零件的功能要求确定表面粗糙度的评定参数值，所以在具体选用时多采用类比法来确定零件表面的评定参数值。选用原则是在满足零件表面使用功能的前提下，尽量选用大的参数值。

根据类比法初步确定表面粗糙度后，再根据工作条件进行适当调整，一般应遵循：

(1) 同一零件上，工作表面的粗糙度值比非工作表面小。

(2) 摩擦表面、承受重载荷和交变载荷表面的粗糙度数值应选小值。摩擦表面 Ra 或 Rz 值比非摩擦表面小。

(3) 配合性质要求高的配合表面，如小间隙的配合表面，受重载荷作用的过盈配合表面，都应有较小的表面粗糙度。

(4) 在确定表面粗糙度值时，应注意与尺寸公差和几何公差协调。通常尺寸公差值和几何公差值越小，表面粗糙度值应越小。设计时参考表 7.6。

表 7.6　表面粗糙度参数值与尺寸公差、形状公差值一般关系

形状公差 t 占尺寸公差 T 的百分比 $t/T(\%)$	表面粗糙度参数值占尺寸公差的百分比	
	$Ra/T(\%)$	$Rz/T(\%)$
约 60	$\leqslant 5$	$\leqslant 20$
约 40	$\leqslant 2.5$	$\leqslant 10$
约 25	$\leqslant 1.25$	$\leqslant 5$

(5) 运动速度高、单位面积压力大，以及受交变应力作用的钢质零件圆角、沟槽处，应有较小的粗糙度。

(6) 要求防腐蚀、密封性能好或外表美观的表面粗糙度数值应较小。

(7) 有关标准已对表面粗糙度要求做出规定的 (如轴承、量规等)，应按相应标准确定表面粗糙度数值。

7.4.2　表面粗糙度的检测

目前常用的表面粗糙度的检测方法主要有比较法、光切法、针描法、干涉法和印模法等。

1. 比较法

比较法是将被测表面与已知评定参数值的粗糙度样板通过视觉、触觉或其他方法进行比较，从而对被测表面的粗糙度做出判断的一种方法。选择比较样板时，应使其材料、形状和加工方法与被测表面尽量一致。

2. 光切法

光切法是利用光切原理测量表面粗糙度的一种方法。常用的仪器是光切显微镜，又称双管显微镜。

3. 针描法

针描法是利用仪器的触针在被测表面上轻轻划过，被测表面的微观不平度将使触针产生垂直方向的位移，再通过传感器将位移量转换成电量，经信号放大后送入计算机，在显示器上显示出被测表面粗糙度的评定参数值，也可由记录器绘制出被测表面轮廓的误差图形。

4. 干涉法

干涉法是利用光波干涉原理测量表面粗糙度的一种方法。常用的仪器称为干涉显微镜。干涉显微镜主要用于测量 Rz 值，由于表面太粗糙不能形成干涉条纹，故干涉显微镜测量 Rz 值的范围为 $Rz = 0.05 \sim 0.8\mu\text{m}$，适于测量表面粗糙度要求较高的表面。

5. 印模法

印模法是把石蜡、低熔点合金或其他印模材料，压印在被测零件表面，再取模放在显微镜下间接地测量被测表面的粗糙度，适用于笨重零件及内表面。

习 题 7

7-1 某箱体孔尺寸为 ϕ50H7，若其形状公差按其尺寸公差的 60% 选用，试确定该孔的表面粗糙度允许值 Ra 和 Rz。

7-2 解释图 7.16 所示零件上标出的各表面粗糙度要求的含义。

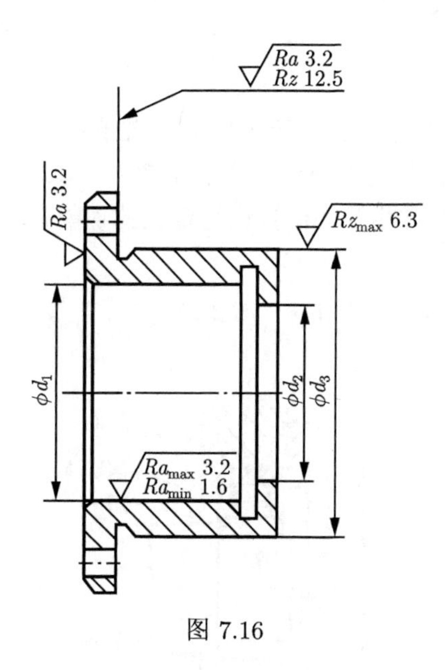

图 7.16

第 8 章　滚动轴承与孔轴结合的精度设计

8.1　滚动轴承的互换性和公差等级

8.1.1　滚动轴承的互换性

1. 轴承的作用

滚动轴承是机械制造业中应用极为广泛的一种标准部件，它是一种传动支承部件。滚动轴承具有支承旋转轴、减少轴与支承部件之间的摩擦力、承受径向载荷/轴向载荷或径向与轴向联合载荷以及对机械零部件相互间位置进行定位的功能，广泛应用于机械传动中。

2. 滚动轴承的组成

滚动轴承一般由内圈、外圈、滚动体 (钢球或滚子) 和保持架组成，如图 8.1 所示。

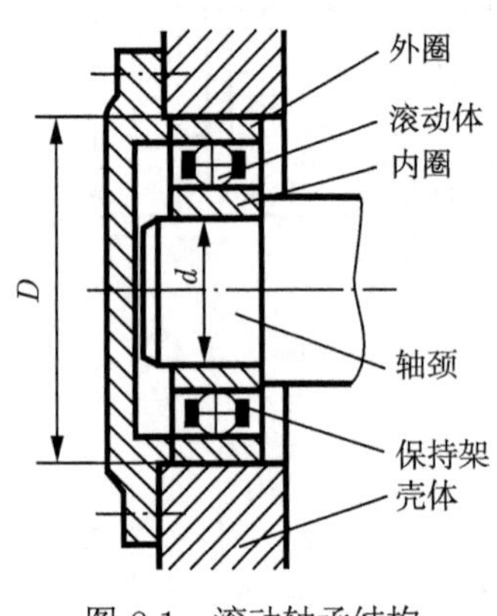

图 8.1　滚动轴承结构

3. 滚动轴承的类型

滚动轴承按承受负荷的类型分为主要承受径向负荷的向心轴承、同时承受径向和轴向负荷的向心推力轴承和仅承受轴向负荷的推力轴承。滚动轴承按滚动体形状分为球轴承和滚子 (圆柱或圆锥) 轴承。

4. 滚动轴承配合的特点

滚动轴承的外径 D、内径 d 是配合尺寸，分别与外壳孔和轴颈相配合。滚动轴承与外壳孔及轴颈的配合属于光滑圆柱体配合，其互换性为完全互换；而内、外圈滚道与滚动体的装配一般采用分组装配，其互换性为不完全互换。

滚动轴承具有摩擦系数小、润滑简便、易于更换等许多优点，因而，在机械制造中作为转动支承得到广泛应用。

8.1.2　滚动轴承的公差等级及其应用

滚动轴承的公差等级由尺寸公差与旋转精度决定。国家标准 GB/T 307.1—2017 将向心轴承的公差等级分为 2、4、5、6、普通级五个精度等级，它们的精度依次由高到低，2 级最高，普通级最低。

滚动轴承各级精度的应用情况如下。

(1) 普通级轴承应用在中等负荷、中等转速和旋转精度要求不高的一般机构中，如普通机床、汽车和拖拉机的变速机构以及普通电机、水泵、压缩机的旋转机构等。

(2) 6 级 (中等级) 轴承用于旋转精度和转速较高的旋转机构中，如普通机床的主轴后轴承、精密机床传动轴使用的轴承。

(3) 5、4 级 (精密级) 轴承用于旋转精度高和转速高的旋转机构中，如精密机床的主轴轴承、精密仪器和机械使用的轴承。

(4) 2 级 (超精级) 轴承用于旋转精度和转速很高的旋转机构中，如精密坐标镗床的主轴轴承、高精度仪器和高转速机构使用的轴承。

8.2　滚动轴承内、外径及相配轴颈、外壳孔的公差带

8.2.1　滚动轴承内、外径公差带

滚动轴承内、外圈属薄壁零件，极易变形。当轴承与具有正确几何形状的轴颈、外壳孔装配后，这种变形容易得到矫正。因此，国家标准 GB/T 307.1—2017 规定了与轴承内、外圈相配合的轴颈和壳体孔的尺寸公差、几何公差以及配合选择的基本原则和要求。

1. 两种尺寸及其偏差

(1) 单一平面平均内径：用 d_{mp} 表示。

(2) 单一平面平均外径：用 D_{mp} 表示。

(3) 单一平面平均内径偏差：用 Δd_{mp} 表示。

(4) 单一平面平均外径偏差：用 ΔD_{mp} 表示。

单一平面平均内、外径偏差必须在极限偏差范围内，因为 d_{mp}、D_{mp} 是配合时起作用的尺寸。d_{mp} 和 D_{mp} 的尺寸公差带见图 8.2。

2. 滚动轴承内、外径公差带的特点

滚动轴承内圈的内径 (d) 和外圈的外径 (D) 是滚动轴承与结合件配合的公称尺寸。滚动轴承内圈与轴颈配合采用基孔制配合，外圈与外壳孔配合采用基轴制配合。国家标准规定轴承内、外径尺寸公差采用单向制，所有公差等级的公差都单向配置在零线下侧，即上极限偏差为零，下极限偏差为负值，如图 8.2 所示。

滚动轴承内圈通常与轴一起旋转。为防止内圈和轴颈的配合相对滑动而产生磨损，影响轴承的工作性能，要求配合面间具有一定的过盈，但过盈量不能太大。因此国家标准 GB/T 307.1—2017 规定：内圈基准孔公差带位于以公称内径 d 为零线的下方，即上极限偏差为零，下极限偏差为负值。

滚动轴承外圈安装在外壳孔中，通常不旋转，考虑到工作时温度升高会使轴膨胀，两端轴承中有一端应是游动支承，可把外圈与外壳孔的配合稍松一点，使之能补偿轴的热胀伸长

量，不然轴弯曲，轴承内部就有可能卡死。因此国家标准 GB/T 307.1—2017 规定轴承外圈的公差带位于以公称外径 D 为零线的下方。它与具有基本偏差 h 的公差带相类似，但公差值不同。

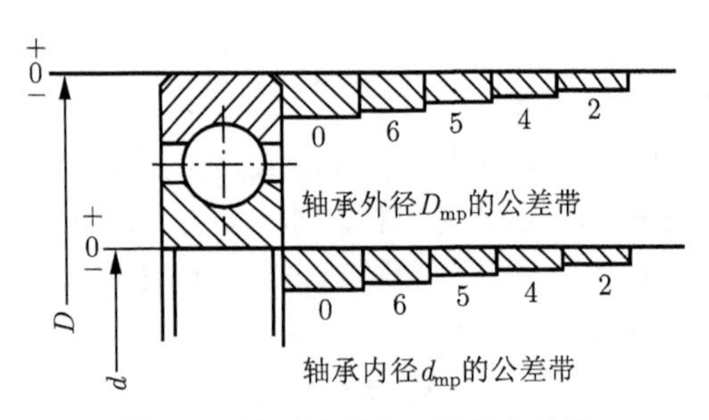

图 8.2　滚动轴承内、外径公差带

滚动轴承内、外径公差带具有如下特点：

(1) 内圈内径 d 和外圈外径 D 公差带都从零线开始向下配置；

(2) 内圈内径 d 公差带与一般的基孔制公差带不同，其上极限偏差为零是为了与基本偏差代号为 k、m、n 等的轴颈配合时形成具有较小过盈的配合；

(3) 外圈外径 D 公差带的基本偏差与一般基轴制配合的基准轴公差带的基本偏差 (其代号为 h) 相同，但这两种公差带的公差数值不相同。

8.2.2　与滚动轴承配合的轴颈和外壳孔的常用公差带

国家标准对与普通级和 6 级轴承内径相配合的轴规定了 17 种公差带，对与轴承外径相配合的外壳孔规定了 16 种公差带。滚动轴承与轴颈、外壳孔配合的常用公差带如图 8.3 所示。

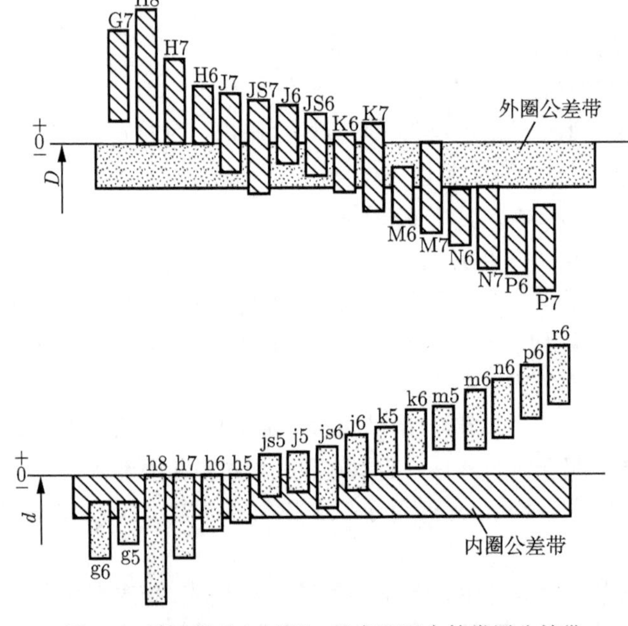

图 8.3　滚动轴承与轴颈、外壳孔配合的常用公差带

与滚动轴承相配合的孔、轴的公差等级与轴承的公差等级密切相关。一般与 6 级、普通级轴承配合的轴颈，其公差等级多为 IT5 ~ IT7，外壳孔多为 IT6 ~ IT8 等。h5、h6、h7、h8 轴颈与轴承内圈的配合为过渡配合，k5、k6、m5、m6、n6 轴颈与轴承内圈的配合为过盈较小的过盈配合，其余的过盈量偏紧；轴承外圈与外壳孔的配合与国家标准 GB/T 1800.1—2020 中基轴制同名配合相比较，配合性质基本一致。

8.3　滚动轴承与孔、轴结合的精度设计

滚动轴承与孔、轴结合的精度设计包括三个方面：① 滚动轴承公差等级的选择；② 与轴颈、外壳孔配合的选择 (即轴颈、外壳孔尺寸公差带的选择)；③ 轴颈、外壳孔的公差等级、几何公差、表面粗糙度的选择。

8.3.1　滚动轴承公差等级的选择

滚动轴承精度的使用要求如下。

1. 必要的旋转精度

为减少工作时，内、外圈和端面的跳动引起的机器运动不平稳，需要考虑必要的旋转精度。

旋转精度指轴承内、外圈的滚道摆动，轴承内、外圈两端面的平行度，轴承外圈圆柱面对基准端面的垂直度。

2. 合适的游隙

滚动体与套圈间要有合适的径向游隙和轴向游隙，以减少轴的径向跳动和轴向窜动；同时保证寿命。若游隙过大，会产生大的跳动和窜动；若游隙过小，则轴承与轴颈、外壳孔的过盈配合使滚动体与套圈间产生较大的接触应力，降低轴承寿命。

8.3.2　与轴颈、外壳孔配合的选择

滚动轴承是标准件，其外圈与外壳孔的配合采用基轴制，内圈与轴颈的配合采用基孔制。正确选择滚动轴承与轴颈、外壳孔的配合，对保证机器正常运转、提高轴承的使用寿命、充分发挥其承载能力影响很大。滚动轴承的配合一般用类比法选择，选择时主要考虑下列影响因素。

1. 径向负荷的性质

作用在轴承上的径向负荷，一般是由定向负荷 (如皮带的拉力或齿轮的作用力) 和旋转负荷 (如机件的离心力) 合成的。如图 8.4 所示，按照作用方向与套圈的相对运动关系，径向负荷可以分为如下三种。

1) 局部负荷

与套圈相对静止的径向负荷称为局部负荷。作用在静止套圈上的方向不变的径向负荷 F_{r}，即为局部负荷，如图 8.4(a) 中的外圈和图 8.4(b) 中的内圈所承受的负荷。

2) 循环负荷

与套圈相对旋转的径向负荷称为循环负荷。作用在旋转套圈上的方向不变的径向负荷 F_{r}，即为循环负荷，如图 8.4(a) 中的内圈和图 8.4(b) 中的外圈所承受的负荷。

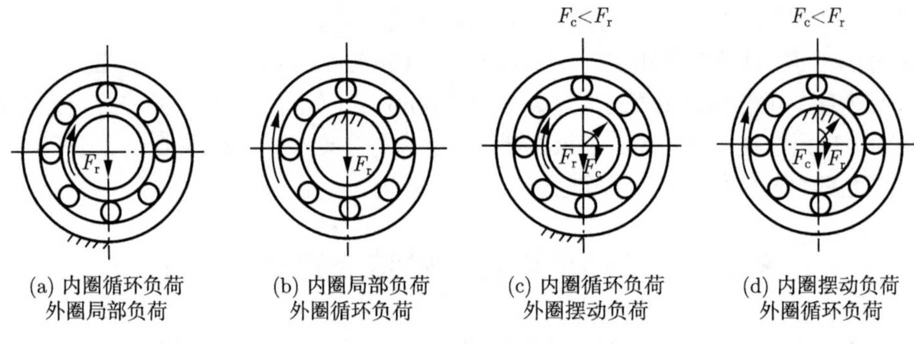

(a) 内圈循环负荷 外圈局部负荷　(b) 内圈局部负荷 外圈循环负荷　(c) 内圈循环负荷 外圈摆动负荷　(d) 内圈摆动负荷 外圈循环负荷

图 8.4　轴承承受的负荷类型

3) 摆动负荷

局部负荷与较小的循环负荷的合成称为摆动负荷。对于承受摆动负荷的套圈，其合成的径向负荷相对于套圈在有限范围内摆动，因此，只有套圈的一部分受到负荷的作用。如在图 8.4(c) 和图 8.4(d) 中，当定向负荷 F_r 大于旋转负荷 F_c 时，二者的合成负荷的大小将周期性地变化，且在一定区域内摆动，如图 8.5 所示。此时静止套圈承受摆动负荷，而旋转套圈则仍承受循环负荷。

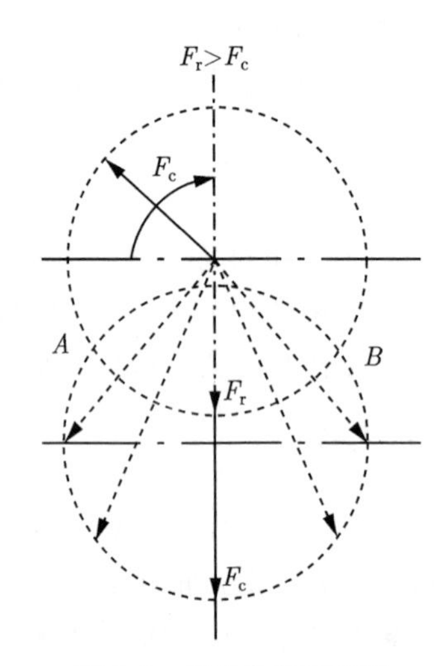

图 8.5　摆动负荷示意图

承受局部负荷的套圈应选较松的过渡配合或较紧的间隙配合，以便使套圈滚道间的摩擦力矩带动套圈允许转动，使套圈受力均匀，延长轴承的使用寿命。承受循环负荷的套圈应选过盈配合或较紧的过渡配合，其过盈量的大小以不使套圈与轴颈或外壳孔配合表面产生爬行现象为原则。承受摆动负荷的套圈，其配合可与循环负荷相同或稍松。

2. 径向负荷的大小

承受重负荷或冲击负荷的套圈容易产生变形，使配合面受力不均匀，引起配合松动，应选较紧的配合；承受较轻的负荷的套圈可选较松的配合。负荷大小的区分如表 8.1 所示。

3. 其他因素

轴承工作时，由于摩擦发热和其他热源的影响，套圈的温度高于与其配合零件的温度。因此，轴承内圈与轴的配合可能变松；外圈与外壳孔的配合可能变紧，从而影响轴承的轴向游隙，所以轴承的工作温度较高时，应对选用的配合进行适当的修正。

表 8.1　负荷大小区分

负荷大小	P_r/C_r
轻负荷	$\leqslant 0.07$
正常负荷	$> 0.07\sim0.15$
重负荷	> 0.15

注：P_r 为径向当量动负荷；C_r 为径向额定动负荷。

为方便轴承的安装与拆卸，对重型机械用的大型或特大型的轴承，宜采用较松的配合；随着轴承尺寸的增大，过盈配合的过盈量应增大，间隙配合的间隙量应增大；当轴承的旋转速度较高，又在冲击振动负荷下工作时，轴承与轴颈和外壳孔的配合最好都选过盈配合。轴颈和外壳孔的公差等级随轴承的公差等级、旋转精度和运动平稳性的提高而相应提高。与 0 级、6 级轴承相配合的轴颈和外壳孔的公差等级一般为 IT6 和 IT7。

影响滚动轴承配合选用的因素有很多，通常难以用计算法确定，所以在实际设计时常采用类比法。表 8.2、表 8.3 分别列出了向心轴承和轴颈、外壳孔配合的公差带，可供设计时选择参考。

表 8.2　向心轴承与轴颈的配合 (轴公差带代号)

<table>
<tr><th colspan="2">运转状态</th><th rowspan="2">负荷状态</th><th>深沟球轴承、调心球轴承和角接触球轴承</th><th>圆柱滚子轴承和圆锥滚子轴承</th><th>调心滚子轴承</th><th rowspan="2">公差带</th></tr>
<tr><th>说明</th><th>举例</th><th colspan="3">轴承公称内径/mm</th></tr>
<tr><td rowspan="3">旋转的内圈负荷及摆动负荷</td><td rowspan="3">一般通用机械、电动机、机床主轴、泵、内燃机、正齿轮传动装置、铁路机车车辆轴箱、破碎机等</td><td>轻负荷</td><td>≤ 18
> 18～100
> 100～200
—</td><td>—
≤ 40
> 40～140
> 140～200</td><td>—
≤ 40
> 40～100
> 100～200</td><td>h5
j6①
k6②
m6②</td></tr>
<tr><td>正常负荷</td><td>≤ 18
> 18～100
> 100～140
> 140～200
> 200～280
—
—</td><td>—
≤ 40
> 40～100
> 100～140
> 140～200
> 200～400
> 200</td><td>—
≤ 40
> 40～65
> 65～100
> 100～140
> 140～280
> 280～500</td><td>j5、js5
k5②
m5②
m6
n6
p6
r6</td></tr>
<tr><td>重负荷</td><td>—</td><td>> 50～140
> 140～200
> 200
—</td><td>> 50～100
> 100～140
> 140～200
> 200</td><td>n6
p6③
r6
r7</td></tr>
<tr><td>固定的内圈负荷</td><td>静止轴上的各种轮子、张紧轮、绳轮、振动筛、惯性振动器</td><td>所有负荷</td><td colspan="3">所有尺寸</td><td>f6
g6
h6
j6</td></tr>
<tr><td colspan="2">仅有轴向负荷</td><td colspan="4">所有尺寸</td><td>j6、js6</td></tr>
<tr><td colspan="7">圆锥孔轴承</td></tr>
<tr><td rowspan="2">所有负荷</td><td>铁路机车车辆油箱</td><td colspan="4">装在推卸套上的所有尺寸</td><td>h8(IT6)④⑤</td></tr>
<tr><td>一般机械传动</td><td colspan="4">装在紧定套上的所有尺寸</td><td>h9(IT7)④⑤</td></tr>
</table>

注：① 凡对精度有较高要求的场合，应用 j5、k5 等代替 j6、k6 等。

② 圆锥滚子轴承、角接触球轴承配合对游隙影响不大，可用 k6、m6 代替 k5、m5。

③ 重负荷下轴承游隙应选大于 0 组。

④ 凡有较高精度或转速要求的场合，应选用 h7(IT5) 代替 h8(IT6) 等。

⑤ IT6、IT7 表示圆柱度公差数值。

表 8.3 向心轴承和外壳孔的配合 (孔公差带代号)

运转状态		负荷状态	其他状况	公差带①	
说明	举例			球轴承	滚子轴承
固定的外圈负荷	一般机械、铁路机车车辆轴箱、电动机、泵、曲轴主轴承	轻、正常、重	轴向易移动，可采用剖分式外壳	H7、G7②	
		冲击	轴向能移动，可采用整体式或剖分式外壳	J7、JS7	
摆动负荷		轻、正常			
		正常、重	轴向不移动，采用整体式外壳	K7	
		冲击		M7	
旋转的外圈负荷	张紧滑轮、轮毂轴承	轻		J7	K7
		正常		K7、M7	M7、N7
		重		—	N7、P7

注：① 并列公差带随尺寸的增大从左至右选择，对旋转精度有较高要求时，可相应提高一个公差等级。

② 不适用于剖分式外壳。

8.3.3 轴颈、外壳孔的公差等级、几何公差、表面粗糙度的选择

与滚动轴承配合的轴颈和外壳孔的精度设计包括确定它们的公差等级、几何公差和表面粗糙度。国家标准 GB/T 275—2015 对与普通级和 6 级滚动轴承配合的轴颈和外壳孔所要求的精度进行了具体规定。

轴颈和外壳孔的标准公差等级应与轴承公差等级协调。与普通级轴承配合的轴颈一般为 IT6，外壳孔一般为 IT7。对于旋转精度和运转平稳性有较高要求的工作场合，轴颈应为 IT5，外壳孔应为 IT6。

国家标准 GB/T 275—2015 对轴颈和外壳孔规定了几何公差及表面粗糙度。

(1) 形状公差：主要是轴颈和外壳孔的圆柱度公差，见表 8.4。

(2) 跳动公差：主要是轴、孔肩端面的圆跳动公差，见表 8.4。

表 8.4 轴颈和外壳孔的圆柱度公差和端面圆跳动公差

公称尺寸/mm		圆柱度 t				端面圆跳动 t_1			
		轴颈		外壳孔		轴肩		外壳孔肩	
		轴承公差等级							
		普通级	6(6X)	普通级	6(6X)	普通级	6(6X)	普通级	6(6X)
大于	至	公差值/μm							
—	6	2.5	1.5	4	2.5	5	3	8	5
6	10	2.5	1.5	4	2.5	6	4	10	6
10	18	3	2	5	3	8	5	12	8
18	30	4	2.5	6	4	10	6	15	10
30	50	4	2.5	7	4	12	8	20	12
50	80	5	3	8	5	15	10	25	15
80	120	6	4	10	6	15	10	25	15
120	180	8	5	12	8	20	12	30	20
180	250	10	7	14	10	20	12	30	20
250	315	12	8	16	12	25	15	40	25
315	400	13	9	18	13	25	15	40	25
400	500	15	10	20	15	25	15	40	25

(3) 表面粗糙度：凡是与轴承内、外圈配合的表面通常都对表面粗糙度提出了较高的要求。具体选择见表 8.5。

表 8.5　轴颈与外壳孔的表面粗糙度

轴颈或外壳孔直径/mm		轴颈或外壳孔配合表面直径公差等级								
		IT7			IT6			IT5		
		表面粗糙度/μm								
大于	至	Rz	Ra		Rz	Ra		Rz	Ra	
			磨	车		磨	车		磨	车
—	80	10	1.6	3.2	6.3	0.8	1.6	4	0.4	0.8
80	500	16	1.6	3.2	10	1.6	3.2	6.3	0.8	1.6
端面		25	3.2	6.3	25	3.2	6.3	10	1.6	3.2

普通级滚动轴承与外壳孔、轴颈的配合选用及图样标注示例如图 8.6 所示。

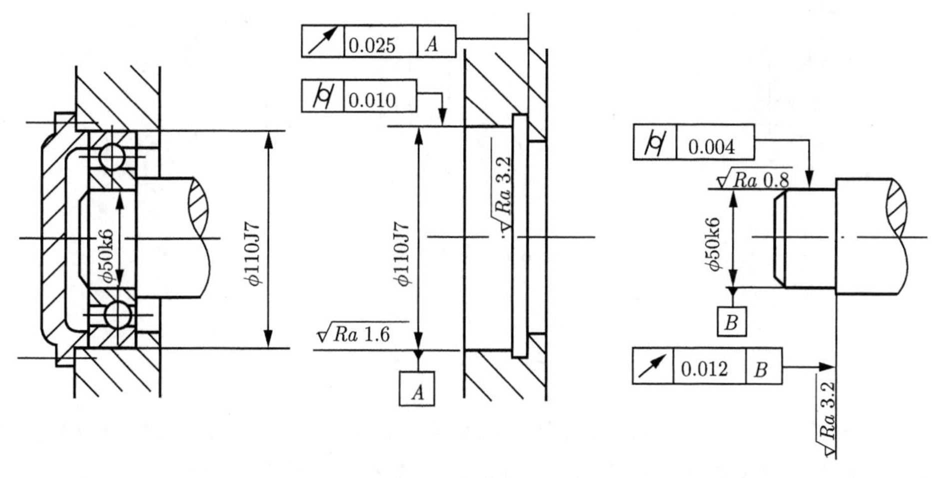

图 8.6　与普通级滚动轴承配合的外壳孔、轴颈的标注

(1) 在装配图上不用标注轴承的公差等级代号，只需标注与之相配合的外壳孔及轴颈的公差等级代号。

(2) 在零件图上，应标注外壳孔和轴颈的尺寸公差、形状公差、位置公差、表面粗糙度。

8.3.4　滚动轴承与孔、轴结合的精度设计实例

【例 8-1】图 8.7 为一直齿圆柱齿轮减速器的部分装配图，小齿轮轴要求有较高的旋转精度，所装轴承为 6 级单列深沟球轴承，尺寸为 $d=50\text{mm}$，$D=110\text{mm}$，宽度 $B=27\text{mm}$，径向额定动负荷 $C_{\text{r}}=48400\text{N}$，轴承承受的径向当量动负荷 $P_{\text{r}}=5\text{kN}$。试用类比法确定与轴承配合的轴颈和外壳孔的公差带，并确定孔、轴的几何公差值和表面粗糙度，并在图上标注出来。

解：(1) 按给定条件，$0.07C_{\text{r}}<P_{\text{r}}=5000\text{N}<0.15C_{\text{r}}$，属正常负荷，同时减速器工作中有时会受冲击负荷。

(2) 由于受固定负荷的影响，轴承内圈与轴一起旋转，外圈一般固定安装在剖分式外壳中。查表 8.2 得轴颈公差带为 $\phi50\text{k}5$；查表 8.3 得外壳孔公差带为 $\phi110\text{J}7$，由于小齿轮轴要求有较高的旋转精度，可提高一个标准公差等级，选择 $\phi110\text{J}6$ 较适合。

(3) 查表 8.4，根据相应的尺寸，可得轴颈的圆柱度公差为 2.5μm，外壳孔的圆柱度公差为 6.0μm；轴肩的端面圆跳动公差为 8μm，外壳孔肩的端面圆跳动公差为 15μm。

(4) 查表 8.5，根据相应的尺寸，轴颈的表面粗糙度为 0.4μm，外壳孔的表面粗糙度为 1.6μm；轴肩端面的表面粗糙度为 1.6μm，外壳孔肩端面的表面粗糙度为 3.2μm。

(5) 在图上标注所选的各项公差值和表面粗糙度，如图 8.7 所示。

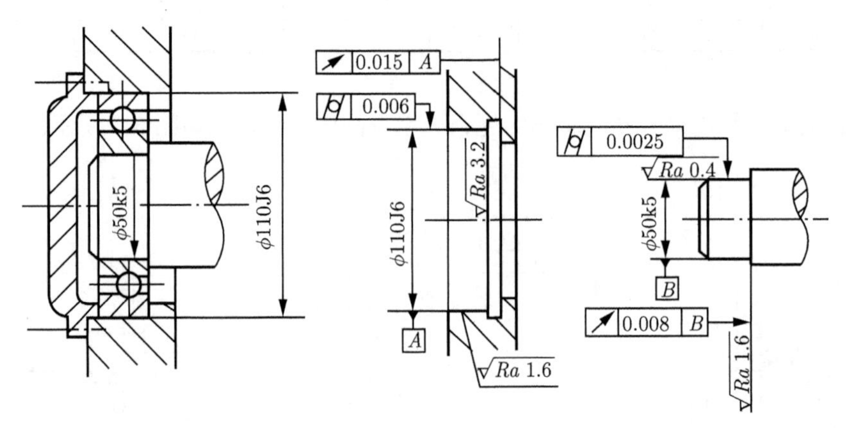

图 8.7　例 8-1 图

习　题　8

8-1　对于图 8.8 所示的车床床头箱，根据滚动轴承配合的要求，主轴轴颈和箱体孔的公差带分别选定为 ϕ60js6 和 ϕ95K7。试确定套筒 4 与主轴轴颈的配合代号 (该配合要求最大间隙 $X_{\max} = +0.25\text{mm}$，最小间隙 $X_{\min} = +0.08\text{mm}$) 和箱体孔与套筒 1 外圆柱面的配合代号 (该配合要求最大间隙 $X_{\max} = +0.25\text{mm}$，最小间隙 $X_{\min} = +0.08\text{mm}$)。

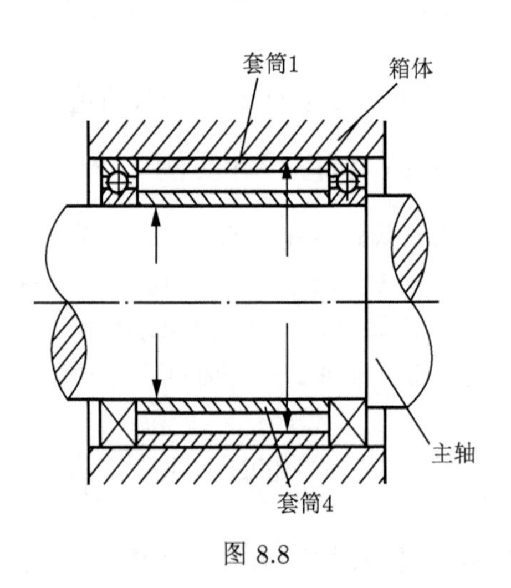

图 8.8

8-2　简述滚动轴承与孔、轴结合的精度设计过程以及如何进行正确标注。

第 9 章　键连接的精度设计与检测

键和花键广泛用于轴和轴上传动件 (如齿轮、带轮等) 之间的可拆卸连接，实现周向固定以传递转矩，也可用作轴上传动件的导向，如变速箱中变速齿轮花键孔与花键轴的连接。

9.1　普通平键连接的公差与配合

9.1.1　普通平键连接

普通平键连接由键、轴键槽和轮毂键槽三部分组成，靠键的侧面与轴键槽、轮毂键槽的相互接触来传递运动和转矩。键的上表面和轮毂键槽底面留有一定的间隙，其相应的剖面尺寸如图 9.1 所示。键宽和键槽宽 b 是平键连接的主要配合尺寸，而键长 L、键高 h、轴键槽深 t_1、轮毂键槽深 t_2、轴和轮毂直径 d 是平键连接的非配合尺寸。

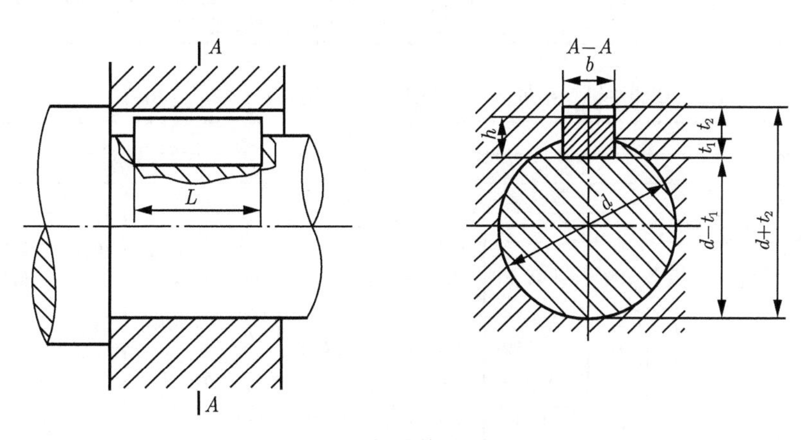

图 9.1　平键连接的剖面尺寸

普通平键连接的使用要求有：侧面传力需要足够的有效接触面积，键的上表面与轮毂键槽底面留有一定的间隙 (0.2~0.5mm)，键嵌入牢固，便于装拆。

9.1.2　平键连接的尺寸公差与配合

由于键是标准件，所以键与键槽的配合采用基轴制配合。键的尺寸是根据轴的直径选取的。国家标准 GB/T 1095—2003 对平键与轴键槽和轮毂键槽的连接规定了三种类型，即较松连接、正常连接和紧密连接，对轴键槽和轮毂键槽的宽度各规定了三种公差带；对平键键宽规定了一种公差带 h8，这样就构成三种不同性质的配合，以满足各种不同用途的需要，键宽、轴键槽宽、轮毂键槽宽 b 的公差带图如图 9.2 所示。

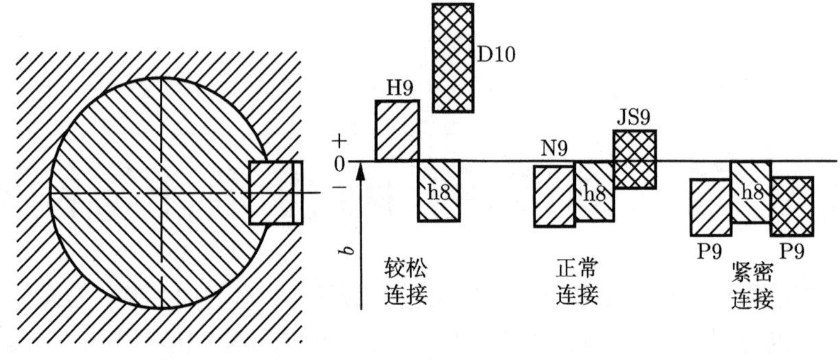

图 9.2　平键连接的键宽与键槽宽 b 的公差带图

平键连接的三种配合及应用如表 9.1 所示，具体数值见表 9.2。

表 9.1　平键连接的三种配合及应用

<table>
<tr><th rowspan="2">配合种类</th><th colspan="3">尺寸 b 的公差带</th><th rowspan="2">应用</th></tr>
<tr><th>键</th><th>轴键槽</th><th>轮毂键槽</th></tr>
<tr><td>较松连接</td><td rowspan="3">h8</td><td>H9</td><td>D10</td><td>键在轴上及轮毂中均能滑动，主要用于导向平键，轮毂可在轴上做轴向移动</td></tr>
<tr><td>正常连接</td><td>N9</td><td>JS9</td><td>键在轴键槽中和轮毂键槽中均固定，用于载荷不大的场合</td></tr>
<tr><td>紧密连接</td><td>P9</td><td>P9</td><td>键在轴键槽中和轮毂键槽中均牢固地固定，比正常键连接配合更紧，用于载荷较大、有冲击和双向传递转矩的场合</td></tr>
</table>

表 9.2　普通平键键槽的尺寸与公差 (摘自 GB/T 1095—2003)　　　单位：mm

<table>
<tr><th rowspan="5">键尺寸
$b \times h$</th><th colspan="11">键槽</th></tr>
<tr><th colspan="6">宽度 b</th><th colspan="4">深度</th><th>半径 r</th></tr>
<tr><th rowspan="3">基本
尺寸</th><th colspan="5">极限偏差</th><th colspan="2">轴 t_1</th><th colspan="2">毂 t_2</th><th></th></tr>
<tr><th colspan="2">正常连接</th><th>紧密连接</th><th colspan="2">较松连接</th><th rowspan="2">基本
尺寸</th><th rowspan="2">极限
偏差</th><th rowspan="2">基本
尺寸</th><th rowspan="2">极限
偏差</th><th rowspan="2">min
max</th></tr>
<tr><th>轴 N9</th><th>毂 JS9</th><th>轴和毂 P9</th><th>轴 H9</th><th>毂 D10</th></tr>
<tr><td>4×4</td><td>4</td><td rowspan="3">0
−0.030</td><td rowspan="3">±0.015</td><td rowspan="3">−0.012
−0.042</td><td rowspan="3">+0.030
0</td><td rowspan="3">+0.078
+0.030</td><td>2.5</td><td rowspan="3">+0.1
0</td><td>1.8</td><td rowspan="3">+0.1
0</td><td>0.08, 0.16</td></tr>
<tr><td>5×5</td><td>5</td><td>3.0</td><td>2.3</td><td rowspan="3">0.16
0.25</td></tr>
<tr><td>6×6</td><td>6</td><td>3.5</td><td>2.8</td></tr>
<tr><td>8×7</td><td>8</td><td rowspan="2">0
−0.036</td><td rowspan="2">±0.018</td><td rowspan="2">−0.015
−0.051</td><td rowspan="2">+0.036
0</td><td rowspan="2">+0.098
+0.040</td><td>4.0</td><td rowspan="11">+0.2
0</td><td>3.3</td><td rowspan="11">+0.2
0</td></tr>
<tr><td>10×8</td><td>10</td><td>5.0</td><td>3.3</td><td rowspan="5">0.25
0.40</td></tr>
<tr><td>12×8</td><td>12</td><td rowspan="4">0
−0.043</td><td rowspan="4">±0.0215</td><td rowspan="4">−0.018
−0.061</td><td rowspan="4">+0.043
0</td><td rowspan="4">+0.120
+0.050</td><td>5.0</td><td>3.3</td></tr>
<tr><td>14×9</td><td>14</td><td>5.5</td><td>3.8</td></tr>
<tr><td>16×10</td><td>16</td><td>6.0</td><td>4.3</td></tr>
<tr><td>18×11</td><td>18</td><td>7.0</td><td>4.4</td></tr>
<tr><td>20×12</td><td>20</td><td rowspan="4">0
−0.052</td><td rowspan="4">±0.026</td><td rowspan="4">−0.022
−0.074</td><td rowspan="4">+0.052
0</td><td rowspan="4">+0.149
+0.065</td><td>7.5</td><td>4.9</td><td rowspan="5">0.40
0.60</td></tr>
<tr><td>22×14</td><td>22</td><td>9.0</td><td>5.4</td></tr>
<tr><td>25×14</td><td>25</td><td>9.0</td><td>5.4</td></tr>
<tr><td>28×16</td><td>28</td><td>10.0</td><td>6.4</td></tr>
<tr><td>32×18</td><td>32</td><td rowspan="5">0
−0.062</td><td rowspan="5">±0.031</td><td rowspan="5">−0.026
−0.088</td><td rowspan="5">+0.062
0</td><td rowspan="5">+0.180
+0.080</td><td>11.0</td><td>7.4</td></tr>
<tr><td>36×20</td><td>36</td><td>12.0</td><td rowspan="4">+0.3
0</td><td>8.4</td><td rowspan="4">+0.3
0</td><td rowspan="4">0.70
1.00</td></tr>
<tr><td>40×22</td><td>40</td><td>13.0</td><td>9.4</td></tr>
<tr><td>45×25</td><td>45</td><td>15.0</td><td>10.4</td></tr>
<tr><td>50×28</td><td>50</td><td>17.0</td><td>11.4</td></tr>
</table>

注：$(d - t_1)$ 和 $(d + t_2)$ 两组尺寸的偏差，按相应的 t_1 和 t_2 的偏差选取。但 $(d - t_1)$ 的偏差应取负号 $(-)$。

9.1.3　平键连接的几何公差和表面粗糙度

(1) 为保证键侧与键槽侧面之间有足够的接触面积和避免装配困难，应分别规定轴键槽对轴线和轮毂键槽对孔的轴线的对称度公差。对称度公差等级可按国家标准 GB/T 1184—1996 确定，一般取 7~9 级。

(2) 当平键的键长 L 与键宽 b 之比大于或等于 8 时，应规定键宽 b 的两工作侧面在长度上的平行度要求。当 $b \leqslant 6\text{mm}$ 时，公差等级取 7 级；当 $b > 8 \sim 36\text{mm}$ 时，公差等级取 6 级；当 $b \geqslant 40\text{mm}$ 时，公差等级取 5 级。

(3) 轴键槽和轮毂键槽两工作侧面为配合表面，表面粗糙度参数 Ra 值一般取 1.6~3.2μm，槽底面等为非配合表面，表面粗糙度参数 Ra 值一般取 6.3μm。

9.1.4　键槽的图样标注

轴键槽的标注内容有：标注槽深 $d-t_1$ 及公差；标注槽宽 b 及公差，如表 9.2 所示；标注对称度公差；标注表面粗糙度。

轮毂键槽的标注内容有：标注槽深 $d+t_2$ 及公差；标注槽宽 b 及公差；标注对称度公差；标注表面粗糙度，具体见图 9.3。

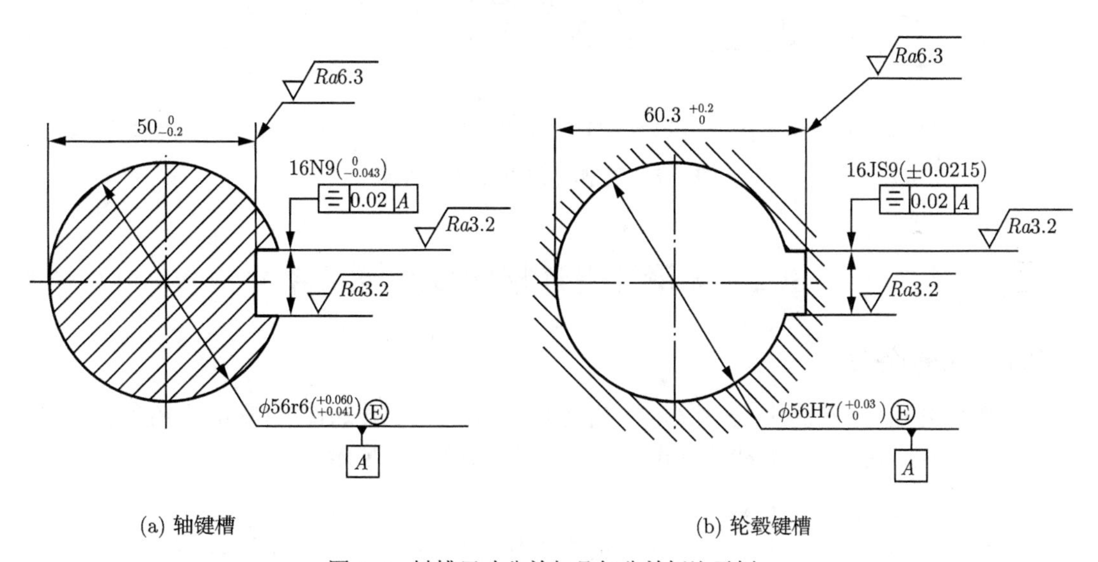

(a) 轴键槽　　(b) 轮毂键槽

图 9.3　键槽尺寸公差与几何公差标注示例

9.1.5　普通平键键槽的检测

键和键槽尺寸的检测比较简单，在单件小批量生产中，键的宽度、高度和键槽宽度、深度等一般用游标卡尺、千分尺等通用计量器具来测量，如图 9.4 所示。

在成批量生产中可用极限量规检测，如图 9.5 所示。

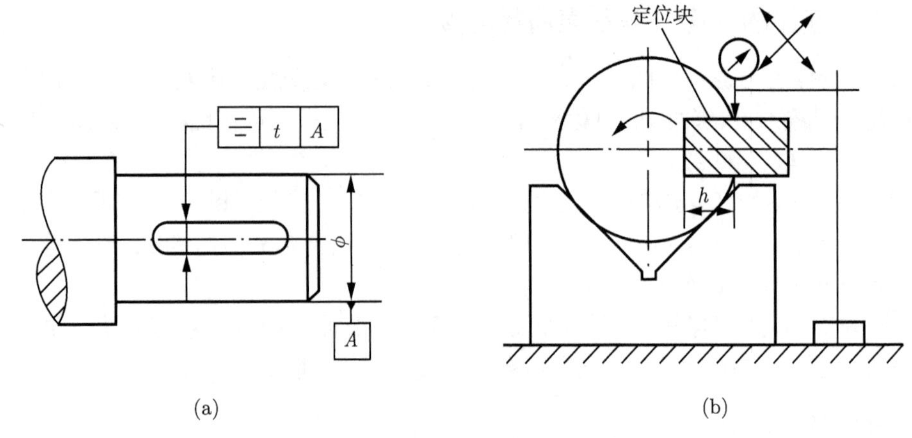

图 9.4　轴键槽对称度误差测量

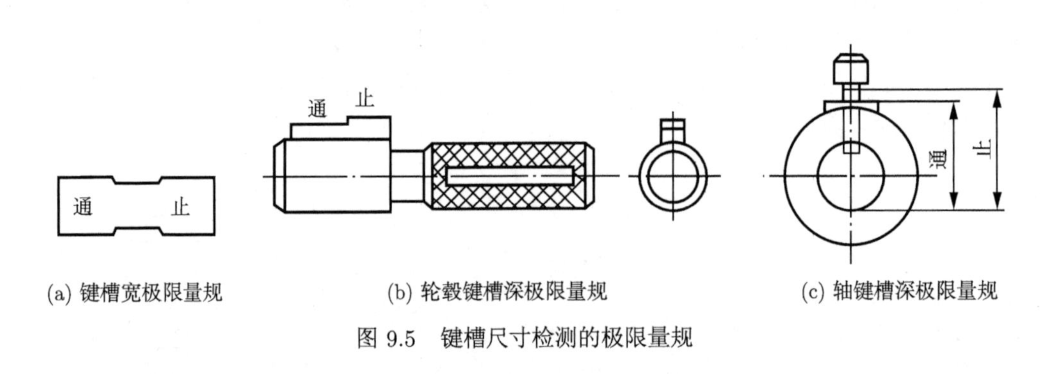

(a) 键槽宽极限量规　(b) 轮毂键槽深极限量规　(c) 轴键槽深极限量规

图 9.5　键槽尺寸检测的极限量规

9.2　矩形花键连接的公差与配合

9.2.1　花键连接

花键由内花键 (花键孔) 和外花键 (花键轴) 组成，用于传递转矩和运动。花键按齿形的不同可分为矩形花键、渐开线花键和三角形花键，如图 9.6 所示。

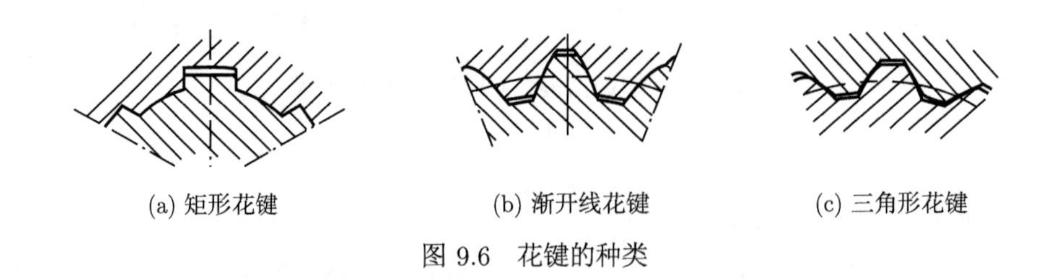

(a) 矩形花键　(b) 渐开线花键　(c) 三角形花键

图 9.6　花键的种类

与平键相比，花键有如下优点：

(1) 载荷分布均匀，承载能力强，可传递更大的转矩；

(2) 导向性好；

(3) 定心精度高，满足了高精度场合的使用要求；

(4) 连接可靠。

花键连接分为固定连接与滑动连接两种。花键连接的使用要求为：保证连接及传递转矩可靠；保证内花键 (花键孔) 和外花键 (花键轴) 连接后的同轴度；滑动连接还要求导向精度及移动灵活性，固定连接要求可装配性。花键连接的种类有很多，但应用最广的是矩形花键。

9.2.2　矩形花键的主要参数和定心方式

矩形花键的主要尺寸参数有大径 D、小径 d 和键 (或槽) 宽 B，如图 9.7 所示。为了便于加工和检测，键数 N 规定为偶数，有 6、8、10 三种。其尺寸按承载能力的大小分中、轻两个系列，中系列的键高尺寸较大，承载能力强，多用于汽车、拖拉机等制造业；轻系列的键高尺寸较小，承载能力较低，多用于机床制造业。矩形花键的尺寸系列见表 9.3。

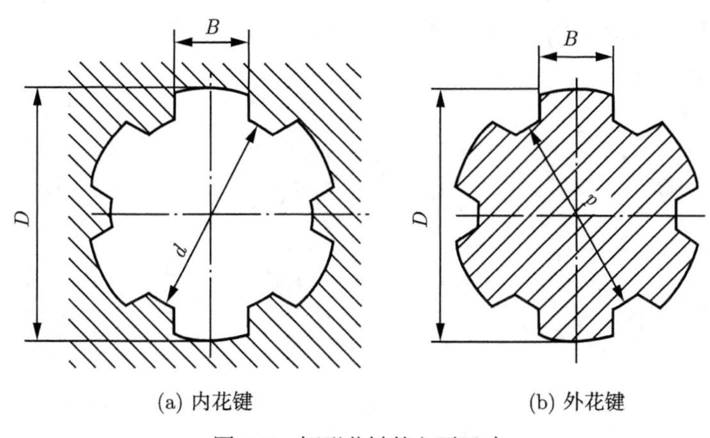

(a) 内花键　　(b) 外花键

图 9.7　矩形花键的主要尺寸

表 9.3　矩形花键的尺寸系列 (摘自 GB/T 1144—2001)　　单位：mm

小径 d	轻系列				中系列			
	$N\times d\times D\times B$	键数 N	大径 D	键宽 B	规格 $N\times d\times D\times B$	键数 N	大径 D	键宽 B
11					6×11×14×3	6	14	3
13					6×13×16×3.5	6	16	3.5
16					6×16×20×4	6	20	4
18					6×18×22×5	6	22	5
21					6×21×25×5	6	25	5
23	6×23×26×6	6	26	6	6×23×28×6	6	28	6
26	6×26×30×6	6	30	6	6×26×32×6	6	32	6
28	6×28×32×7	6	32	7	6×28×34×7	6	34	7
32	6×32×36×6	6	36	6	8×32×38×6	8	38	6
36	8×36×40×7	8	40	7	8×36×42×7	8	42	7

矩形花键的使用要求包括：内外花键的定心要求；侧面传力，需要充分大的有效接触面积；对于滑动花键，内、外花键需要有一定的间隙；花键的分度准确。

矩形花键连接由多表面构成，主要结构尺寸有大径 (D)、小径 (d) 和键宽 (B)，这些参数中同样有配合尺寸和非配合尺寸。在矩形花键结合中，要使内、外花键的大径 D、小径 d、

键宽 B 相应的结合面都同时耦合得很好是相当困难的。因为这 3 个尺寸都会有制造误差，而且即使这 3 个尺寸都做得很准，但其相应的表面之间还会有位置误差，为了保证使用性能，改善加工工艺，只选择一个结合面作为主要配合面，对其规定较高的精度，以保证配合性质和定心精度，该表面称为定心表面。

每个结合面都可作为定心表面，所以花键有三种定心方式：大径 D 定心、小径 d 定心和键 (或槽) 宽 B 定心，如图 9.8 所示。由于花键结合面的硬度通常要求较高，在加工过程中往往需要进行热处理。为保证定心表面的尺寸精度和形状精度，热处理后需进行磨削加工。从加工工艺性来看，小径便于磨削，较易保证较高的加工精度和表面硬度，能提高花键的耐磨性和使用寿命。因此，国家标准 GB/T 1144—2001 规定，矩形花键采用小径定心。定心直径 d 有较高的公差等级，非定心直径 D 的公差等级较低，且有较大的间隙，以保证它们不接触。但对非定心的键 (槽) 宽 B 要求有足够的精度，一般要求比非定心直径 D 严格，以传递转矩和起导向作用。

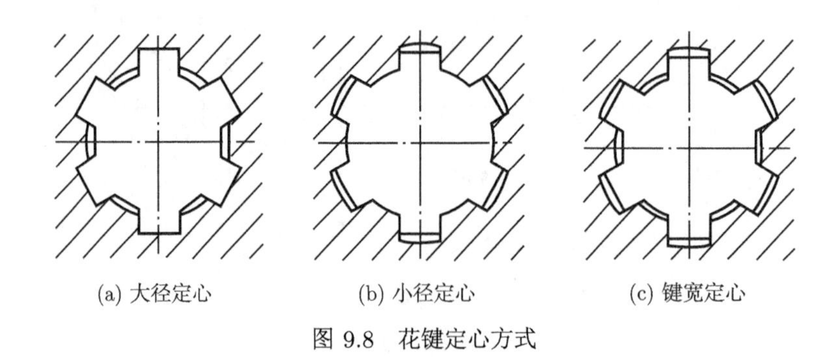

(a) 大径定心　　(b) 小径定心　　(c) 键宽定心

图 9.8　花键定心方式

9.2.3　矩形花键连接的尺寸公差与配合

矩形花键连接的尺寸公差与配合按其使用要求分为一般用和精密传动用两类。精密级用于机床变速箱中，其定心精度要求高或传递转矩较大；一般等级适用于汽车、拖拉机的变速箱中。内、外花键的尺寸公差带和装配形式见表 9.4。

表 9.4　矩形花键的尺寸公差带 (摘自 GB/T 1144—2001)

<table>
<tr><th rowspan="3">用途</th><th colspan="4">内花键</th><th colspan="3">外花键</th><th rowspan="3">装配形式</th></tr>
<tr><th rowspan="2">小径 d</th><th rowspan="2">大径 D</th><th colspan="2">键宽 B</th><th rowspan="2">小径 d</th><th rowspan="2">大径 D</th><th rowspan="2">键宽 B</th></tr>
<tr><th>拉削后不热处理</th><th>拉削后热处理</th></tr>
<tr><td rowspan="3">一般用</td><td rowspan="3">H7</td><td rowspan="9">H10</td><td rowspan="3">H9</td><td rowspan="3">H11</td><td>f7</td><td rowspan="9">a11</td><td>d10</td><td>滑动</td></tr>
<tr><td>g7</td><td>f9</td><td>紧滑动</td></tr>
<tr><td>h7</td><td>h10</td><td>固定</td></tr>
<tr><td rowspan="6">精密传动用</td><td rowspan="3">H5</td><td colspan="2" rowspan="6">H7、H9</td><td>f5</td><td>d8</td><td>滑动</td></tr>
<tr><td>g5</td><td>f7</td><td>紧滑动</td></tr>
<tr><td>h5</td><td>h8</td><td>固定</td></tr>
<tr><td rowspan="3">H6</td><td>f6</td><td>d8</td><td>滑动</td></tr>
<tr><td>g6</td><td>f7</td><td>紧滑动</td></tr>
<tr><td>h6</td><td>h8</td><td>固定</td></tr>
</table>

对于精密传动用的内花键，当需要控制键侧配合间隙时，槽宽公差带可选用 H7，一般

情况下可选用 H9。但在有些情况下 (如矩形花键用来做齿轮的基准孔)，内花键允许与高一级的外花键配合。如公差为 H7 的内花键可以与公差为 f6、g6、h6 的外花键配合，公差为 H6 的内花键可以与公差为 f5、g5、h5 的外花键配合。

矩形花键配合有如下特点。

(1) 内、外花键小径 d 的公差等级相同，且比相应大径 D 和键宽 B 的公差等级都高。

(2) 大径 D 只有一种配合为 H10/a11。

(3) 内、外花键定心直径 d 的公差带分别为 3 种、9 种，键宽 B 的公差带分别为 3 种、6 种。

为减少专用刀具和量具的数量，花键连接采用基孔制配合。内、外花键的装配形式 (即配合) 分为滑动、紧滑动和固定三种。当内、外花键之间有轴向移动且移动频繁，移动距离长时，应选用配合间隙较大的滑动连接，以保证运动灵活，而且确保配合面间有足够的润滑油层；对于内、外花键之间有相对运动、定心精度要求高、传递的转矩大、运转中需经常反转等的连接，则应选用配合间隙较小的紧滑动连接；当内、外花键连接只传递转矩而无相对轴向移动时，应选用配合间隙最小的固定连接。

9.2.4　矩形花键连接的几何公差和表面粗糙度

1. 内、外花键几何公差的确定

小径 d 的极限尺寸遵守包容要求：小径是定心配合尺寸，保证配合性能，其表面的形状公差和尺寸公差遵守包容要求。

花键的位置度公差遵守最大实体原则：花键的位置度公差综合控制花键各键之间的角位置，各键对轴线的对称度误差，以及各键对轴线的平行度误差等，其遵守最大实体原则。矩形花键的位置度公差见表 9.5，标注见图 9.9。

表 9.5　矩形花键的位置度公差 t_1　(摘自 GB/T 1144—2001)　单位：mm

<table>
<tr><td colspan="3" rowspan="2">键槽宽或键宽 B</td><td>3</td><td>3.5~6</td><td>7~10</td><td>12~16</td></tr>
<tr><td colspan="4">t_1</td></tr>
<tr><td rowspan="3">t_1</td><td colspan="2">键槽宽</td><td>0.010</td><td>0.015</td><td>0.020</td><td>0.025</td></tr>
<tr><td rowspan="2">键宽</td><td>滑动、固定</td><td>0.010</td><td>0.015</td><td>0.020</td><td>0.025</td></tr>
<tr><td>紧滑动</td><td>0.006</td><td>0.010</td><td>0.013</td><td>0.016</td></tr>
</table>

键和键槽的对称度公差和等分度公差遵守独立原则 (单件或小批量)，对称度公差见表 9.6，等分度公差值等于花键的对称度公差值，矩形花键对称度公差标注见图 9.10。

表 9.6　矩形花键对称度公差 t_2　(摘自 GB/T 1144—2001)　单位：mm

<table>
<tr><td colspan="2">键槽宽或键宽 B</td><td>3</td><td>3.5~6</td><td>7~10</td><td>12~18</td></tr>
<tr><td rowspan="2">t_2</td><td>一般用</td><td>0.010</td><td>0.012</td><td>0.015</td><td>0.018</td></tr>
<tr><td>精密传动用</td><td>0.006</td><td>0.008</td><td>0.009</td><td>0.011</td></tr>
</table>

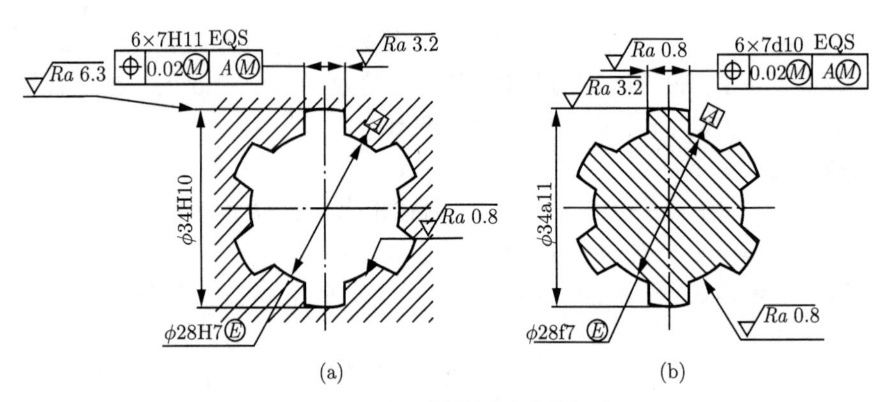

图 9.9 矩形花键位置度公差标注

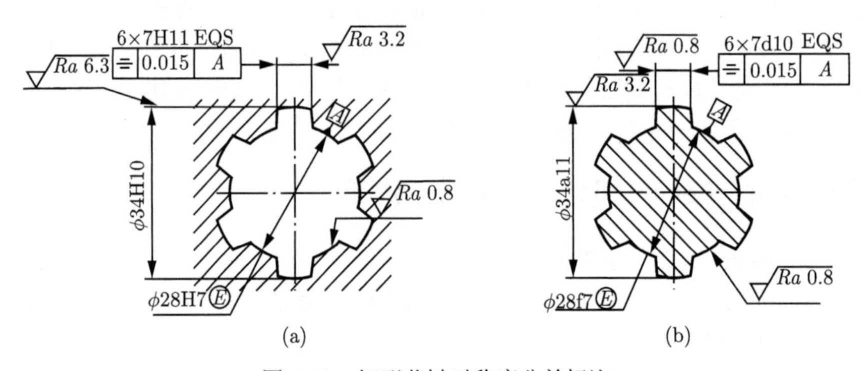

图 9.10 矩形花键对称度公差标注

2. 矩形花键表面粗糙度值的确定

矩形花键表面粗糙度参数 Ra 的上限值推荐如下。

(1) 内花键：小径表面不大于 1.6μm，键槽侧面不大于 3.2μm，大径表面不大于 6.3μm。

(2) 外花键：小径表面不大于 0.8μm，键槽侧面不大于 1.6μm，大径表面不大于 3.2μm。

9.2.5 矩形花键的标注

矩形花键的键数 N、小径 d、大径 D、键 (或槽) 宽 B 的公差带代号或配合代号标注于各公称尺寸之后，如图 9.11(a) 为一花键副，其标注为：键数为 6，小径配合为 28H7/f7，大径配合为 34H10/a11，键宽配合为 7H11/d10。在零件图上，花键公差仍按花键规格顺序标注，如图 9.11 所示。

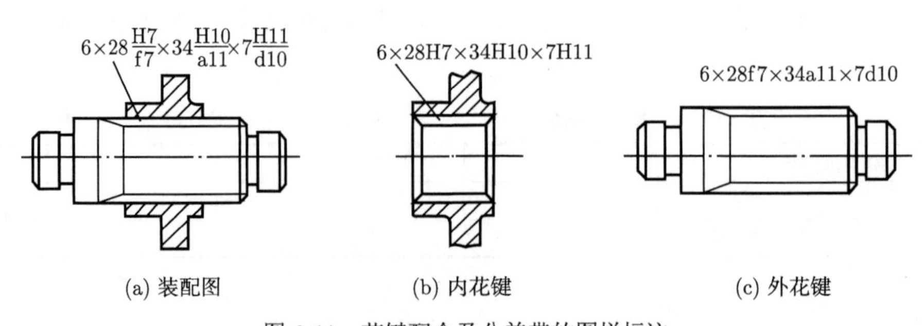

图 9.11 花键配合及公差带的图样标注

【例 9-1】 写出某花键副 $N=8$，$d=23\dfrac{\mathrm{H7}}{\mathrm{f7}}$，$D=26\dfrac{\mathrm{H10}}{\mathrm{a11}}$，$B=6\dfrac{\mathrm{H11}}{\mathrm{d10}}$ 的标注形式。

解： 花键规格 $N\times d\times D\times B=8\times 23\times 26\times 6$。

花键副 $8\times 23\dfrac{\mathrm{H7}}{\mathrm{f7}}\times 26\dfrac{\mathrm{H10}}{\mathrm{a11}}\times 6\dfrac{\mathrm{H11}}{\mathrm{d10}}$(GB/T 1144—2001)。

内花键 $8\times 23\mathrm{H7}\times 26\mathrm{H10}\times 6\mathrm{H11}$(GB/T 1144—2001)。

外花键 $8\times 23\mathrm{f7}\times 26\mathrm{a11}\times 6\mathrm{d10}$(GB/T 1144—2001)。

9.2.6　矩形花键的检测

在单件小批量生产中，可用通用量具按独立原则分别对花键 d、D、B 尺寸误差进行单项测量，对键及键槽的对称度及等分度分别进行几何误差测量。对大批量生产的内、外花键可采用综合量规测量，可以同时检验尺寸 d、D、B 和大径对小径的同轴度及键 (键槽) 的位置度等项目，如图 9.12 所示。

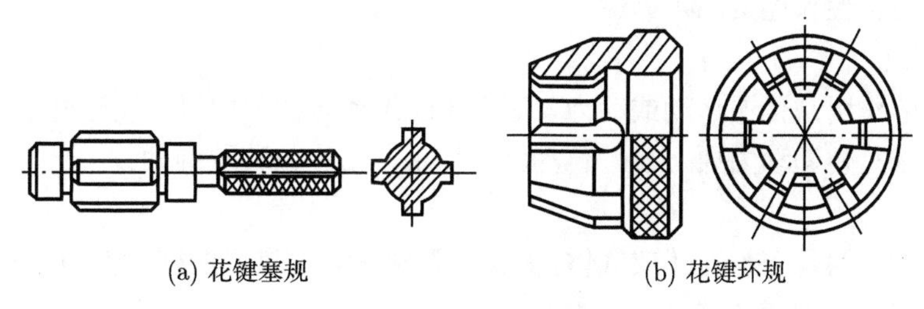

(a) 花键塞规　　(b) 花键环规

图 9.12　花键综合量规

习　题　9

9-1　某机床变速箱中有 6 级精度齿轮的花键孔与花键轴连接，花键规格 $6\times 26\times 30\times 6$，花键孔长 30mm，花键轴长 75mm，齿轮花键孔经常需要相对花键轴做轴向移动，要求定心精度较高，试确定：齿轮花键孔和花键轴的公差带代号，计算小径、大径、键 (或槽) 宽的极限尺寸；分别写出在装配图上和零件图上的标注形式。

9-2　简述平键连接中，轴键槽、轮毂键槽的精度设计项目及选取依据，举例说明如何进行标注。

9-3　简述矩形花键连接的精度设计项目及选取原则。

第 10 章　螺纹结合的精度设计与检测

10.1　螺纹的分类及使用要求

圆柱螺纹指在圆柱表面上形成的螺纹，其作用是实现机械零件的连接、传递运动和动力、定位、密封等，在应用中需要满足可旋合性、连接可靠性、有足够的强度和准确的位移。

螺纹的分类如下。

1) 连接螺纹

连接螺纹即紧固螺纹，其作用是把几个零件连接成一体。最常用的是公制普通螺纹，其技术要求是可旋合性和连接的可靠性。

2) 传动螺纹

传动螺纹的作用是传递运动或动力，如机床的传动丝杠和螺母；螺旋测微仪的测微螺杠等，其使用要求是传递动力要可靠，传动比要恒定，传递位移要准确。

3) 紧密螺纹

紧密螺纹的作用是密封流体或气体，其使用要求是具有良好的密封性，如管螺纹连接，要能密封住管内的水、油或气体。

10.2　普通螺纹的基本几何参数

国家标准 GB/T 192—2003 规定普通螺纹的基本牙型是指在螺纹轴向剖面内，截去等边三角形的顶部和底部形成的螺纹牙型，如图 10.1 所示。

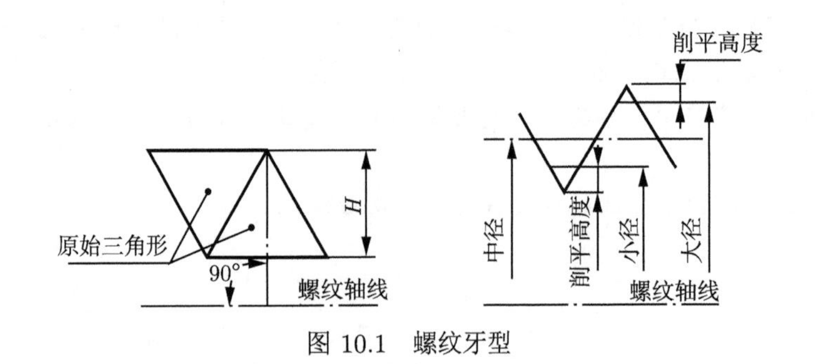

图 10.1　螺纹牙型

(1) 大径 $d(D)$：指与外螺纹牙顶或内螺纹牙底相重合的假想圆柱体的直径，是螺纹的最大直径，称为大径，如图 10.2 所示。普通螺纹结合的内、外螺纹的大径公称尺寸相等，即 $D=d$。内螺纹的大径 D 又称底径，外螺纹的大径 d 又称顶径。国家标准规定，将普通螺纹大径的公称尺寸作为螺纹的公称尺寸。

(2) 小径 $d_1(D_1)$：指与外螺纹牙底或内螺纹牙顶相重合的假想圆柱体的直径，是螺纹的最小直径。普通螺纹结合的内、外螺纹的小径公称尺寸相等，即 $D_1 = d_1$。

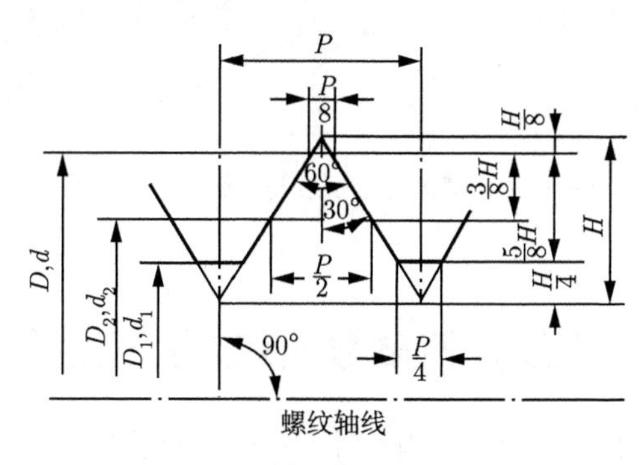

图 10.2　普通螺纹基本牙型

(3) 中径 $d_2(D_2)$：中径为一个假想圆柱的直径，该圆柱的母线通过牙型上沟槽和凸起宽度相等的地方。此假想圆柱称为中径圆柱，中径圆柱的母线称为中径线，其轴线即为螺纹轴线。普通螺纹结合的内、外螺纹的中径公称尺寸相等，即 $D_2 = d_2$。

(4) 单一中径 $d_{2a}(D_{2a})$：单一中径为一个假想圆柱的直径，该圆柱的母线通过牙型上沟槽宽度等于基本螺距 1/2 的地方。当螺距无误差时，螺纹的中径就是螺纹的单一中径，如图 10.3 所示。当螺距有误差时，二者不相等。单一中径用三针法测量，通常近似看作螺纹实际中径尺寸 ($d_{2\mathrm{a}}$ 或 $D_{2\mathrm{a}}$)。

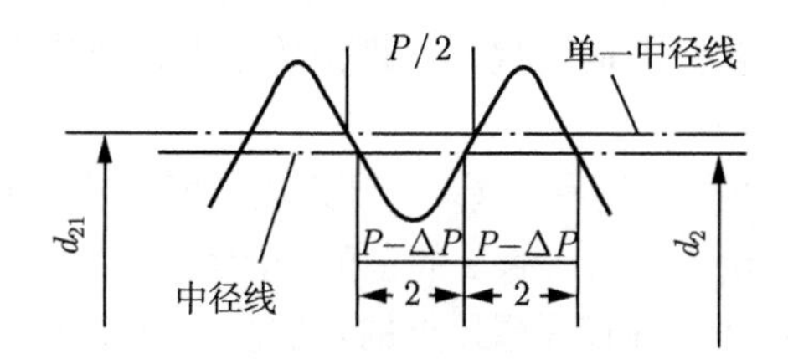

图 10.3　螺纹的单一中径

(5) 牙型角 (α) 和牙侧角 (α_1 和 α_2)：在螺纹牙型上，相邻两牙侧间的夹角称为牙型角，对于公制普通螺纹，牙型角 $\alpha = 60°$。牙型角的 1/2 称为牙型半角。牙侧角是指在螺纹牙型上，牙侧与螺纹轴线垂线间的夹角。左、右牙侧角分别用 α_1 和 α_2 表示。

(6) 螺距 P 和导程 L：螺距是指螺纹相邻两牙在中径线上对应两点间的轴向距离。螺距应按国家标准 GB/T 193—2003 规定的系列选取。导程是指同一条螺旋线上相邻两牙在中径线上对应两点间的轴向距离，螺距和导程的关系为

$$L = nP\ (n\text{是螺纹的头数或线数}) \tag{10-1}$$

(7) 螺纹旋合长度：指相互配合的螺纹沿螺纹轴线方向相互旋合部分的长度，如图 10.4 所示。

(8) 螺纹接触高度：指两个相互配合的螺纹牙型上，牙侧重合部分在垂直于螺纹轴线方向上的距离，如图 10.4 所示。

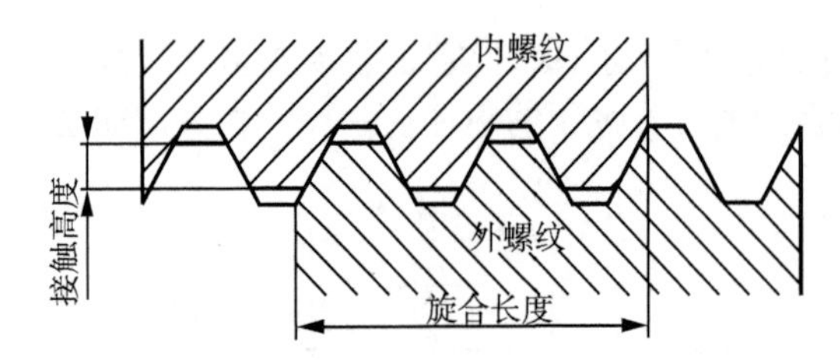

图 10.4　螺纹旋合长度和接触高度示意图

10.3　螺纹几何参数误差对互换性的影响

螺纹连接的互换性要求相同规格的内、外螺纹装配过程的可旋合性及使用过程中连接的可靠性。影响螺纹互换性的几何参数有五个：大径、中径、小径、螺距和牙侧角。这些参数在加工过程中不可避免地会产生一定的加工误差，不仅会影响螺纹的旋合性、接触高度、配合松紧，还会影响连接的可靠性，从而影响螺纹的互换性。由于标准规定螺纹的大径及小径处均留有一定的间隙，一般不会影响其配合性质，而内、外螺纹连接是依靠它们旋合以后牙侧面接触的均匀性来实现的。因此，影响螺纹互换性的主要几何参数是螺距、牙侧角和中径。

1. 螺距误差的影响

螺距误差包括单个螺距误差和累积误差。前者是指单个螺距的实际值与理论值之差，与旋合长度无关，用 ΔP 表示；后者是指在指定的螺纹长度内，包含若干个螺距的任意两牙，在中径线上对应两点之间的实际轴向距离与其理论值之差，与旋合长度有关，用 ΔP_Σ 表示，它是主要影响因素。

假设内螺纹理想，外螺纹仅螺距有误差：若外螺纹的螺距比内螺纹的大 ($\Delta P > 0$)，则内、外螺纹在螺牙的右侧干涉；反之，则在螺牙的左侧干涉。干涉量可用旋合长度上的 n 个螺牙的累积误差 ΔP_Σ 表示。显然，具有理想牙型的内螺纹与具有螺距误差的外螺纹将发生干涉而无法旋合，实际生产中，为保证旋合性，把外螺纹的中径减去一数值 $f_{\rm p}(F_{\rm P})$，此 $f_{\rm p}(F_{\rm P})$ 值称为中径补偿值。

若内螺纹具有螺距误差，为保证旋合性，应把内螺纹的中径加上一数值 $f_{\rm p}(F_{\rm P})$，如图 10.5 所示，这个 $f_{\rm p}(F_{\rm P})$ 值是补偿螺距误差的影响而折算到中径上的数值，称为螺距误差的中径当量或补偿值。

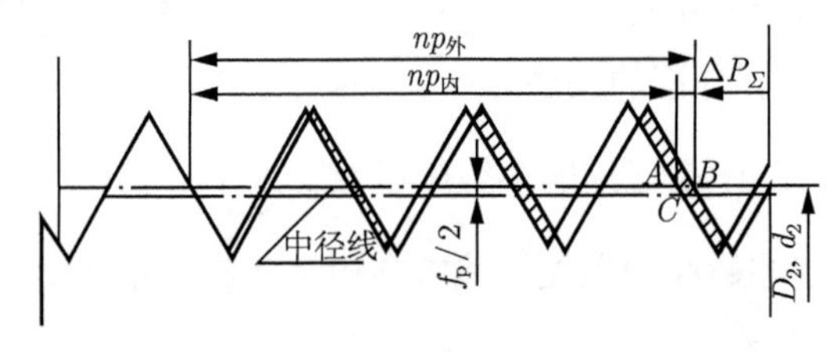

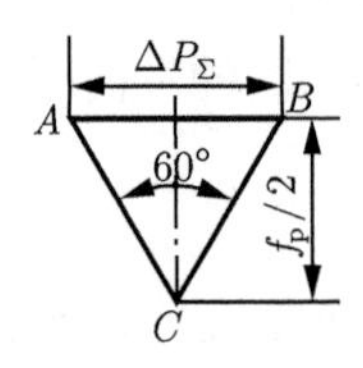

图 10.5　螺距误差的影响

由 $\triangle ABC$ 可知

$$f_{\mathrm{p}}(F_{\mathrm{p}}) = |\Delta P_{\Sigma}| \cot \frac{\alpha}{2} \tag{10-2}$$

当 $\alpha = 60°$ 时可求得

$$f_{\mathrm{p}}(F_{\mathrm{p}}) = 1.732\,|\Delta P_{\Sigma}| \tag{10-3}$$

2. 牙侧角偏差的影响

牙侧角偏差是指牙侧角的实际值与其公称值之差，它包括螺纹牙侧的形状误差和牙侧相对于螺纹轴线的垂线的方向误差。牙侧角偏差对螺纹的旋合性和连接的可靠性均有影响。如图 10.6 所示，相互结合的内、外螺纹的牙侧角的公称值为 30°，假设内螺纹 1 (粗实线) 理想，外螺纹 2 (细实线) 牙侧角存在偏差 (左牙侧角偏差 $\Delta\alpha_1 < 0$，右牙侧角偏差 $\Delta\alpha_2 > 0$)，使内、外螺纹牙侧产生干涉 (图中阴影部分) 而不能旋合。

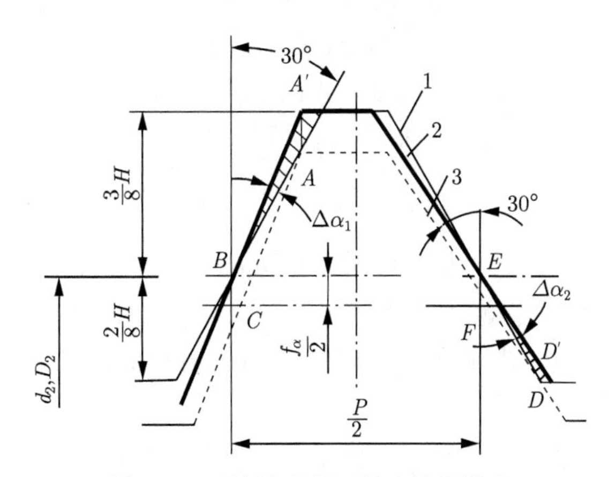

图 10.6　牙侧角偏差对旋合性的影响

为了使上述具有牙侧角偏差的外螺纹能够旋入理想的内螺纹，保证旋合性，应消除由于外螺纹牙侧角偏差而产生的干涉部分。将外螺纹径向移至虚线 3 处，使外螺纹刚好能被内螺纹包容。也就是说，将外螺纹中径减小一个数值 f_α。同理，当内螺纹存在牙侧角偏差时，为了保证旋合性，应将内螺纹中径增大一个数值 f_α，f_α 称为牙侧角偏差的中径当量。由图 10.6 可以看出，由于牙侧角偏差 $\Delta\alpha_1$ 和 $\Delta\alpha_2$ 的大小和符号各不相同，因此左、右牙侧干涉区的最大径向干涉量 ($AA' > DD'$)，通常取它们的平均值 $f_\alpha/2$，经计算，整理后得

$$f_\alpha = 0.073P(K_1\,|\Delta\alpha_1| + K_2\,|\Delta\alpha_2|) \tag{10-4}$$

其中，P 的单位为 mm；$\Delta\alpha_1$、$\Delta\alpha_2$ 的单位为 ($'$)；f_α 的单位为 mm。对于外螺纹，当 $\Delta\alpha_1$、$\Delta\alpha_2$ 为正时，在中径与小径之间的牙侧产生干涉，K_1 和 K_2 取 2；当 $\Delta\alpha_1$、$\Delta\alpha_2$ 为负时，在中径与大径之间的牙侧产生干涉，K_1 和 K_2 取 3；对于内螺纹，情况正好与此相反，当 $\Delta\alpha_1$、$\Delta\alpha_2$ 为正时，在中径与大径之间的牙侧产生干涉，K_1 和 K_2 取 3；当 $\Delta\alpha_1$、$\Delta\alpha_2$ 为负时，在中径与小径之间的牙侧产生干涉，K_1 和 K_2 取 2。

3. 中径误差的影响

由于螺纹在牙侧面接触，所以中径的大小直接影响牙侧相对轴线的径向位置。中径误差是指实际中径与基本中径的差：$\Delta D_2(d_2) = D_{2s}(d_{2s}) - D_2(d_2)$，若外螺纹的中径大于内螺纹的中径，影响旋合性；反之，如果外螺纹的中径过小，则配合太松，牙侧接触不好，影响连接的可靠性。为此，加工螺纹时应当对螺纹中径误差加以控制。

内、外螺纹的相互作用集中在牙侧面，内、外螺纹中径的差异直接影响着牙侧面的接触状态。所以，中径是决定螺纹配合性质的主要参数。

10.4 螺纹作用中径和中径合格性判断原则

1. 螺纹作用中径 (D_{2m}、d_{2m})

螺纹旋合时真正起作用的尺寸已不单纯是螺纹的实际中径，而是螺纹实际中径与螺距误差、牙侧角误差的中径补偿值所综合形成的尺寸，这个在螺纹旋合时真正起作用的尺寸，称为螺纹作用中径 (D_{2m} 或 d_{2m})。螺纹作用中径是指在规定的旋合长度内，恰好包容实际螺纹的一个假想螺纹的中径，此假想螺纹的中径是螺纹旋合时真正起作用的中径。该假想螺纹具有基本牙型的螺距、牙型半角和牙型高度，并在牙顶和牙底留有间隙，以保证不与实际螺纹的大径、小径发生干涉。外螺纹作用中径 d_{2m} 和内螺纹作用中径 D_{2m} 可按下式计算为

$$d_{2m} = d_{2a} + (f_p + f_\alpha) \tag{10-5}$$

$$D_{2m} = D_{2a} - (F_p + F_\alpha) \tag{10-6}$$

式中，d_{2a}、D_{2a} 为外螺纹、内螺纹的单一中径；f_p、F_p 为外螺纹、内螺纹螺距误差的中径补偿值；f_α、F_α 为外螺纹、内螺纹牙侧角误差的中径补偿值。

2. 中径公差

对于普通螺纹，影响其互换性的主要参数是中径、螺距和牙型半角。螺距误差和牙型半角误差对螺纹互换性的影响均可以折算成中径当量，并与中径尺寸误差形成作用中径。考虑到作用中径的存在，可以不单独规定螺距公差和牙型半角公差，而仅规定一项中径公差，用以控制中径本身的尺寸误差、螺距误差和牙型半角误差的综合影响。

3. 螺纹中径合格性的判断原则

作用中径的大小影响可旋合性，实际中径的大小影响连接的可靠性。判断螺纹中径是否合格应遵循泰勒原则：螺纹的作用中径不能超出最大实体牙型中径；任意位置的实际中径 (单一中径) 不能超出最小实体牙型中径。即用外螺纹中径的下极限尺寸和内螺纹中径的上极限尺寸来控制实际中径；用外螺纹中径的上极限尺寸和内螺纹中径的下极限尺寸来控制作用中径。

对于外螺纹：作用中径不大于中径上极限尺寸；任意位置的实际中径不小于中径下极限尺寸，即

$$d_{2m} \leqslant d_{2\max}(\text{保证旋入}), \quad d_{2a} \geqslant d_{2\min}(\text{保证连接强度}) \tag{10-7}$$

对于内螺纹：作用中径不小于中径下极限尺寸；任意位置的实际中径不大于中径上极限尺寸，即

$$D_{2m} \geqslant D_{2\min}(\text{保证旋入}), \quad D_{2a} \leqslant D_{2\max}(\text{保证连接强度}) \tag{10-8}$$

对于普通螺纹：未单独规定螺距及牙型半角公差，只规定了中径公差。中径公差用来限制实际中径、螺距及牙型半角三个要素的误差。

10.5　普通螺纹的公差与配合

螺纹配合由内、外螺纹公差带组合而成，国家标准 GB/T 197—2018 将普通螺纹公差带的两个要素——公差带大小 (即公差等级) 和公差带位置 (即基本偏差)——进行标准化，组成各种螺纹公差带。考虑到旋合长度对螺纹精度的影响，由螺纹公差带与旋合长度构成螺纹精度，形成了较为完整的螺纹公差体系。

10.5.1　普通螺纹的公差带

1. 公差等级

从作用中径的概念和中径合格性的判断原则可知，不需要规定螺距、牙型半角公差，只规定中径公差就可综合控制它们对互换性的影响，所以国家标准只对中径规定了公差。螺纹公差带的大小由公差值确定，并按公差值的大小分为若干等级，如表 10.1 所示。在螺纹公差等级中，3 级精度最高，6 级为基本级，9 级精度最低。内、外螺纹顶径公差如表 10.2 所示。内、外螺纹中径公差如表 10.3 所示。由于底径 (内螺纹大径 D 和外螺纹小径 d_1) 在加工时和中径一起由刀具切出，其尺寸由刀具保证，因此国标没有规定具体公差等级，而是规定内、外螺纹牙底实际轮廓不得超过按基本偏差所确定的最大实体牙型，以保证旋合时不发生干涉。

表 10.1　普通螺纹公差等级 (摘自 GB/T 197—2018)

螺纹直径	公差等级	螺纹直径	公差等级
外螺纹中径 d_2	3，4，5，6，7，8，9	内螺纹中径 D_2	4，5，6，7，8
外螺纹大径 d	4，6，8	内螺纹小径 D_1	4，5，6，7，8

表 10.2　普通螺纹的顶径公差 (摘自 GB/T 197—2018)　　单位：μm

螺距/mm	公差等级						
	内螺纹小径公差 T_{D_1}/μm				外螺纹大径公差 T_d/μm		
	5	6	7	8	4	6	8
0.75	150	190	236	—	90	140	—
0.8	160	200	250	315	95	150	236
1	190	236	300	375	112	180	280
1.25	212	265	335	425	132	212	335
1.5	236	300	375	475	150	236	375
1.75	265	335	425	530	170	265	425
2	300	375	475	600	180	280	450
2.5	355	450	560	710	212	335	530
3	400	500	630	800	236	375	600

2. 基本偏差

公差带位置是指公差带相对其零线的位置，它是由基本偏差确定的。基本偏差是指公差带两极限偏差中靠近零线的那个偏差，即确定公差带相对基本牙型的位置。螺纹的基本牙型是计算螺纹偏差的基准，基本牙型为零线。对于外螺纹，基本偏差是上极限偏差 (es)；对于内螺纹，基本偏差是下极限偏差 (EI)。根据公式 $T = \text{ES(es)} - \text{EI(ei)}$，即可求出另外一个偏差。国家标准对内螺纹规定了两种基本偏差，代号为 G、H；对外螺纹规定了 8 种基本偏差，代号为 a、b、c、d、e、f、g、h，如图 10.7 所示。其中 H、h 的基本偏差为零，G 基本偏差为正值，a、b、c、d、e、f、g 的基本偏差为负值，如表 10.4 所示。

表 10.3　普通螺纹的中径公差 (摘自 GB/T 197—2018)

公称直径/mm		螺距/mm	公差等级							
			内螺纹中径公差 T_{D_2}/μm				外螺纹中径公差 T_{d_2}/μm			
>	≤		5	6	7	8	5	6	7	8
5.6	11.2	0.75	106	132	170	—	80	100	125	—
		1	118	150	190	236	90	112	140	180
		1.25	125	160	200	250	95	118	150	190
		1.5	140	180	224	280	106	132	170	212
11.2	22.4	1	125	160	200	250	95	118	150	190
		1.25	140	180	224	280	106	132	170	212
		1.5	150	190	236	300	112	140	180	224
		1.75	160	200	250	315	118	150	190	236
		2	170	212	265	335	125	160	200	250
		2.5	180	224	280	355	132	170	212	265

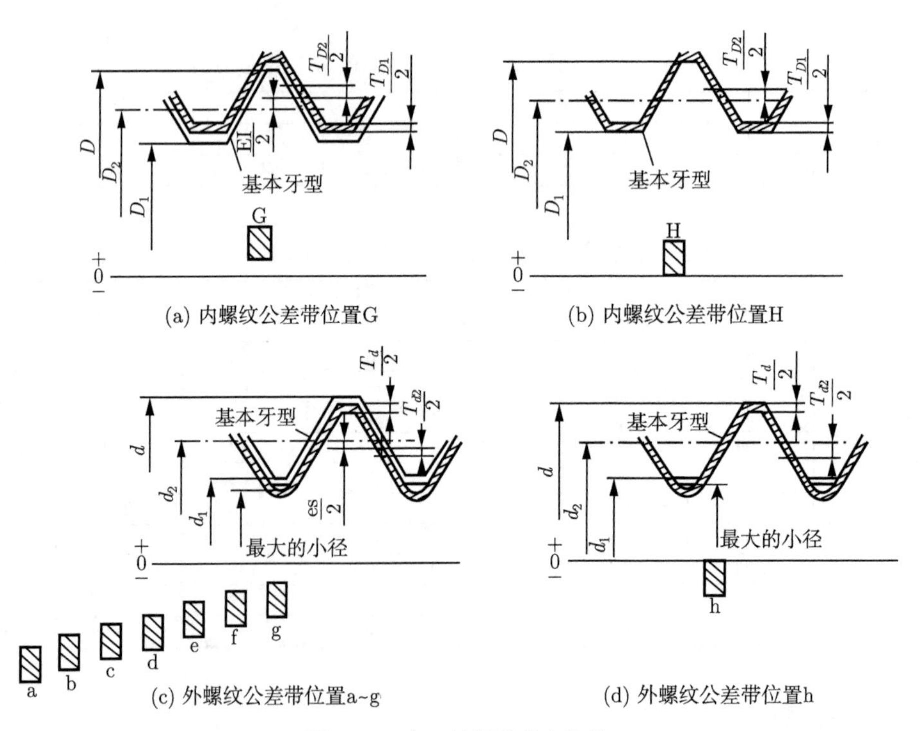

图 10.7　内、外螺纹基本偏差

3. 旋合长度

国家标准规定：螺纹的旋合长度分为三组，分别为短旋合长度、中等旋合长度和长旋合长度，分别用代号 S、N 和 L 表示。旋合长度的数值见表 10.5。

表 10.4　普通螺纹的基本偏差 (摘自 GB/T 197—2018)

螺距 P/mm	内螺纹		外螺纹			
	基本偏差/μm					
	G	H	e	f	g	h
	EI		es			
0.75	+22	0	−56	−38	−22	0
0.8	+24		−60	−38	−24	
1	+26		−60	−40	−26	
1.25	+28		−63	−42	−28	
1.5	+32		−67	−45	−32	
1.75	+34		−71	−48	−34	
2	+38		−71	−52	−38	
2.5	+42		−80	−58	−42	
3	+48		−85	−63	−48	

表 10.5　普通螺纹的旋合长度 (摘自 GB/T 197—2018)　单位：mm

公称直径 D、d		螺距 P	旋合长度			
			S	N		L
>	⩽		⩽	>	⩽	>
5.6	11.2	0.75	2.4	2.4	7.1	7.1
		1	3	3	9	9
		1.25	4	4	12	12
		1.5	5	5	15	15
11.2	22.4	1	3.8	3.8	11	11
		1.25	4.5	4.5	13	13
		1.5	5.6	5.6	16	16
		1.75	6	6	18	18
		2	8	8	24	24
		2.5	10	10	30	30

螺距累积误差与旋合长度有关。配合性质保持不变的条件下，随着旋合长度的增加，只能采用较低的公差等级，见表 10.6 和表 10.7。也就是说，对同一螺纹，当旋合长度短时，可选较高精度等级的螺纹；当旋合长度长时，只能选较低精度等级的螺纹。螺纹公差带和旋合长度构成了螺纹的精度等级。国家标准 GB/T 197—2018 为普通螺纹精度规定了三个等级，即精密级、中等级和粗糙级。

表 10.6　内螺纹的推荐公差带 (摘自 GB/T 197—2018)

精度	公差带位置 G			公差带位置 H		
	S	N	L	S	N	L
精密	-	-	-	4H	5H	6H
中等	(5G)	*6G	(7G)	*5H	6H	*7H
粗糙	-	(7G)	(8G)	-	7H	8H

表 10.7 外螺纹的推荐公差带 (摘自 GB/T 197—2018)

精度	公差带位置 e			公差带位置 f			公差带位置 g			公差带位置 h		
	S	N	L	S	N	L	S	N	L	S	N	L
精密	-	-	-	-	-	-	-	(4g)	(5g, 4g)	(3h, 4h)	*4h	(5h, 4h)
中等	-	*6e	(7e, 6e)	-	*6f	-	(5g, 6g)	6g	(7g, 6g)	(5h, 6h)	6h	(7h, 6h)
粗糙	-	8e	(9e, 8e)	-	-	-	-	8g	(9g, 8g)	-	-	-

10.5.2 螺纹的精度设计

螺纹的配合精度不仅与公差等级有关，而且与旋合长度 (S、N、L) 有关。

1. 旋合长度的确定

旋合长度越长，螺距的累积误差越大，较难旋合，且加工长螺纹比短螺纹难以保证精度。因此对不同的旋合长度规定不同大小的公差带，旋合长度是螺纹精度设计中必须考虑的因素。一般优先选用中等旋合长度。只有当结构或强度上需要时，才选用短旋合长度 S 和长旋合长度 L。需要说明的是：螺纹旋合长度越长，螺距累积误差、牙型半角误差就可能越大，连接强度、密封性也就越差。因此，在进行螺纹精度设计时，不要误认为旋合长度越长越好，应尽可能缩短旋合长度。

2. 精度等级的选用

国家标准将螺纹精度分为精密、中等和粗糙三级，代表着不同的加工难度。精密级用于精密连接螺纹。中等级用于一般用途连接。粗糙级用于要求不高及制造困难的螺纹。在同一螺纹精度下，对不同旋合长度的螺纹采用不同的公差等级，以保证配合精度和加工难易程度相当。一般情况下，S 组比 N 组高一个公差等级，L 组比 N 组低一个公差等级，即螺纹精度等级与公差等级和旋合长度两个因素有关。

10.5.3 螺纹公差带与配合的选用

1. 螺纹公差带的选用

螺纹的公差等级和基本偏差可以组成多种公差带，其公差带代号与光滑孔、轴不同，公差等级在前，基本偏差字母在后，如外螺纹：6f；内螺纹：6H，与普通尺寸公差带代号相反。

为了在生产中减少刀具和量具的规格与种类，国家标准对内、外螺纹各规定了既能满足生产需要，数量又有限的推荐公差带，如表 10.6 和表 10.7 所示。

推荐公差带的优先选择顺序为：带 * 的公差带、不带 * 的公差带、括号内的公差带。带方框的公差带用于大量生产的紧固件螺纹。

2. 配合的选用

理论上，内、外螺纹公差带可以任意组成各种配合，但从保证足够的连接强度、接触高度、装拆方便，国家标准推荐优先采用 H/g、H/h、G/h 配合。

对大批量生产的螺纹，为装拆方便，应选用 H/g、G/h 配合。

对单件小批量生产的螺纹，可用 H/h 配合，以适应手工拧紧和装配速度不高等使用特性。

对高温下工作的螺纹，为防止氧化皮等卡死，用间隙配合：H/g (450℃ 以下)、H/e (450℃ 以上)，对需镀涂的外螺纹，当镀层厚度为 10μm、20μm、30μm 时，用 g、f、e 与 H 配合。当均需电镀时，用 G/e、G/f 配合。

3. 表面粗糙度的确定

国家标准规定了普通螺纹的表面粗糙度推荐值。牙侧面粗糙度影响螺纹耐磨性、配合性质的稳定性、抗疲劳强度和抗腐蚀性等。牙侧面粗糙度由 Ra 控制，其国家标准推荐值如表 10.8 所示。

表 10.8　普通螺纹螺牙侧面的表面粗糙度 Ra 推荐值

	中径公差等级		
	4、5	6、7	8、9
螺栓、螺钉、螺母	1.6	3.2	3.2～6.3
轴及套筒上的螺纹	0.8～1.6	1.6	3.2

10.5.4　螺纹在图样上的标注

1. 普通螺纹的标注

完整的螺纹标记由螺纹代号、螺纹公差带代号和螺纹旋合长度代号组成。螺纹代号包括螺纹公称直径、螺距；螺纹公差带代号包括中径公差带代号和顶径 (外螺纹大径和内螺纹小径) 公差带代号。对于细牙螺纹，还应标注出螺距，如表 10.9 所示。左旋螺纹应在旋合长度代号之后标注旋向代号 “LH”，右旋螺纹不标注旋向。螺纹标记为：螺纹代号—螺纹公差带代号—螺纹旋合长度代号。

表 10.9　普通螺纹直径与螺距系列 (摘自 GB/T 196—2003)　　单位：mm

公称直径 (大径)D, d	螺距 P	中径 D_2, d_2	小径 D_1, d_1	公称直径 (大径)D, d	螺距 P	中径 D_2, d_2	小径 D_1, d_1
2.5	0.45	2.208	2.013	16	2	14.701	13.835
	0.35	2.273	2.121		1.5	15.026	14.376
3	0.5	2.675	2.459		1	15.350	14.917
	0.35	2.773	2.621	18	2.5	16.376	15.294
3.5	0.6	3.110	2.850	20	2.5	18.376	17.294
4	0.7	3.545	3.242		2	18.701	17.835
	0.5	3.675	3.459		1.5	19.026	18.376
4.5	0.75	4.013	3.688	22	2.5	20.376	19.294
5	0.8	4.480	4.134	24	3	22.051	20.752
	0.5	4.675	4.459		2	22.701	21.835
6	1	5.350	4.917		1.5	23.026	22.376
	0.75	5.513	5.188		1	23.350	22.917
8	1.25	7.188	6.647	27	3	25.051	23.752
	1	7.350	6.917	30	3.5	27.727	26.211
10	1.5	9.026	8.376		2	28.701	27.835
	1.25	9.188	8.647		1.5	29.026	28.376
12	1.75	10.863	10.106	33	3.5	30.727	29.211
	1.5	11.026	10.376	36	4	33.402	31.670
	1.25	11.188	10.674		3	34.051	32.752
14	2	12.701	11.835		2	34.701	33.835

如 M30×2—5g6g—25，其中，M30 × 2 为细牙螺纹代号，公称直径为 30mm，螺距为 2mm；5g6g 为中径和顶径 (大径) 公差带代号；25 为旋合长度，mm。

中等旋合长度不加标注。如 M10—5g6g。

中径、顶径公差带相等时可标注：M20—6H，表示中径和顶径公差带均为 6H。

内、外螺纹装配在一起时，可将它们的公差带代号用斜线分开，左边为内螺纹公差带代号，右边为外螺纹公差带代号。如 M24×2—6H/5g6g。

2. 在零件图上的标注

单个螺纹的标注，如 M10—5g6g—S。

3. 在装配图上的标注

应标注螺纹的配合公差，如 M20×2—6H/5g6g—S。

【例 10-1】一螺纹配合为 M20×2.5—6H/5g6g，试查表确定内、外螺纹的中径、小径和大径的极限偏差，并计算内、外螺纹的中径、小径和大径的极限尺寸。

解：(1) 查表 10.9 得：大径 $D = d = 20\text{mm}$

中径 $D_2 = d_2 = 18.376\text{mm}$

小径 $D_1 = d_1 = 17.294\text{mm}$

螺距 $P = 2.5\text{mm}$

(2) 查表 10.2、表 10.3、表 10.4，求出内、外螺纹中径、小径和大径的极限偏差，并计算出中径、小径和大径的极限尺寸，结果列于表 10.10 中。

表 10.10 基本中径、小径和大径的极限尺寸 单位：mm

名称		内螺纹		外螺纹	
极限偏差		上极限偏差	下极限偏差	上极限偏差	下极限偏差
查表	大径	不规定	0	−0.042	−0.337
	中径	+0.224	0	−0.042	−0.174
	小径	+0.450	0	−0.042	不规定
极限尺寸		上极限尺寸	下极限尺寸	上极限尺寸	下极限尺寸
计算	大径	不超过实体牙型	20	19.958	19.623
	中径	18.600	18.376	18.334	18.202
	小径	17.744	17.294	17.252	不超过实体牙型

10.6 普通螺纹的测量

普通螺纹的测量方法分为综合测量和单项测量。

1. 综合测量

综合测量是指一次同时检验螺纹的几个参数，这种方法不能测出螺纹参数的具体数值，但检验效率高，适用于成批生产的中等精度的螺纹。实际生产中广泛采用按照泰勒原则设计的螺纹量规和光滑极限量规综合检验螺纹的合格性。

螺纹量规分为螺纹塞规 (用于检验内螺纹) 和螺纹环规 (用于检验外螺纹)，均由通规 (通端) 和止规 (止端) 组成。通规用于检验内、外螺纹作用中径和小径的合格性，止规用于检验内、外螺纹单一中径的合格性。

光滑极限量规用于检验内、外螺纹顶径的合格性。

2. 单项测量

用螺纹千分尺测量外螺纹中径，如图 10.8 所示。

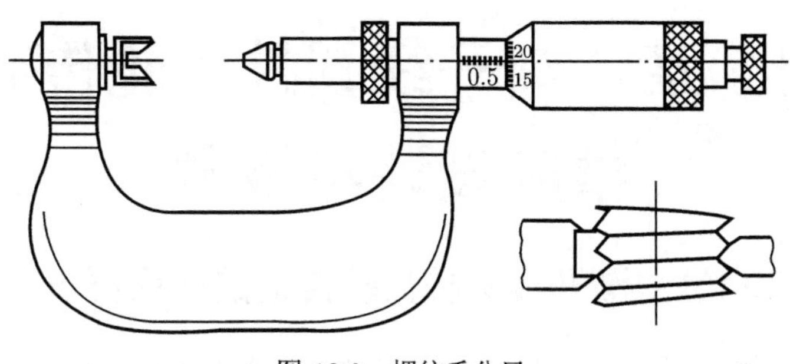

图 10.8　螺纹千分尺

习　题　10

10-1　普通螺纹综合检测有何特点？试述普通螺纹量规通规和止规的牙型和螺纹长度的特征，通规和止规的牙型和螺纹长度为什么不相同？

10-2　影响螺纹互换性的几何参数有哪些？

10-3　分析螺距误差对螺纹结合的影响。为保证旋合长度应采取哪些必要措施？

10-4　如何补偿中径误差？作用中径和实际中径有哪些关系？

第 11 章　渐开线圆柱齿轮传动的精度设计与检测

11.1　渐开线圆柱齿轮传动的使用要求

齿轮传动广泛应用于机器或各种设备中，其使用要求可归纳为四方面。

(1) 传递运动的准确性：要求齿轮在一转范围内的转角误差的最大值限制在一定范围内，使齿轮副传动比的变化尽量小，以保证传递运动的准确性。

(2) 传递运动的平稳性：要求齿轮在一齿距角范围内的转角误差的最大值限制在一定范围内，使齿轮传动的瞬时传动比的变化尽量小。因为瞬时传动比的变化会使传动过程产生冲击、振动和噪声，不仅影响齿轮传动的平稳性，还影响齿轮寿命、增加能量消耗和污染工作环境。

(3) 载荷分布的均匀性：要求齿轮啮合时工作齿面沿齿宽和全齿长上接触良好，接触面积尽可能大，使轮齿承载均匀。工作齿面载荷分布不均匀，将导致齿面接触应力集中，造成局部磨损，缩短齿轮的使用寿命。

(4) 侧隙的合理性：要求齿轮啮合时非工作齿面间留有一定的间隙，用以储油润滑或补偿由温度变化和弹性变形引起的尺寸变化，以及齿轮的制造和安装所产生的误差，防止传动中卡死或烧伤现象。但对于经常需要正反转的传动齿轮副，侧隙不宜过大，过大会引起换向冲击，产生空程。

由于齿轮用途和工作条件不同，对齿轮四项使用要求的侧重点也有所不同。

对于精密机床的分度齿轮、测量仪器的读数齿轮和控制系统中的齿轮，这类齿轮的传动功率小、模数小和转速低，主要要求齿轮传动的准确性，一般要求齿轮在一转中的转角误差不超过 $1' \sim 2'$，甚至十几秒。若齿轮需要正反转，还应尽量减小传动侧隙，以减小反转时的空程误差。

对于一般机器的动力齿轮，如汽车、拖拉机和机床的变速齿轮，主要要求是传动的平稳性和载荷分布的均匀性，以减小振动和噪声。当需要可逆转时，应对齿侧间隙加以限制，以减少反转时的空程误差。

对于低速、重载的传动齿轮，如轧钢机、起重机械和矿山机械上的齿轮等，由于传递动力大，且圆周速度不高，主要要求载荷分布的均匀性，齿侧间隙应大些，以保证足够的承载能力，而对传递运动的准确性和平稳性要求不高。

对于高速、重载的齿轮，如汽轮机减速器上的齿轮，对传递运动的准确性、平稳性和载荷分布的均匀性均有较高的要求，同时还应具有较大的侧隙，以储油润滑和补偿受力产生的变形。

11.2　影响渐开线圆柱齿轮精度的主要误差来源

齿轮加工通常采用展成法，即用滚刀或插齿刀在滚齿机、插齿机上加工渐开线齿廓(图 11.1)，高精度齿轮还需进行剃齿或磨齿等加工工序。齿轮加工误差主要来源于齿轮加工工艺系统的机床、刀具、夹具和齿坯本身的误差及其安装、调整误差等。现以滚齿为例来分析齿轮的加工误差。

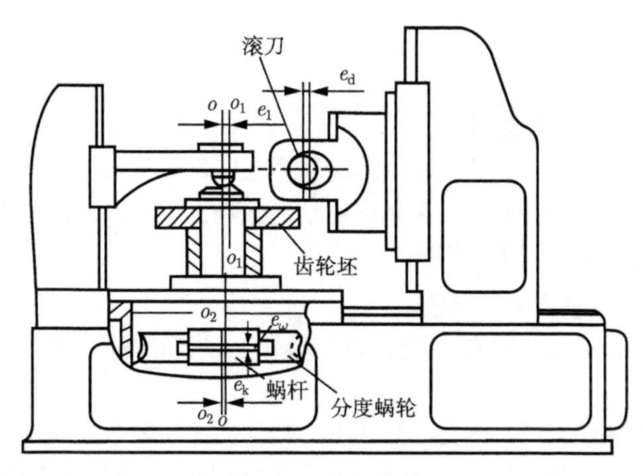

图 11.1　滚切齿轮

1. 几何偏心

在机床上加工齿坯时，齿坯定位孔与机床心轴之间有间隙，使齿坯孔基准轴线 o_1—o_1 与机床工作台回转轴线 o—o 不重合，产生安装偏心 (偏心为 e_1)，即几何偏心，如图 11.2 所示。几何偏心使加工过程中齿坯相对于滚刀的距离产生变化，使齿轮一转内产生齿圈径向圆跳动误差，并且使齿距和齿厚也产生周期性变化。几何偏心导致径向误差，影响传动的准确性。

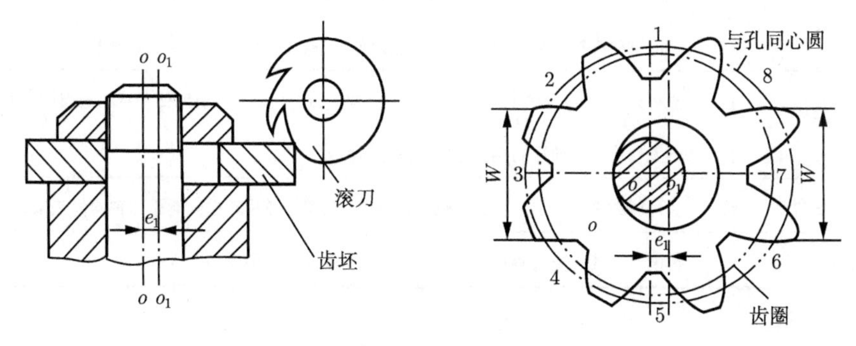

图 11.2　齿坯安装偏心引起的齿轮加工误差

2. 运动偏心

如图 11.1 所示，机床分度蜗轮中心 o_2—o_2 与工作台回转中心 o—o 不重合所引起的偏心 (偏心为 e_k)，称为运动偏心。这时尽管螺杆匀速旋转，蜗杆与蜗轮啮合节点的线速度相同，但由于蜗轮上的半径不断改变，从而使蜗轮和齿坯产生不均匀回转，角速度在 $\omega+\Delta\omega$ 和 $\omega-\Delta\omega$ 之间，以一转为周期变化，造成齿轮的齿距和公法线长度在局部上变长或变短，使齿轮产生切向误差。

几何偏心和运动偏心引起的误差造成的齿距分布不均匀以齿坯一转为周期，一转中出现一次，属于长周期误差。对一个齿轮而言，二者常常同时存在，可以叠加，也可以抵消，齿轮传递运动的准确性可用这两种偏心的综合结果进行综合评定。一个齿轮往往同时存在几何偏心和运动偏心，总的基圆偏心应取其矢量和，即

$$\boldsymbol{e}_{总}=\boldsymbol{e}_1+\boldsymbol{e}_{\rm k} \tag{11-1}$$

3. 机床传动链的周期误差

对于直齿圆柱齿轮的加工，其主要受传动链中分度机构各元件误差的影响，尤其是传递分度蜗轮运动的分度蜗杆的径向跳动和轴向跳动的影响。对于斜齿轮的加工，除了分度机构各元件误差外，还受差动链误差的影响。

4. 滚刀的加工误差与安装误差

滚刀本身的基节、齿形等制造误差会复映到被加工齿轮的每一齿上，使之产生基节偏差和齿廓总偏差。

滚刀的制造与安装误差指机床传动链中各个传动元件的制造、安装及其磨损等误差，它们在齿轮一转中定期地多次重复出现，属短周期误差，都会影响齿轮的加工精度。

为了便于分析各种误差对齿轮传动质量的影响，按误差相对于齿轮的方向分为径向误差、切向误差和轴向误差。

齿轮传动的使用要求及影响使用要求的误差见表 11.1。

表 11.1 影响齿轮传动使用要求的误差

齿轮传动的使用要求	影响使用要求的误差 (或因素)
传动的准确性	长周期误差：包括几何偏心和运动偏心分别引起的径向和切向长周期 (一转) 误差。两种偏心同时存在，可能叠加，也可能抵消。这类误差用齿轮上的长周期偏差作为评定指标
传动的平稳性	短周期 (一齿) 误差：包括齿轮加工过程中的刀具误差、机床传动链的短周期误差。这类误差用齿轮上的短周期偏差作为评定指标
载荷分布的均匀性	齿坯轴线歪斜、机床刀架导轨的误差等。这类误差用轮齿同侧齿面轴向偏差来评定
侧隙的合理性	影响侧隙的主要因素是齿轮副的中心距偏差和齿厚偏差

11.3 渐开线圆柱齿轮精度的评定参数

渐开线圆柱齿轮精度的评定参数包括单个齿轮轮齿同侧齿面偏差、径向综合偏差和径向跳动。

11.3.1　渐开线圆柱齿轮轮齿同侧齿面偏差

1. 齿距偏差

1) 单个齿距偏差 f_{pt}

单个齿距偏差 f_{pt} 是指在端平面上，在接近齿高中部的一个与齿轮轴线同心的圆上，实际齿距与公称齿距的代数差，如图 11.3 所示。它在某种程度上反映基圆齿距偏差或齿廓形状偏差对齿轮传动平稳性的综合影响。

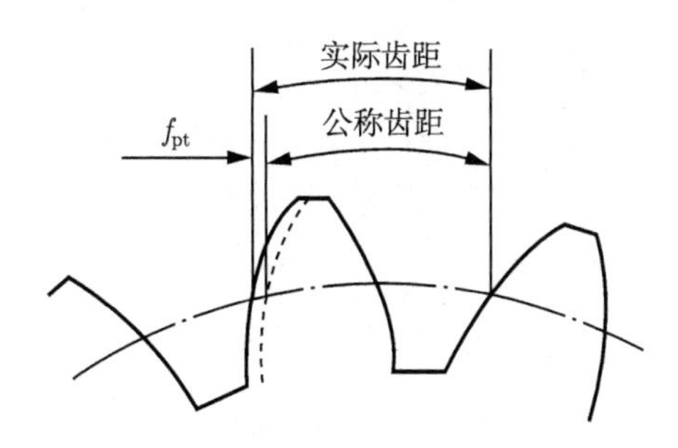

图 11.3　实际齿距与公称齿距的代数差

2) 齿距累积偏差 F_{pk}

齿距累积偏差是指在分度圆上，k 个齿距间的实际弧长与公称弧长之差的最大绝对值，k 为 2 到小于 $Z/8$ 的整数 (其中 Z 为齿数)。规定 F_{pk} 是为了限制齿距累积误差集中在局部圆周上。

3) 齿距累积总偏差 F_p

齿距累积总偏差 F_p 是指在齿轮分度圆上任意两个同侧齿面之间实际弧长与公称弧长的最大差值的绝对值，如图 11.4 所示。图 11.4(a) 中虚线为轮齿的理论位置，粗实线为轮齿的实际位置，轮齿 3 与轮齿 7 之间的实际弧长 L_0 与公称弧长 L 差值最大，此差值为 F_p，齿距累积总偏差曲线如图 11.4(b) 所示。

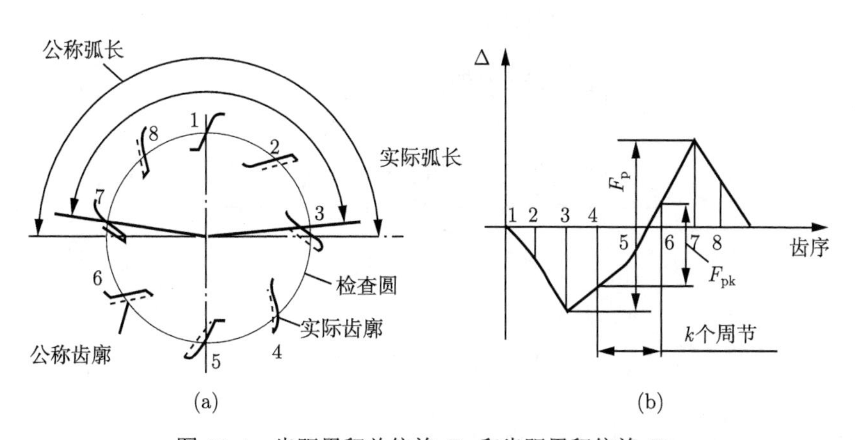

图 11.4　齿距累积总偏差 F_p 和齿距累积偏差 F_{pk}

齿距累积总偏差 F_p 的测量常用相对法，可在齿距仪或万能测齿仪上进行。图 11.5 为用齿距仪测齿距偏差的原理图。

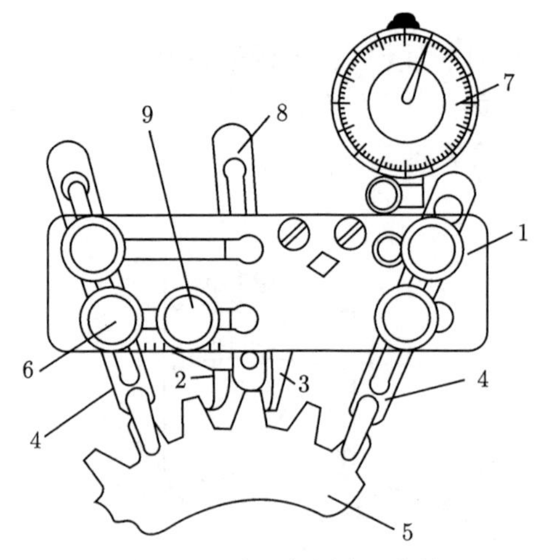

图 11.5 齿距仪测齿距偏差

1-基体; 2-活动测头; 3-固定测头; 4, 8-定位杆; 5-被测齿轮; 6, 9-锁紧螺钉; 7-指示表

齿距累积总偏差 F_p 是由齿轮几何偏心和运动偏心综合引起的齿距不均匀所造成的，直接反映齿轮的转角误差，能较全面地反映齿轮传递运动的准确性。但因为只在分度圆上测量，故不如切向综合误差反映得全面。

4) 基圆齿距偏差 f_{pb}

基圆齿距偏差 f_{pb} 是实际基圆齿距与公称基圆齿距之差，如图 11.6 所示。实际基圆齿距是指基圆柱切平面所截两相邻同侧齿面交线之间的法向距离。f_{pb} 会引起换齿冲击、振动和噪声，影响齿轮传动平稳性。一对齿轮正常啮合时，当第一个轮齿尚未脱离啮合时，第二个轮齿应进入啮合。当两齿轮基节相等时，这种啮合过程将平稳地连续进行，若齿轮具有基节偏差，则这种啮合过程将被破坏，使瞬时速比发生变化，产生冲击、振动。

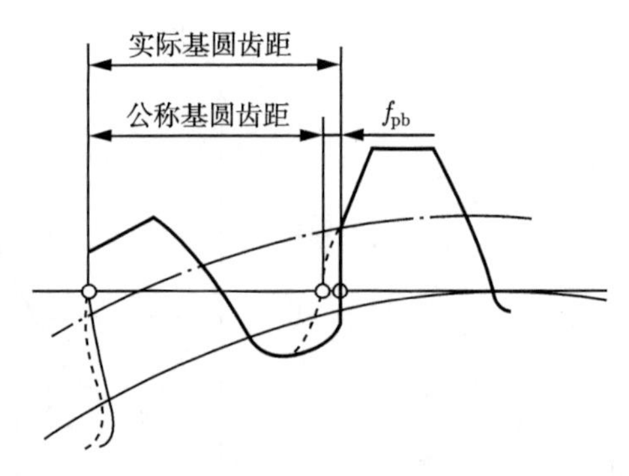

图 11.6 基圆齿距偏差

f_{pb} 通常用基圆齿距检查仪或万能测齿仪测量。

2. 齿廓偏差

齿廓偏差指实际齿廓偏离设计齿廓的量，该量为在端平面内且垂直于渐开线齿廓的方向计值。有关齿廓偏差的相关定义包括可用长度 (L_{AF})、有效长度 (L_{AE})、齿廓计值范围 (L_α)(使偏差量增加的偏向齿体外的正偏差必须计入偏差值，除另有规定外，对于负偏差，其公差为计值范围 L_α 规定公差的三倍)、设计齿廓、被测齿面的平均齿廓等，齿廓偏差共有三项，即齿廓总偏差 F_α，齿廓形状偏差 $f_{f\alpha}$ 和齿廓倾斜偏差 $f_{H\alpha}$，如图 11.7 所示。

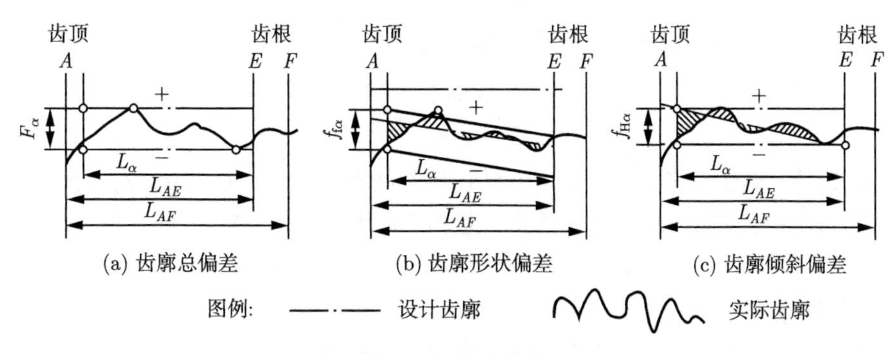

图 11.7　齿廓偏差

齿廓总偏差 F_α 是在端截面上，齿形工作部分内 (齿顶部分除外)，包容实际齿形且距离为最小的两条设计齿形间的法向距离，即实际齿廓对设计齿廓的偏离量，在端平面内且垂直于渐开线齿廓的方向进行计值，在计值范围 L_α 内，包容实际齿廓迹线的两条设计齿廓迹线间的距离，即过齿廓迹线最高、最低点作设计齿廓迹线的两条平行直线间距离为 F_α。如图 11.7(a) 所示，图中沿啮合线方向 AF 的长度叫作可用长度 (因为只有这一段是渐开线)，用 L_{AF} 表示。AE 的长度叫有效长度，用 L_{AE} 表示，因为齿轮只在 AE 段啮合，所以这一段才有效。从正点开始延伸的有效长度 L_{AE} 的 92%叫作齿廓计值范围 L_α。设计齿形可以根据工作条件对理论渐开线进行修正，设计成凸齿形或修缘齿形。凡符合设计规定的齿廓都是设计齿廓，一般指端面齿廓。齿廓总偏差会造成齿廓面在啮合过程中使接触点偏离啮合线，引起瞬时传动比的变化，破坏了传动的平稳性。

齿廓形状偏差 $f_{f\alpha}$ 为计值范围内包容实际齿廓迹线的两条与平均齿廓迹线完全相同的曲线间的距离，且两条曲线与平均齿廓迹线的距离为常数。

齿廓倾斜偏差 $f_{H\alpha}$ 为计值范围的两端与平均齿廓迹线相交的两条设计齿廓迹线间的距离。

3. 切向综合偏差

1) 一齿切向综合偏差 f_i'

f_i' 是被测齿轮与理想精确的测量齿轮单面啮合时，在被测齿轮一齿距角内，实际转角与公称转角之差的最大幅度值，是评定传动平稳性较好的综合指标。

f_i' 主要反映由刀具和分度蜗杆的安装及制造误差所造成的齿轮齿形、齿距等各项短周期综合误差，是综合性指标。f_i' 的测量在单面啮合综合测量仪 (简称单啮仪) 上完成，在测量切向综合总偏差 F_i' 的同时测出切向综合总偏差曲线上的高频波纹即为 f_i'。

2) 切向综合总偏差 F_i'

切向综合总偏差 F_i' 是指被测齿轮与理想精确的测量齿轮单面啮合时，在被测齿轮一转内，齿轮分度圆上实际圆周位移与理论圆周位移的最大差值，如图 11.8 所示。

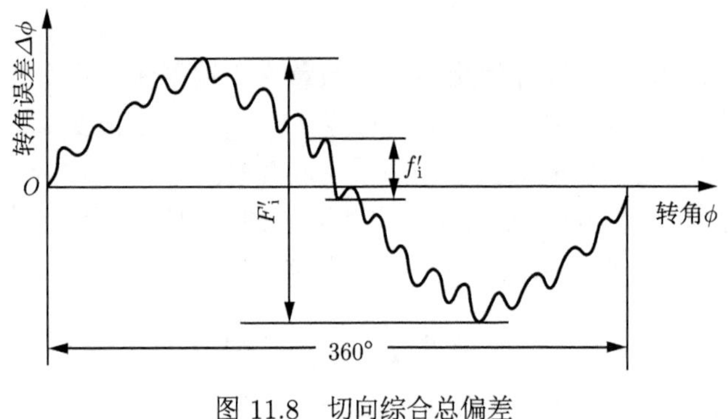

图 11.8　切向综合总偏差

F_i' 反映齿轮一转的转角误差，说明其转速做忽快忽慢的周期性变化，综合反映了几何偏心和运动偏心及各短周期误差引起的径向误差和切向误差，是评定齿轮传递运动准确性较完善的指标。

4. 螺旋线偏差

在端面基圆切线方向上测得的实际螺旋线偏离设计螺旋线的量称为螺旋线偏差，分为螺旋线总偏差 (F_β)、螺旋线形状偏差 ($f_{f\beta}$)、螺旋线倾斜偏差 ($f_{H\beta}$)。螺旋线曲线图包括实际螺旋线迹线、设计螺旋线迹线和平均螺旋线迹线。螺旋线偏差影响齿轮啮合过程中的接触状况，影响齿面载荷分布的均匀性。螺旋线偏差用于评定轴向重合度 $B_b > 1.25$ 的宽斜齿轮及人字齿轮，它适用于大功率、高速、高精度宽斜齿轮传动。螺旋线偏差如图 11.9 所示。

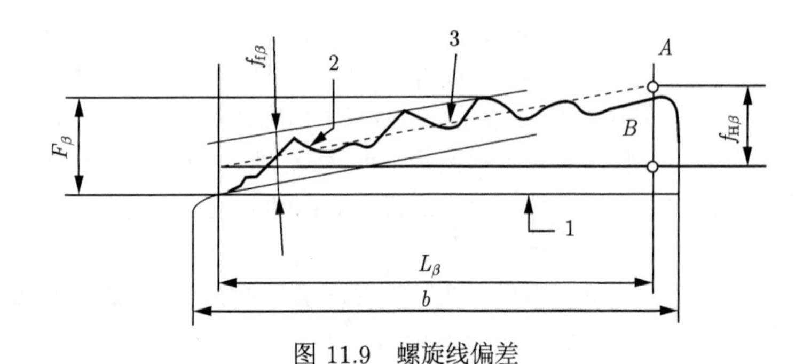

图 11.9　螺旋线偏差

1-设计螺旋线; 2-实际螺旋线; 3-平均螺旋线

1) 螺旋线总偏差 F_β

齿轮工作时，只有两齿面接触良好，才能保证齿面上载荷分布均匀。在齿高方向上，齿廓总偏差会影响两齿面的接触；在齿宽方向上，螺旋线总偏差会影响两齿面的接触。

螺旋线总偏差 F_β 是在计值范围内，包容实际螺旋线迹线的两条设计螺旋线迹线间的距离。

2) 螺旋线形状偏差 $f_{f\beta}$

螺旋线形状偏差 $f_{f\beta}$ 是在计值范围内，包容实际螺旋线迹线的与平均螺旋线迹线平行的两条直线间的距离。平均螺旋线迹线是在计值范围内，按最小二乘法确定的。

3) 螺旋线倾斜偏差 $f_{H\beta}$

螺旋线倾斜偏差 $f_{H\beta}$ 指在计值范围的两端与平均螺旋线迹线相交的两条设计螺旋线迹线间的距离。

11.3.2　渐开线圆柱齿轮径向综合偏差与径向跳动

1. 一齿径向综合偏差 f_i''

f_i'' 是指被测齿轮与理想精确的测量齿轮双面啮合时，在被测齿轮转过一个齿距角时，双啮中心距的最大变动量。

f_i'' 综合反映了由刀具安装偏心及制造所产生的基节和齿廓总偏差，属综合性项目。可在测量径向综合总偏差时得出，即从记录曲线上量得高频波纹的最大幅度值。由于这种测量受左右齿面的共同影响，因而不如一齿切向综合偏差反映得那么全面。不宜采用这种方法来验收高精度的齿轮，但因在双啮仪上测量简单，操作方便，故该项目适用于大批量生产的场合。

2. 径向综合总偏差 F_i''

F_i'' 是指被测齿轮与理想精确的测量齿轮双面啮合时，在被测齿轮一转范围内双啮中心距的最大变动量，如图 11.10 所示。若齿轮的齿廓存在径向偏差及其他短周期误差 (如齿廓形状偏差、基圆齿距偏差等)，则其双啮中心距就会在转动过程中变化。因此，径向综合总偏差主要反映了由几何偏心引起的误差。但由于其受左右齿面的共同影响，因此不如切向综合总偏差反映得全面，不适用于验收高精度的齿轮。双啮仪结构简单，操作方便，测量效率高，故在大批量生产中被广泛应用。F_i'' 主要反映由几何偏心引起的径向误差，不能反映切向误差，属于影响传递运动准确性指标中的径向性质的单项指标。

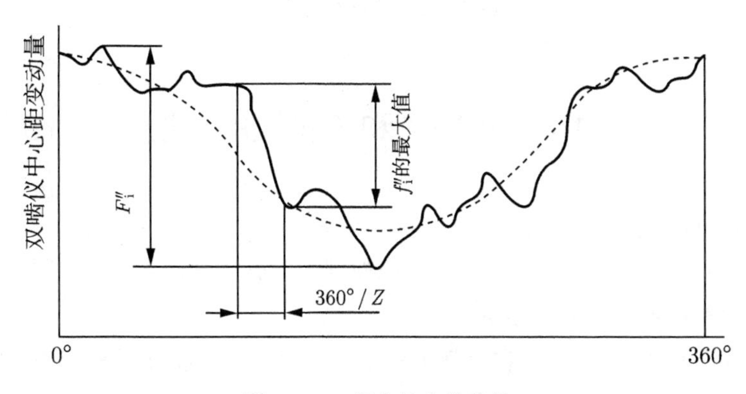

图 11.10　径向综合总偏差

3. 齿圈径向跳动 F_r

F_r 是指在齿轮一转范围内，测头在齿槽内位于齿高中部与齿廓双面接触，测头相对于齿轮轴线的最大变动量，如图 11.11 所示。

齿圈径向跳动主要反映几何偏心引起的径向误差，并不反映由运动偏心引起的切向误差，故不能全面评价齿轮传动的准确性，只能作为单项指标。

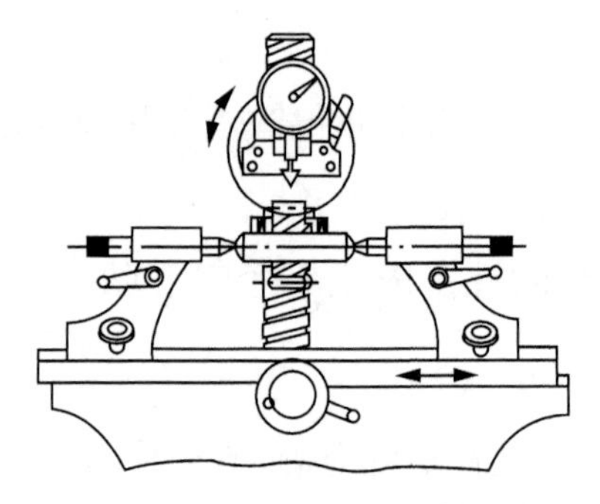

图 11.11 齿圈径向跳动的测量

F_r 可在齿圈跳动检查仪或偏摆检查仪、万能测齿仪上测量，测头可以用球形或锥形，如图 11.12 所示。

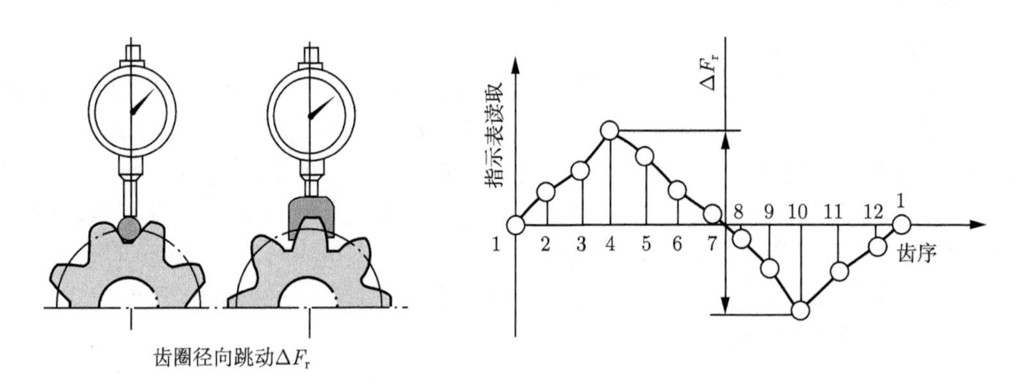

图 11.12 齿圈径向跳动

11.4 齿轮副和齿轮坯的精度

1. 齿轮副的精度

为了保证安装好的齿轮副的传动性能，应控制齿轮副的安装误差，主要包括以下内容。

1) 轴线的平行度偏差 ($f_{\Sigma\delta}$、$f_{\Sigma\beta}$)

齿轮副的两条轴线若不平行 (在空间形成了异面直线)，也同样影响齿轮的接触精度。

轴线的平行度偏差分为在相互垂直的轴线平面和垂直平面上两类。轴线平面上轴线的平行度偏差 $f_{\Sigma\delta}$ 是指实际被测轴线 1 在轴线平面投影对基准轴线 2 的平行度误差；垂直平面上轴线的平行度偏差 $f_{\Sigma\beta}$ 是指实际被测轴线 1 在轴线平面的垂直平面投影对基准轴线 2 的平行度误差，如图 11.13 所示。

2) 齿轮副的中心距偏差 f_a(中心距极限偏差 $\pm f_a$)

齿轮副的中心距偏差是指在齿宽中间平面内，实际中心距与公称中心距之差。

齿轮副的中心距偏差的大小不仅会影响侧隙，还会影响齿轮的重合度，需加以控制。

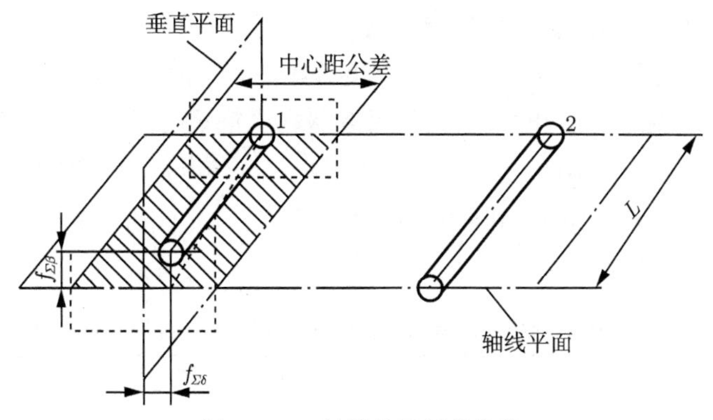

图 11.13　轴线的平行度偏差

1-被测轴线; 2-基准轴线

2. 齿轮坯的精度

齿轮坯是轮齿在加工前的工件，它的尺寸误差、几何误差和表面质量对齿轮的加工、检测和装配精度都有很大影响，必须加以控制。

齿轮坯精度包括齿轮内孔、齿顶圆、齿轮轴的定位基准面和安装基准面的精度以及各工作表面的粗糙度要求。齿轮内孔与轴颈常作为加工、测量和安装基准，按齿轮精度对它们的尺寸和位置也提出了一定的精度要求。

11.5　渐开线圆柱齿轮精度等级及其应用

齿轮的精度设计包括：正确选择齿轮的精度等级；正确选择评定指标 (检验参数)；正确设计齿侧间隙；正确设计齿坯及箱体的尺寸公差与表面粗糙度。

1. 渐开线圆柱齿轮精度标准体系

为了保证齿轮传动的质量和互换性，由两项齿轮精度国家标准和四项国家标准化指导性技术文件构成了现行的渐开线圆柱齿轮精度标准体系。

2. 齿轮的精度等级

1) 齿轮同侧齿面偏差的精度等级

对于分度圆直径为 5 ~ 10000mm,模数 (法向模数) 为 0.5 ~ 70mm,齿宽为 4 ~ 1000mm 的渐开线圆柱齿轮的同侧齿面公差，国家标准规定了 0，1，···，12 共 13 个精度等级，其中 0 级最高，12 级最低。

2) 径向综合偏差的精度等级

对于分度圆直径为 5 ~ 1000mm，模数 (法向模数) 为 0.2 ~ 10mm 的渐开线圆柱齿轮的径向综合总公差和一齿径向综合公差，国家标准规定了 4 ~ 12 共 9 个精度等级，其中 4 级最高，12 级最低。

3) 径向跳动的精度等级

对于分度圆直径为 5 ~ 1000mm、模数 (法向模数) 为 0.5 ~ 70mm 的渐开线圆柱齿轮的径向跳动，国家标准中推荐了 0，1，···，12 共 13 个精度等级，其中 0 级最高，12 级最低。

3. 偏差的允许值 (公差) 及计算公式

国家标准规定，5 级精度为齿轮的基本精度等级，是计算其他等级偏差允许值 (公差) 的基础，公差表格中其他精度等级的公差值是用 5 级精度规定的齿轮偏差允许值计算公式乘以齿轮精度的分级公比计算出来的。国家标准规定了 5 级精度齿轮各种偏差允许值 (公差) 的计算公式 (表 11.2)。5 级精度未圆整的计算值乘以 $\sqrt{2}^{(Q-5)}$，即可得任一精度等级 Q 的待求值。

表 11.2　5 级精度齿轮各种偏差允许值 (公差) 的计算公式 (摘自 GB/T 10095.1~2—2008)

齿轮偏差	偏差允许值计算公式
单个齿距偏差	$\pm f_{\mathrm{pt}} = 0.3(m_{\mathrm{n}} + 0.4\sqrt{d}) + 4$
齿距累积偏差	$\pm F_{\mathrm{pk}} = f_{\mathrm{pt}} + 1.6\sqrt{(k-1)m_{\mathrm{n}}}$
齿距累积总偏差	$F_{\mathrm{p}} = 0.3m_{\mathrm{n}} + 1.25\sqrt{d} + 7$
齿廓总偏差	$F_{\alpha} = 3.2\sqrt{m_{\mathrm{n}}} + 0.22\sqrt{d} + 0.7$
螺旋线总偏差	$F_{\beta} = 0.1\sqrt{d} + 0.63\sqrt{b} + 4.2$
一齿切向综合偏差	$f_{\mathrm{i}}' = K\left(9 + 0.3m_{\mathrm{n}} + 3.2\sqrt{m_{\mathrm{n}}} + 0.34\sqrt{d}\right)$ 当总重合度 $\varepsilon_{\mathrm{r}} < 4$ 时，$K = 0.2\left(\dfrac{\varepsilon_{\mathrm{r}} + 4}{\varepsilon_{\mathrm{r}}}\right)$；当 $\varepsilon_{\mathrm{r}} \geqslant 4$ 时，$K = 0.4$
切向综合总偏差	$F_{\mathrm{i}}' = F_{\mathrm{p}} + f_{\mathrm{i}}'$
齿廓形状偏差	$f_{\mathrm{f}\alpha} = 2.5\sqrt{m_{\mathrm{n}}} + 0.17\sqrt{d} + 0.5$
齿廓倾斜偏差	$\pm f_{\mathrm{H}\alpha} = 2\sqrt{m_{\mathrm{n}}} + 0.14\sqrt{d} + 0.5$
螺旋线形状偏差	$f_{\mathrm{f}\beta} = 0.07\sqrt{d} + 0.45\sqrt{b} + 3$
螺旋线倾斜偏差	$\pm f_{\mathrm{H}\beta} = 0.07\sqrt{d} + 0.45\sqrt{b} + 3$
径向综合总偏差	$F_{\mathrm{i}}'' = 3.2m_{\mathrm{n}} + 1.01\sqrt{d} + 6.4$
一齿径向综合偏差	$f_{\mathrm{i}}'' = 2.96m_{\mathrm{n}} + 0.01\sqrt{d} + 0.8$
径向跳动公差	$F_{\mathrm{r}} = 0.8F_{\mathrm{p}} = 0.24m_{\mathrm{n}} + 1.0\sqrt{d} + 5.6$

表 11.2 中，m_{n} 表示法向模数，d 表示分度圆直径，b 表示齿宽，k 表示 k 个齿。若无另行规定，在不考虑齿顶和齿端倒角的情况下，m_{n} 与 b 可认为是名义值。当齿轮参数不在给定的范围内或供需双方同意时，可在公式中代入实际的齿轮参数。

11.6　渐开线圆柱齿轮精度设计

11.6.1　齿轮精度等级的确定

国家标准对渐开线圆柱齿轮除 F_{i}'' 和 f_{i}''(F_{i}'' 和 f_{i}'' 规定了 4~12 共 9 个精度等级) 以外的评定项目规定了 0，1，⋯，12 共 13 个精度等级，其中，0 级精度最高，12 级精度最低。在齿轮的 13 个精度等级中，0~2 级是目前的加工方法和检测条件难以达到的，属于未来发展级；其他精度等级可以粗略地分为：3~5 级为高精度级；6~8 级为中等精度级，使用最广；9~12 级为低精度级。

齿轮副中两个齿轮的精度等级一般取成相同的，也允许取成不同的。但对单个齿轮同一使用要求的检验项目的各项公差或极限偏差应规定相同的精度等级。

精度等级的选择方法主要有计算法和类比法，生产实践中多采用类比法。

(1) 计算法：根据机构最终达到的精度要求，应用传动尺寸链的方法计算和分配各级齿轮副的传动精度，确定齿轮的精度等级。由于影响齿轮传动精度的因素多而复杂，用计算法算出的结果仍需要试验和修正，所以主要用于精密齿轮传动。

(2) 类比法：类比法是根据生产实践总结出来的同类产品的经验资料，经过对比选择精度等级。

齿轮精度等级的选择，应根据传动的用途、使用条件、传动功率、圆周速度、性能指标或其他技术要求来确定。表 11.3 给出了不同机械传动中齿轮采用的精度等级，表 11.4 推荐了 5~9 级精度齿轮所采用的加工方法和使用范围等。

表 11.3　不同机械传动中齿轮采用的精度等级

应用范围	精度等级	应用范围	精度等级
测量齿轮	2~5	航空发动机	4~7
透平减速器	3~6	拖拉机	6~9
金属切削机床	3~8	通用减速器	6~8
内燃机车	6~7	轧钢机	5~10
电气机车	6~7	矿用绞车	8~10
轻型汽车	5~8	起重机械	6~10
载重汽车	6~9	农业机器	8~10

表 11.4　齿轮的精度等级和加工方法及使用范围

精度等级		5 级	6 级	7 级	8 级	9 级
加工方法		在周期性误差非常小的精密齿轮机床上范成加工	在高精度的齿轮机床上范成加工	在高精度的齿轮机床上范成加工	用范成法或仿型法加工	用任意方法加工
齿面最终精加工		精密磨齿。多数用精密滚齿滚切后，再研磨或剃齿	精密磨齿或剃齿	不淬火的齿轮推荐用高精度的刀具切制。淬火的齿轮需要精加工 (磨齿、剃齿、研磨、珩齿)	不磨齿。必要时剃齿或研磨	不需精加工
齿面粗糙度 Ra		0.8	0.8~1.6	1.6	1.6~3.2	3.2
齿根粗糙度 Ra		0.8~3.2	1.6~3.2	3.2	3.2	6.4
使用范围		精密的分度机构用齿轮。用于高速，并对传动平稳性和噪声有比较高的要求的齿轮。高速汽轮机用齿轮。检测 8 级或 9 级齿轮的测量齿轮	用于在高速下平稳地回转，并要求有最高的效率和低噪声的齿轮。分度机构用齿轮。特别重要的飞机齿轮	用于高速、载荷小或反转的齿轮。机床的进给齿轮，需要运动有配合的齿轮、中速减速齿轮、人字轮、飞机齿轮、人字齿的中速齿轮	对精度没有特别要求的一般机械用齿轮，机床齿轮 (分度机构除外)。特别不重要的飞机、汽车、拖拉机齿轮。起重机、农业机械、普通减速器用齿轮	用于对精度要求不高，并且在低速下工作的齿轮
圆周速度/(m/s)	直齿轮	>15~20	>10~15	>6~10	>2~6	>1~2
	斜齿轮	>30~40	>20~30	>10~20	>4~10	>2~4
效率/%		99(98.5) 以上	99(98.5) 以上	98(97.5) 以上	97(96.5) 以上	96(95) 以上

11.6.2　最小法向侧隙和齿厚极限偏差的确定

齿轮副侧隙是指两个相啮合齿轮的工作齿面接触时，在非工作齿面间形成的间隙。单个齿轮没有侧隙，它只有齿厚。相互啮合的轮齿的侧隙由一对齿轮运行时的中心距以及每个齿轮的实际齿厚所控制。国家标准规定采用"基中心距制"，即在中心距一定的情况下，用控制轮齿齿厚的方法获得必要的侧隙。为保证齿轮润滑以及补偿齿轮的制造误差、安装误差以及热变形等造成的误差，齿轮副必须有一定的最小法向侧隙 $j_{\mathrm{bn\,min}}$。圆周侧隙是指两个相啮合齿轮中的一个齿轮固定时，另一个齿轮能转过的节圆弧长的最大值。最小法向侧隙是两个相啮合齿轮的工作齿面接触时，在两非工作齿面间的最短距离，如图 11.14 所示。

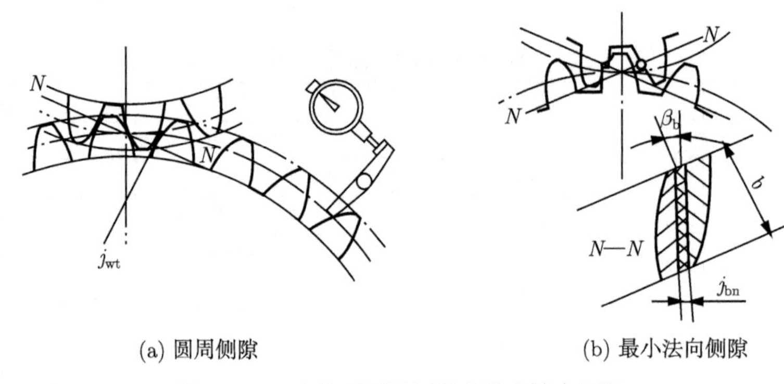

(a) 圆周侧隙　　(b) 最小法向侧隙

图 11.14　齿轮副圆周侧隙和最小法向侧隙

1. 最小法向侧隙的确定

(1) 保证正常润滑条件所需的法向侧隙 j_{bn1} 的数值取决于齿轮副的润滑方式和齿轮工作时的圆周速度。对于齿轮圆周速度 $\leqslant 10$、$>10\sim25$、$>25\sim60$ 的喷油润滑，保证正常润滑条件所需的法向侧隙 j_{bn1} 分别为 0.01mm、0.02mm、0.03mm。

(2) 补偿热变形所必需的法向侧隙 j_{bn2} 为

$$j_{\mathrm{bn2}} = a\left(\alpha_1 \Delta t_1 - \alpha_2 \Delta t_2\right) \times 2\sin\alpha_{\mathrm{n}} \tag{11-2}$$

式中，a 为齿轮副的中心距，mm；α_1、α_2 为齿轮和箱体材料的线膨胀系数；Δt_1、Δt_2 分别为齿轮、箱体的工作温度与标准温度 20℃ 之差；α_{n} 为齿轮法向压力角。

考虑以上两因素，齿轮副的最小法向侧隙为

$$j_{\mathrm{bn\,min}} = j_{\mathrm{bn1}} + j_{\mathrm{bn2}} \tag{11-3}$$

2. 齿厚上极限偏差 E_{sns} 的确定

为了获得最小法向侧隙 $j_{\mathrm{bn\,min}}$，齿厚应保证有最小减薄量，可类比选取 E_{sns} 值，也可参考下述方法计算选取。

当主动轮与被动轮齿厚都做成最大值即做成上极限偏差时，可获得最小法向侧隙 $j_{\mathrm{bn\,min}}$。通常取两齿轮的齿厚上极限偏差相等，此时可有

$$j_{\mathrm{bn\,min}} = 2\left|E_{\mathrm{sns}}\right|\cos\alpha_{\mathrm{n}} \tag{11-4}$$

因此

$$E_{\mathrm{sns}} = j_{\mathrm{bn\,min}}/(2\cos\alpha_{\mathrm{n}}) \tag{11-5}$$

按式 (11-5) 求得的 E_{sns} 应取负值。

3. 齿厚公差和齿厚下极限偏差 E_{sni} 的确定

当对最大侧隙有要求时，齿厚下极限偏差 E_{sni} 也需要控制，此时需进行齿厚公差 T_{sn} 计算。齿厚公差的选择要适当，公差过小势必增加齿轮制造成本；公差过大会使侧隙加大，使齿轮反转时空程过大。因此齿厚公差 T_{sn} 可按式 (11-6) 计算：

$$T_{sn} = 2\tan\alpha_n\sqrt{F_r^2 + b_r^2} \tag{11-6}$$

式中，F_r 为径向跳动公差；b_r 为切齿径向进刀公差，其推荐值 1.26IT8、IT9、1.26IT9、IT10 分别对应齿轮精度等级 6、7、8、9。因此，齿厚下极限偏差 E_{sni} 为

$$E_{sni} = E_{sns} - T_{sn} \tag{11-7}$$

齿轮齿厚减薄会使公法线长度变短，可改用测量公法线长度偏差的办法来代替齿厚。

用公法线长度极限偏差 E_w 控制齿厚 (公法线长度极限偏差分为上极限偏差 E_{ws} 和下极限偏差 E_{wi})。

公法线即基圆上的切线，公法线长度 W 是指跨 K 个轮齿的异侧齿形两平行切线之间测得的距离。公法线长度偏差是由于机床分度蜗轮偏心，导致齿坯转速不均匀，引起齿面左右切削不均匀所造成的齿轮切向长周期误差。公法线长度偏差是指在齿轮一转范围内，实际公法线长度最大值与最小值之差，即 $E_w = W_{max} - W_{min}$，如图 11.15(a) 所示。公法线长度极限偏差 E_w 不同于公法线长度变动量 F_w。E_w 是反映齿厚减薄量的另一种方式，而 F_w 则反映齿轮的运动偏心，属传递运动准确性的误差。

机械制造实践中，大模数齿轮常采用测量齿厚偏差，中、小模数和高精度齿轮采用测量公法线长度偏差来控制齿轮副的侧隙。齿厚偏差的变化必然引起公法线长度的变化。测量公法线长度同样可以控制齿侧间隙。

公法线长度的上极限偏差和下极限偏差与齿厚偏差有如下关系：

$$\begin{cases} E_{ws} = E_{sns}\cos\alpha_n \\ E_{wi} = E_{sni}\cos\alpha_n \end{cases} \tag{11-8}$$

F_w 可用公法线千分尺来测量，如图 11.15(b) 所示。

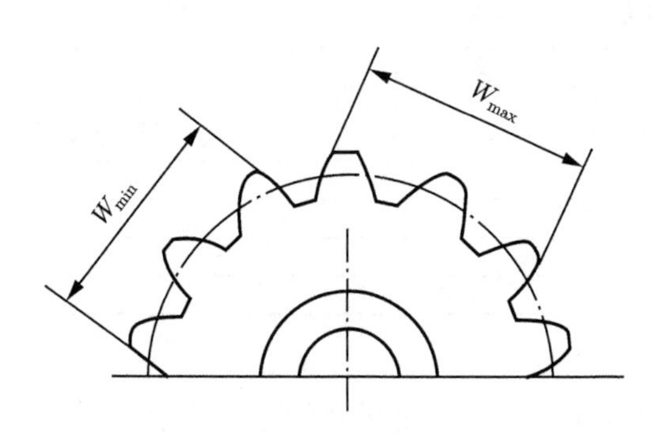

(a) 公法线长度极限偏差E_w

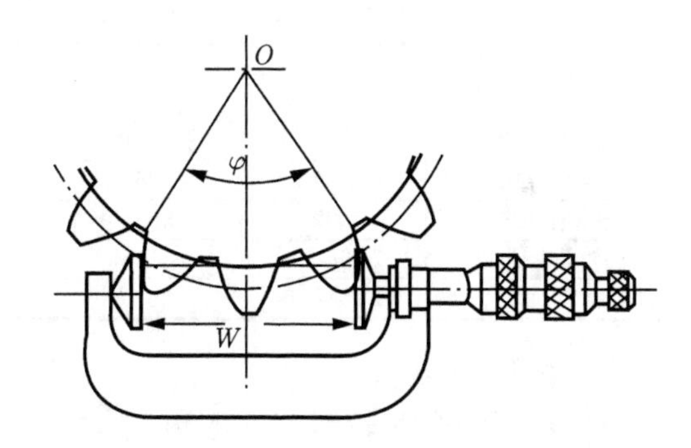

(b) 用公法线千分尺测量F_w

图 11.15　公法线测量

11.6.3 轮齿检验项目的确定

评定齿轮传递运动的准确性需检验齿轮径向和切向两方面的误差。同时能揭示径向误差和切向误差的是综合指标，如切向综合偏差 F_i'、齿距累积总偏差 F_p、齿距累积偏差 F_{pk}；只能揭示径向误差或切向误差两者之一的是单项指标，如径向综合总偏差 F_i''、齿圆径向跳动 F_r。使用时，可选用一个综合指标或两个单项指标的综合 (但两个指标中，必须径向指标与切向指标各选一个) 来评定，这样才能全面地反映误差对传递运动准确性的影响。

国家标准规定：切向综合总偏差 F_i' 和一齿切向综合偏差 f_i' 是推荐检验项目，但不是强制性检验项目。齿廓和螺旋线的形状偏差和倾斜偏差 ($f_{f\alpha}$、$f_{H\alpha}$、$f_{f\beta}$、$f_{H\beta}$)，有时作为有用的参数和评定值，但不是必检项目。因此评价单个齿轮质量的检验项目应该主要是齿距偏差 (f_{pt}、F_p)、齿廓总偏差 F_α、螺旋线总偏差 F_β 和齿厚偏差 E_{sn}，其中齿厚偏差由设计者按齿轮副侧隙计算确定。生产实际中，供需双方可根据 ISO 标准及我国多年来的生产实践和目前齿轮生产的质量控制水平，依据齿轮的应用场合、生产批量和检测手段确定检验项目并进行评定。

11.6.4 齿轮齿面表面粗糙度、轮齿接触斑点

1. 齿轮齿面表面粗糙度

齿轮各主要表面粗糙度可参考表 11.5，齿轮各基准面的表面粗糙度可参考表 11.6。

表 11.5 齿轮齿面表面粗糙度 *Ra* 推荐值 单位：μm

等级	Ra/μm			等级	Ra/μm		
	模数 m_n/mm				模数 m_n/mm		
	$m_n < 6$	$6 < m_n < 25$	$m_n > 25$		$m_n < 6$	$6 < m_n < 25$	$m_n > 25$
1		0.04		7	1.25	1.60	2.00
2		0.08		8	2.00	2.50	3.20
3		0.16		9	3.20	4.00	5.00
4		0.32		10	5.00	6.30	8.00
5	0.50	0.63	0.80	11	10.00	12.50	16.00
6	0.80	1.00	1.25	12	20.00	25.00	32.00

表 11.6 齿轮各基准面的表面粗糙度 *Ra* 推荐值 单位：μm

<table>
<tr><td rowspan="2">各面的粗糙度 Ra</td><td colspan="7">齿轮的精度等级</td></tr>
<tr><td>5</td><td>6</td><td colspan="2">7</td><td>8</td><td colspan="2">9</td></tr>
<tr><td>齿面加工方法</td><td>磨齿</td><td>磨或珩齿</td><td>剃或珩齿</td><td>精插精滚</td><td>插齿或滚齿</td><td>滚齿</td><td>铣齿</td></tr>
<tr><td>齿轮基准孔</td><td>0.32~0.63</td><td>1.25</td><td colspan="3">1.25~2.5</td><td colspan="2">5</td></tr>
<tr><td>齿轮轴基准轴颈</td><td>0.32</td><td>0.63</td><td colspan="2">1.25</td><td colspan="3">2.5</td></tr>
<tr><td>齿轮基准端面</td><td>1.25~2.5</td><td colspan="3">2.5~5</td><td colspan="3">3.2~5</td></tr>
<tr><td>齿轮顶圆</td><td>1.25~1.5</td><td colspan="6">3.2~5</td></tr>
</table>

2. 接触斑点

对于装配好的齿轮副，在轻微的制动下，运转后的齿面上分布的接触擦亮痕迹，称为接触斑点，如图 11.16(a) 所示。

检测刚安装好 (在箱体内或试验台上) 的产品齿轮副在轻微制动下运转所产生的接触斑点，可评估轮齿间的载荷分布。接触斑点分布示意图如图 11.16(b) 所示。

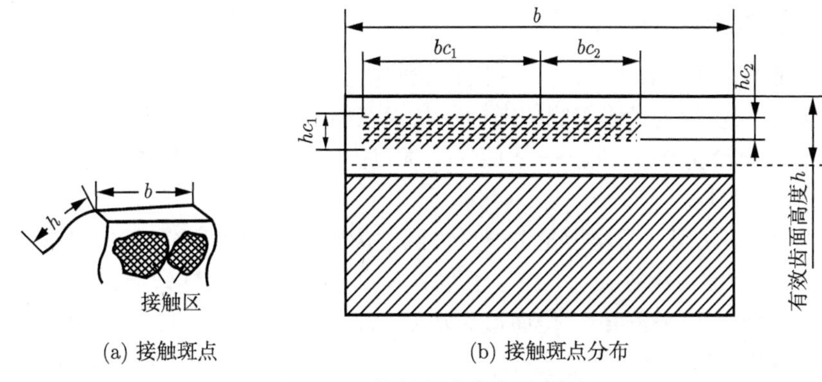

(a) 接触斑点　(b) 接触斑点分布

图 11.16　接触斑点分布示意图

bc_1-接触斑点的较大长度 (%)；bc_2-接触斑点的较小长度 (%)；

hc_1-接触斑点的较大高度 (%)；hc_2-接触斑点的较小高度 (%)

接触斑点的大小在齿面展开图上沿齿高、齿长两个方向用百分数计算。

沿齿高方向的接触斑点主要影响工作平稳性，沿齿长方向的接触斑点主要影响齿轮副的承载能力。齿轮副接触斑点综合反映了齿轮副的加工误差和安装误差，是齿轮副接触精度的综合评定指标。

作为定量和定性控制齿轮齿长方向配合精度的方法，接触斑点常用于工作现场没有检查仪及大齿轮不能装在检查仪上的场合。

11.6.5　齿轮精度等级在图样上的标注

当齿轮各使用要求的检验项目为同一精度等级时，可标注精度等级和标准号。例如，同为 8 级时，可标注为

8 GB/T 10095.1—2008

当齿轮各使用要求的检验项目的精度等级不同时，可将精度等级、偏差项目和标准号同时标注，例如，齿距累积总偏差 F_{p}、单个齿距极限偏差 f_{pt} 和齿廓总偏差 F_α 皆为 7 级精度，螺旋线偏差 F_β 为 6 级精度时，可标注为

$$7(F_{\mathrm{p}}、f_{\mathrm{pt}}、F_\alpha)—6(F_\beta)\mathrm{GB/T\ 10095.1—2008}$$

再举个例子，齿距累积总偏差 F_{p} 、径向跳动公差 F_{r} 为 8 级精度，齿廓总偏差 F_α、螺旋线总偏差 F_β 为 7 级精度时，可标注为

$$8\,(F_{\mathrm{p}})\,,7\,(F_\alpha,F_\beta)\,\mathrm{GB/T10095.1—2008}$$

$$8\,(F_{\mathrm{r}})\,\mathrm{GB/T10095.2—2008}$$

齿轮的精度等级确定后，各级精度的各项评定指标的公差 (或极限偏差) 值可查相关国家标准得到。

11.6.6　齿轮精度设计实例

圆柱齿轮精度设计一般包括：① 确定齿轮的精度等级；② 确定齿轮的应检精度指标的公差或极限偏差；③ 确定齿轮的侧隙指标及其极限偏差；④ 确定齿面的表面粗糙度参数及允许值；⑤ 确定齿轮坯公差。此外，还应包括确定齿轮副的中心距极限偏差和两轴线的平行度公差。下面举例说明。

【例 11-1】设某通用减速器齿轮中一直齿圆柱齿轮，室温为 20℃，法向模数 $m_{\mathrm{n}}=3\mathrm{mm}$，法向压力角 $\alpha_{\mathrm{n}}=20^{\circ}$，齿数 $Z=32$，齿宽 $b=20\mathrm{mm}$，孔径 $D=\phi 40\mathrm{mm}$，两轴承跨距为 85mm，中心距 $a=288\mathrm{mm}$，传递最大功率 $N=5\mathrm{kW}$，转速 $n=1280\mathrm{r/min}$，采用喷油润滑，齿轮材料为钢，线膨胀系数 $\alpha_1=11.5\times10^{-6}/^{\circ}\mathrm{C}$；箱体材料为铸铁，线膨胀系数 $\alpha_2=10.5\times10^{-6}/^{\circ}\mathrm{C}$。减速器工作时，齿轮温度增至 60°C，箱体温度增至 40°C。生产条件为小批量生产。试设计齿轮精度，并画出齿轮零件图。

解： (1) 确定齿轮精度等级。

从给定条件知该齿轮为通用减速器齿轮，由表 11.3 可以大致得出齿轮精度等级在 6~8 级，而且该齿轮既传递运动又传递动力，可按圆周速度来确定精度等级。分度圆的圆周速度为

$$v=\frac{\pi dn}{1000\times 60}=\frac{3.14\times 3\times 32\times 1280}{1000\times 60}(\mathrm{m/s})=6.43(\mathrm{m/s})$$

由表 11.4 选定该齿轮精度等级为 7 级。

(2) 用计算法确定有关侧隙指标。

① 最小法向侧隙 $j_{\mathrm{bn\,min}}$ 的确定。

减速器采用喷油润滑，齿轮圆周速度为 6.43m/s，确定：$j_{\mathrm{bn1}}=0.01m_{\mathrm{n}}=0.01\times 3=0.03(\mathrm{mm})$。

由题意得齿轮和箱体的温升为 $\Delta t_1=60℃-20℃=40℃$，$\Delta t_2=40℃-20℃=20℃$。

由式 (11-2) 得

$$\begin{aligned} j_{\mathrm{bn2}}&=a\left(\alpha_1\Delta t_1-\alpha_2\Delta t_2\right)\times 2\sin\alpha_{\mathrm{n}}\\ &=288\times\left(11.5\times10^{-6}\times 40-10.5\times10^{-6}\times 20\right)\times 2\sin 20^{\circ}=0.049(\mathrm{mm})\end{aligned}$$

由式 (11-3) 得 $j_{\mathrm{bn\,min}}=j_{\mathrm{bn1}}+j_{\mathrm{bn2}}=0.03+0.049=0.079(\mathrm{mm})$。

② 确定齿厚上极限偏差。

由式 (11-5) 得 $E_{\mathrm{sns}}=j_{\mathrm{bn\,min}}/(2\cos\alpha_{\mathrm{n}})=0.079/\left(2\cos 20^{\circ}\right)=0.042(\mathrm{mm})$。

取负值 $E_{\mathrm{sns}}=-0.042\mathrm{mm}$。

③ 计算齿厚公差。

分度圆直径 $d=m_{\mathrm{n}}\times Z=3\times 32=96(\mathrm{mm})$, 查表得 $F_{\mathrm{r}}=0.043(\mathrm{mm})$

$$b_{\mathrm{r}}=\mathrm{IT9}=0.087\mathrm{mm}$$

由式 (11-6) 得 $T_{\mathrm{sn}}=2\tan\alpha_{\mathrm{n}}\sqrt{F_{\mathrm{r}}^2+b_{\mathrm{r}}^2}=2\tan 20^{\circ}\times\sqrt{0.043^2+0.087^2}=0.071(\mathrm{mm})$。

④ 计算齿厚下极限偏差。

由式 (11-7) 得 $E_{\mathrm{sni}}=E_{\mathrm{sns}}-T_{\mathrm{sn}}=-0.042-0.071=-0.113(\mathrm{mm})$。

(3) 确定公法线长度及极限偏差。

跨齿数 $k=\dfrac{Z}{9}+0.5=\dfrac{32}{9}+0.5\approx 4$。

得公法线长度公称值：

$$W=m_{\rm n}\left[1.476(2k-1)+0.014Z\right]=3\times\left[1.476\times(2\times 4-1)+0.014\times 32\right]=32.34({\rm mm})$$

由式 (11-8) 得公法线长度上极限偏差 $E_{\rm ws}$、下极限偏差 $E_{\rm wi}$：

$$\begin{cases} E_{\rm ws}=E_{\rm sns}\cos\alpha_{\rm n}=-0.042\times\cos 20^\circ=-0.0395({\rm mm}) \\ E_{\rm wi}=E_{\rm sni}\cos\alpha_{\rm n}=-0.113\times\cos 20^\circ=-0.1062({\rm mm}) \end{cases}$$

所以公法线的要求为 $32.34_{-0.1062}^{-0.0395}$mm。

(4) 确定检验项目及其公差。

该齿轮属于小批量生产，中等精度，无特殊要求，没有对局部范围提出更严格的噪声、振动要求，根据有关推荐的齿轮检验组可选用检验项目 $F_{\rm p}$、$\pm f_{\rm pt}$、F_α、F_β、$E_{\rm sn}$。由相关国家标准查得 $F_{\rm p}=0.053$mm，$\pm f_{\rm pt}=\pm 0.012$mm，$F_\alpha=0.016$mm，$F_\beta=0.015$mm，$E_{\rm sn}$ 的上、下极限偏差由上面的计算结果可知：$E_{\rm sns}=-0.042$mm，$E_{\rm sni}=-0.113$mm。

(5) 确定齿坯精度。

① 内孔尺寸公差：公差为 IT7。按基孔制，其尺寸公差带为 $\phi 40{\rm H7}\left(^{+0.025}_{0}\right)$，尺寸公差与形状公差采用包容要求。

② 齿顶圆直径公差：齿顶圆不做为测量齿厚的基准，尺寸公差按 IT11 给定。齿顶圆直径为 $d_{\rm a}=m_{\rm n}(Z+2)=3{\rm mm}\times(32+2)=102$mm，所以齿顶圆尺寸公差带为 $\phi 102{\rm h11}\left(^{0}_{-0.22}\right)$。

③ 端面圆跳动公差和径向圆跳动公差：端面圆跳动公差和径向圆跳动公差均为 0.018mm。

④ 齿坯表面粗糙度：查表 11.5 和表 11.6 得齿面的 Ra 为 1.25μm，齿坯内孔的 Ra 为 1.25 ~ 2.5μm，基准端面的 Ra 为 2.5 ~ 5μm。

齿轮的工作图如图 11.17 所示。

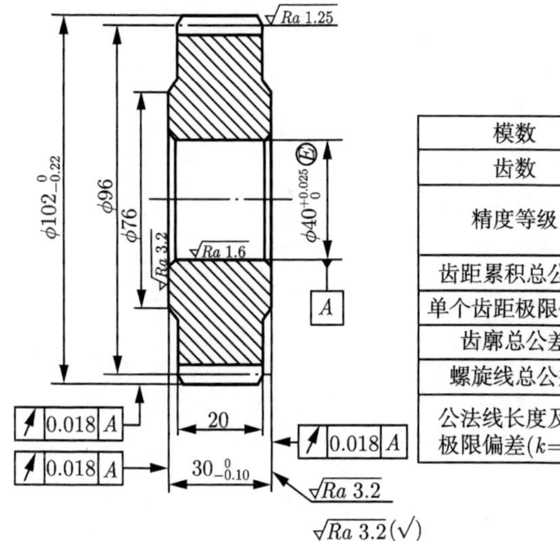

模数	$m_{\rm n}$	3
齿数	Z	32
精度等级	8($F_{\rm p}$), 7(F_α,F_β,$f_{\rm pt}$)GB/T 10095.1—2008 7($F_{\rm r}$)GB/T 10095.2—2008	
齿距累积总公差	$F_{\rm p}$	0.053
单个齿距极限偏差	$\pm f_{\rm pt}$	±0.012
齿廓总公差	F_α	0.016
螺旋线总公差	F_β	0.015
公法线长度及其极限偏差(k=4)	$32.34_{-0.1062}^{-0.0395}$	

图 11.17　齿轮工作图示例

习 题 11

11-1 某直齿圆柱齿轮图样上标注了 7(F_p), 6(f_{pt}、F_α、F_β)GB/T 10095.1—2008，法向模数 $m_n = 3$mm，法向压力角 $\alpha_n = 20°$，齿数 $Z = 32$，齿宽 $b = 30$mm，该齿轮加工后经测量的结果为：$F_p = 0.04$mm，$F_\alpha = 0.010$mm，$F_\beta = 0.015$mm，$f_{pt} = 0.008$mm，试判断该齿轮的精度指标的合格性。

11-2 有一标准直齿圆柱齿轮减速器，室温为 20℃，其功率为 5kW，小齿轮最高转速为 $n = 750$r/min。法向模数 $m_n = 3$mm，大、小齿轮齿数分别为 $Z_2 = 79$，$Z_1 = 20$，法向压力角 $\alpha_n = 20°$，齿宽 $b = 60$mm。箱体材料为铸铁，线膨胀系数 $\alpha_{L1} = 10.5 \times 10^{-6}/°C$，齿轮材料为钢，线膨胀系数为 $\alpha_{L2} = 11.5 \times 10^{-6}/°C$。工作时齿轮最大温升至 60°C，箱体最大温升至 40°C，小批量生产。试对该齿轮进行精度设计，绘出齿轮的工作图。

11-3 简述圆柱齿轮传动的精度设计过程。

第 12 章　机械精度设计实例

机械精度设计是机器设计的重要一环。不管是复杂精密的飞机、火箭，还是如减速器这类比较简单的机械，都需要考虑概念设计、结构工艺设计以及精度设计。当进行精度设计时，不仅需要考虑如何实现机械的功能需求，还要考虑它能否按要求制造出来。现实中百分之百精度的机械是不可能实现的。精度设计的任务就是使用有关极限配合、几何公差、表面粗糙度等项目，表达对机械的各部分在制造时的允许误差，从而制造出满足各项性能指标的机械。

12.1　零件图中的精度设计

12.1.1　零件图中精度确定的方法及原则

零件图中的基准、公差项目、公差数值需要根据零件各部分尺寸在机械中的作用来确定，主要用类比法确定，必要时还需要尺寸链的计算验证。

1. 尺寸公差的确定方法

理论上，零件图上的每一个尺寸都应标注出公差，但这样做会使零件图的尺寸标注失去清晰性，不利于突出那些重要尺寸的公差数值。因此，一般的做法是只对重要尺寸和精度要求比较高的主要尺寸标注出公差数值。这样可使制造人员把主要精力集中于主要尺寸上，而对于非主要尺寸，或者精度要求比较低的部分，可不标出公差值，或在技术要求中进行统一说明。

在零件图中，主要尺寸是指装配图中参与装配尺寸链的尺寸，这些尺寸一般都具有较高的精度要求，其误差对机械精度以及力学性能影响比较大。还有一类工作尺寸，其精度对力学性能有直接影响，例如，水下推进系统的螺旋桨叶片可直接影响推进系统的效率，并且影响螺旋桨的噪声水平，尽管它们不参与装配尺寸链，但需要严格控制其误差。

确定并标注各部分公差项目的顺序很重要，若不按要求的顺序进行，往往会造成公差项目混乱，或精度要求不协调，在需要高精度的地方精度不高；相反在不重要的部分反倒精度很高，甚至出现标注不全或重复标注的现象。当选择确定零件精度时，按尺寸公差、几何公差、表面粗糙度的顺序进行。应尽量做到设计基准、工艺基准及测量基准重合，分析时区分出主要尺寸与次要尺寸，这样可以优先保证主要尺寸中的关键部分。

确定零件的公称尺寸以后，需要对尺寸精度做出选择，即选择适当的尺寸公差。可从以下几个方面考虑。

(1) 对于装配图中已经标注出配合关系及精度要求的，一般直接从装配图中的配合及公差中得出。

(2) 对于装配图中没有直接要求的尺寸，但它是主要配合尺寸，在零件图中影响设计基准、定位基准以及机械的工作精度，须按尺寸链计算，以求出尺寸公差值，如基准的不重合误差等。

(3) 为了方便加工，对于测量的工艺基准、与配合相关的尺寸公差，需要通过尺寸链计算出公差。如轴两端面的中心孔，有的仅用于磨削或测量用。

2. 几何公差的确定方法

几何公差对机械的使用性能有很大影响。在精度设计中，用几何公差与尺寸公差共同保证零件的精度。正确选择几何公差项目和合理确定公差数值，能保证零件的使用要求，同时经济性好。确定零件图中的几何公差可以从以下几个方面考虑。

(1) 从保证零件尺寸精度考虑，对于零件图中有较高尺寸公差要求的部分，一般根据尺寸精度，给出对应的几何公差等级。如与轴承内圈配合的轴颈部分尺寸，为保证接触良好，需给出该轴的圆度和素线的直线度或圆柱度要求。

(2) 机械的配合面有运动要求的，或装配图中有性能要求的，根据性能要求给予几何公差。例如，机床导轨面支撑滑动的工作台运动，从运动及承载要求考虑，其平面误差对性能影响较大，因此提出平面度要求。

(3) 对于尺寸之间及主要尺寸与基准之间 (设计基准、工艺基准、测量基准) 需控制位置的，以及基准不重合可能引起误差的，则根据它们之间的相对位置要求，用尺寸链计算出所需几何公差。

一般情况下，几何公差的确定可参考尺寸公差等级，直接查几何公差表得出。对于工作部分尺寸，必须根据机械的工作精度要求和尺寸链计算确定。需要注意，不要求对图中每一个尺寸给出几何公差，只需要给出并标注制造时需要保证的有关尺寸，或者对机器工作精度影响较大的尺寸。对于未注几何公差部分，可以根据未注几何公差的规定保证。

3. 表面粗糙度的确定方法

零件图中标注尺寸公差及几何公差后，需确定出控制表面质量的指标——表面粗糙度。表面粗糙度主要从以下几个方面考虑选取。

(1) 根据零件图中尺寸公差、几何公差等级所对应的表面粗糙度，用查表法直接给出。

(2) 在力学性能上有专门要求的，需根据使用要求专门给出。如滑动轴承配合面用 Ra、Rz 来保证工作时油膜厚度的均匀性。

12.1.2 零件图精度设计实例

1. 轴类零件精度设计

【例 12-1】有一球面蜗杆轴，材料为 42CrMo，零件图如图 12.1 所示，试进行零件图的精度设计。

解：蜗杆轴为一球面蜗杆。工作尺寸为环面螺旋部分；定位基准为两端 $\phi140$ 轴颈，用于安装支承定位；工艺基准为两端中心孔，用于车削和磨削加工；连接部分主要为两边 $\phi90$ 处的单键连接，用于动力的输入及输出。

(1) 尺寸公差。

① 工作尺寸。350、$R274.125$、$\phi151.75$ 等，按蜗杆蜗轮啮合计算，为设计理论尺寸，若偏离理论尺寸，就会直接造成机械工作精度降低甚至机械无法工作。其误差是原理性误差，应从机械工作原理分析其误差的允许值。因此，工作尺寸精度应优先确定。

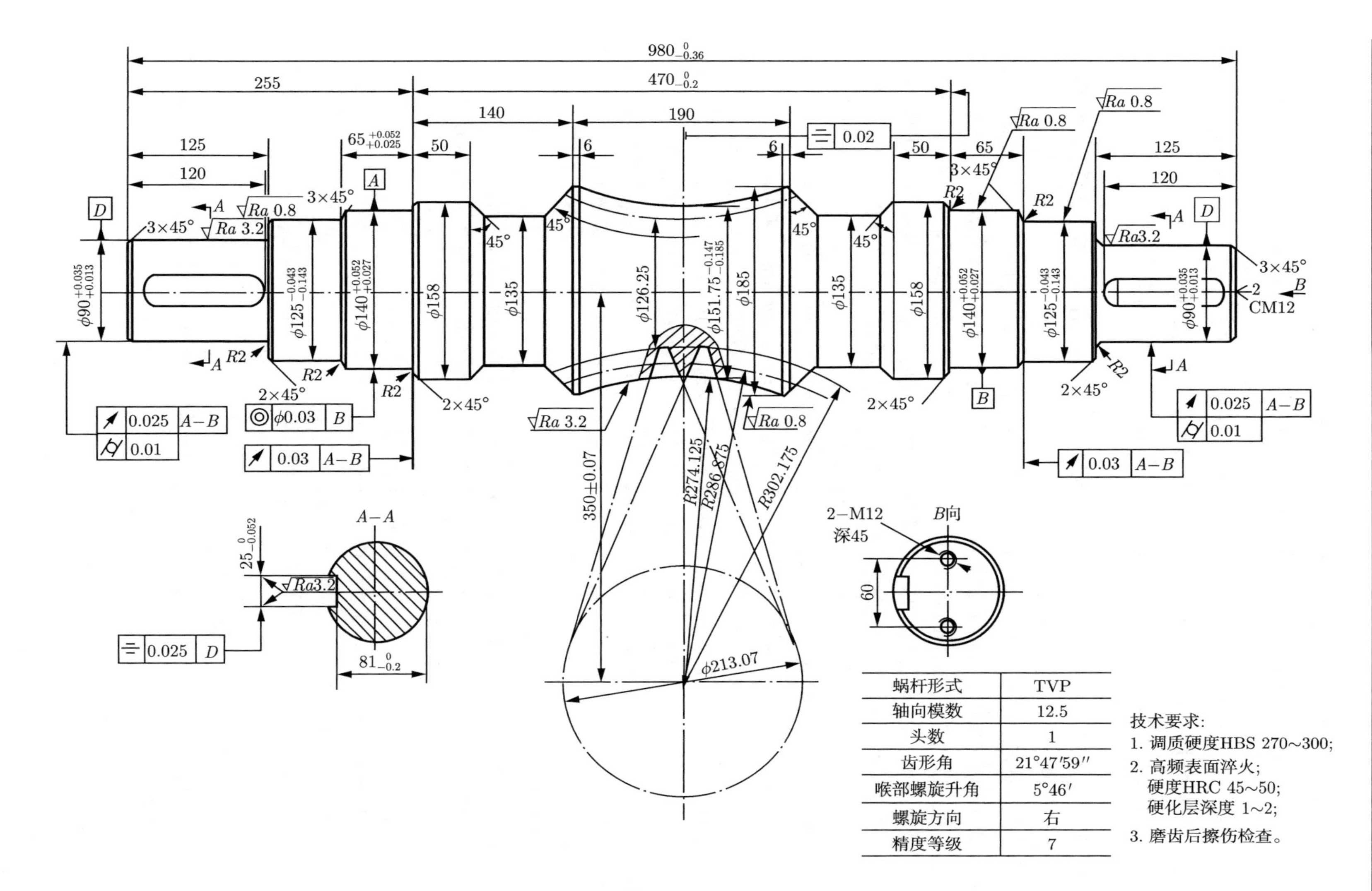

蜗杆形式	TVP
轴向模数	12.5
头数	1
齿形角	21°47′59″
喉部螺旋升角	5°46′
螺旋方向	右
精度等级	7

技术要求:

1. 调质硬度HBS 270~300;
2. 高频表面淬火;
   硬度HRC 45~50;
   硬化层深度 1~2;
3. 磨齿后擦伤检查。

图 12.1　球面蜗杆轴示例图(材料为42CrMo)

② 起基准作用的尺寸。两端 $\phi 140$、装配设计标准 470，在总体设计时已经确定，可直接从装配图中得到；左端轴向 65，为轴向加工、装配调整时的基准，可通过尺寸链计算求得；工作测量基准为两端中心孔。

③ 其他主要尺寸。两端处的 $\phi 90$、单键宽 25 为连接尺寸，标注尺寸时可直接从配合图上以及标准中选择；$\phi 125$ 为一般精度尺寸，直接查手册及装配图。

④ 一般尺寸公差。按未注公差标注即可，但要注意尺寸的完整性。

(2) 几何公差项目及公差值。

① 工作部位。加工蜗杆工作面时，需轴向对刀，可根据蜗杆的工作精度要求，查阅设计手册以及计算得出，取对称度值为 0.02。

② 基准。径向以两端 $\phi 140$ 轴线为设计基准，保证两处 $\phi 140$ 同时加工，用同轴度 $\phi 0.03$ 限制；左端 65 端面限制轴向 470，确保蜗杆的轴向对刀精度，用端面圆跳动公差值 0.03 限制。

③ 其他主要部位。连接处圆柱面及单键的标注为传递动力和运动，考虑传递精度及配合，用对 $\phi 140$ 轴线的端面圆跳动值 0.025 保证运动传递的精度，用圆柱度值 0.01 保证配合面的配合质量 (也可以用圆度和直线度共同限制圆柱面的形状误差)；单键宽 25 必须对称于 $\phi 90$ 轴线，可根据配合精度要求查表，取对称度值 0.025。

考虑蜗杆径向尺寸精度为 IT6，轴向尺寸除 65 为基准尺寸外，没有过高的要求。工作部分根据蜗杆工作精度、装配等要求，给出对称度 0.02；其余按查表法求得。

采用查表法确定几何公差精度等级。整个轴向尺寸公差为 IT6，以尺寸公差等级为参考，可确定各处几何公差。分析如下：$\phi 140$ 两处因为相距较远，以其轴线为设计基准，宜降 1~2 级，故选 7 级同轴度；$\phi 90$ 圆柱度、径向跳动公差同样因为基准为轴线，其精度需降 1 级，确定为 7 级；两处端面圆跳动在轴向不易保证，需降 1 级，确定为 7 级；单键槽尺寸公差为 IT9，选对称度为 8 级即可。根据所选几何公差等级，查手册确定公差数值，必要时还需用尺寸链验算。

(3) 表面粗糙度。

根据主要尺寸的尺寸公差等级及几何公差等级，可查阅相应的手册确定。

对于轴类零件，应根据轴类回转体的主要特征进行轴类零件的精度设计，需注意以下问题。

① 外圆基本为主要尺寸，应优先保证；轴向尺寸公差较低。

② 设计基准一般为轴线，工作面往往为外圆柱面。

③ 外圆柱面之间一般需要有同轴度要求。

④ 设计基准若与加工基准不重合，须控制轴线的不重合度，可以用同轴度、径向跳动等项目。

2. 孔类、箱体类零件精度设计

【例 12-2】某常用铣床主轴箱减速器壳体为一铸件，零件图如图 12.2 所示，试进行零件图的精度设计。

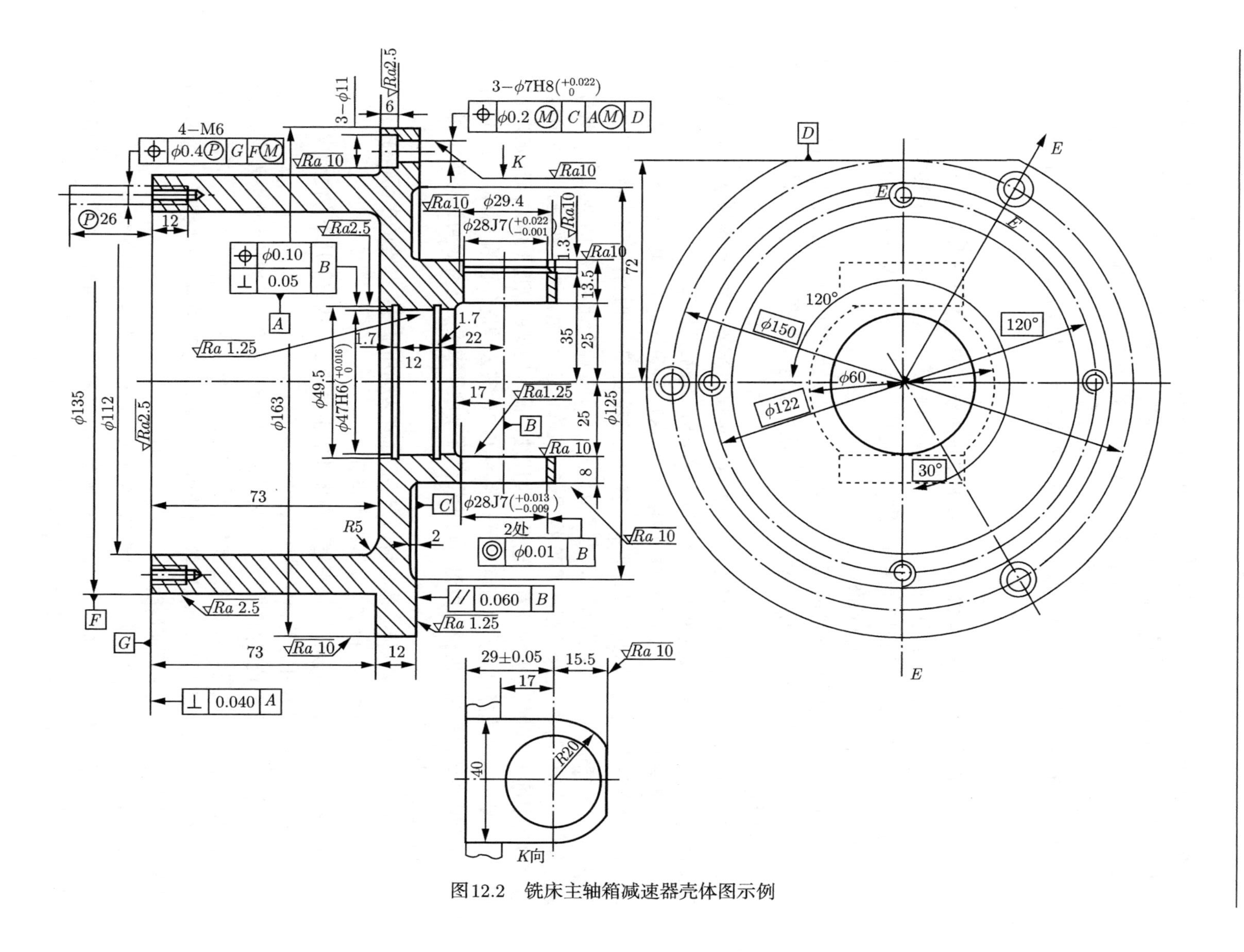

图12.2　铣床主轴箱减速器壳体图示例

解：本零件需优先保证的尺寸为孔 ϕ47H6、$2-\phi$28J7、位置尺寸 29 以及其轴线间的位置关系，它们对铣床主轴的精度影响较大，应优先保证，因此以它们为基准容易满足设计上的要求；右端面 C、左端面 G 为重要的定位基准，也应作为重要的部位用几何公差保证。

(1) 尺寸公差。孔 ϕ47、$2-\phi$28、$3-\phi$7 等为重要尺寸，可从装配图中查得，位置尺寸 29 从设计时的精度计算求得，或者根据精度要求查手册求得。一般尺寸公差可按未注公差标注。

(2) 几何公差。

① 工作部位。需要对孔 ϕ47H6、$2-\phi$28J7 的轴线间的几何关系优先保证。首先，根据零件在铣床中的使用特点，选孔 $2-\phi$28J7 的公共轴线 B 为基准，对孔 ϕ47H6 提出轴线须交叉并垂直的要求，计算并查设计手册，取垂直度值为 0.05，位置度值为 ϕ0.10；其次，孔 $2-\phi$28J7 须同轴，提出同轴度要求 ϕ0.01。

② 定位部分。定位可分右端面 C、左端面 G，它们是连接其他部件的基准，也对铣床主轴的运动精度有较大的影响。因此，对 C、G 两处应给出定向公差，并以孔 ϕ47H6、$2-\phi$28J7 的轴线为基准。

③ 其他部分。安装部分 4—M6、$3-\phi$7H8 需要保证连接可靠，达到精度要求，取位置度保证其要求，位置度的数值可直接查手册计算得出，最后再验算。

对于工作部位 ϕ47H6、$2-\phi$28J7，其中 $2-\phi$28J7 为设计基准，其几何公差对铣床主轴的工作精度影响比较大，因此应从严控制，参照尺寸精度 IT7 和设计的工作精度要求，其同轴度可比尺寸精度高 1 级，为 6 级，查表取值为 ϕ0.01；ϕ47H6 对 B 的垂直度为线对线要求，保证比较困难，与孔尺寸精度 IT6 级相比，宜降低 1~2 级，选 8 级垂直度为 0.05，其位置度可根据工作的精度要求计算，也可用类比法，比较同类的精度取值，可选定为 ϕ0.10；两端面较易加工，选择对应的垂直度和平行度为 IT7，其公差值分别为 0.040、0.060 即可。

对于其余螺孔和光孔的位置度值，可根据装配精度要求确定，保证可装配性即可。

(3) 表面粗糙度。

根据尺寸公差等级及几何公差等级，查手册选取表面粗糙度；基准的表面粗糙度要求可参考几何公差的等级要求，也可以从手册中查到。

对于孔类零件的精度设计，可根据孔类零件的主要特征，从如下几个方面考虑。

① 孔自身的主要尺寸公差，一般按配合要求取值。

② 孔的位置及方向较难控制，是几何公差的主要控制项目，可参考尺寸公差等级给出定位公差和定向公差的等级，必要时还要进行尺寸链的计算验证。

③ 设计基准及工艺基准应根据零件的使用要求确定，以基准重合为原则，尽量以箱体或孔的端面为基准，以利于保证精度。

④ 孔的位置、方向常用几何公差中的平行度、垂直度、位置度等作为控制项目。

最后，查看全部尺寸，进行必要的尺寸链校验，按精度设计的原则进行检查，检查其完整性、重点精度的保证情况以及公差数值是否均衡。

12.2　装配图中的精度设计

12.2.1　装配图中公差与配合确定的方法及原则

1. 精度设计中公差配合的选用方法

装配图中的配合关系在图纸设计中占有较为重要的地位。一般来说，装配图除标明各部件的位置关系和结构外，很重要的一点，就是确定各零部件之间的配合关系，特别是决定机械工作精度及性能方面的尺寸，要注意标明它们之间的配合关系。否则，机械的性能是无法保证的。

当进行装配图设计时，确定公差与配合的方法有类比法、计算法和试验法。计算法和试验法是通过计算或者试验的手段，确定出配合关系的方法，具有可靠、精确、科学的特点，但是须花费大量的费用和时间，不太经济。类比法是根据零部件的使用情况，参照同类机械已有配合的经验资料确定配合的一种方法。其基本特点是统计调查，调查同类型相同结构或类似结构零部件的配合及使用情况，再进行分析类比，进而确定其配合。

类比法简单易行，所选配合注重于继承过去设计及制造的实际经验，而且大都经过了实际验证，可靠性高，又便于产品系列化、标准化生产，工艺性也较好。因此，在公差配合的确定上一直以类比法作为一种行之有效的方法。本章讨论如何使用类比法进行精度设计。

2. 精度设计中公差与配合的选用原则

(1) 在一般情况下，优先选用基孔制配合，其轴的公差等级应比相应的孔的等级高一级。

(2) 当零部件与标准件配合时，以标准件为配合基准；当标准件为轴类时，按基轴制配合，当标准件为孔类时，按基孔制配合。如零件与滚动轴承的配合关系。

(3) 当多孔与同一轴配合，且轴为同一公称尺寸时，宜选基轴制配合。

(4) 对于公称尺寸为大尺寸之间的配合，可按基孔制配合，也可按基轴制配合。

(5) 对于不须标注配合的孔轴部分，按基孔制配合对待。

(6) 孔轴的公差等级还应考虑配合性质，是间隙配合还是过渡配合、过盈配合。在同样情况下，过渡配合、过盈配合应比间隙配合的公差等级高。

在装配图精度设计中，公差配合与机械的工作精度及使用性能要求密切相关。选用公差与配合时需要对设计制造的技术可行性和制造的经济性进行综合考虑，选用原则上要求保证机械产品的性能优良，制造上经济可行。也就是说，公差与配合，即精度要求的确定，应使机械的使用价值与制造成本综合效果达到最好。因此说，选择的好坏将直接影响力学性能、寿命及成本。

例如，仅就加工成本而言，对某一零件，当公差为 0.08 时，用车削就可达到要求；当公差减小到 0.018 时，车削后还需增加磨削工序，相应成本将增加 25%；当公差减小到只有 0.005 时，需按车削、磨削、研磨工序加工，其成本是车削时的 5~8 倍。由此可见，在满足使用性能要求的前提下，不可盲目地提高机械精度。

公差与配合的选用应遵守有关公差与配合标准。国家标准所制定的尺寸公差、几何公差、表面粗糙度，是一种科学的机械精度表示方法，它便于设计和制造，可满足一般精度设计的选择要求。在精度设计时，应经过分析类比，按标准选择各精度参数。

12.2.2 精度设计中的误差影响因素

当实际设计时，影响配合的因素是比较难以定量确定的，一般从如下几方面综合考虑。

1. 热变形的影响

国家标准中的公差与配合的数值均为标准温度为 20℃ 时的值。当工作温度不是 20℃ 时，特别是孔、轴温度相差较大或采用不同线膨胀系数的材料时，应考虑热变形的影响。这对于在低温或高温下工作的机械尤为重要。

【例 12-3】有一铝制活塞与钢制缸体的配合，其公称尺寸为 $\phi 150$mm。工作温度：缸体为 $t_{\mathrm{h}} = 120$℃，活塞为 $t_{\mathrm{s}} = 185$℃；线膨胀系数：缸体为 $\alpha_{\mathrm{h}} = 12 \times 10^{-6}/$℃，活塞为 $\alpha_{\mathrm{s}} = 24 \times 10^{-6}/$℃。要求工作时，间隙量保持在 0.1~0.3mm。试选择装配时的配合。

解：工作时，由热变形引起的间隙量的变化为

$$\delta = 150 \times \left[12 \times 10^{-6} \times (120 - 20) - 24 \times 10^{-6} \times (185 - 20)\right] = -0.414(\mathrm{mm})$$

装配时的间隙量应为

$$\delta_{\min} = 0.1 + 0.414 = 0.514(\mathrm{mm})$$
$$\delta_{\max} = 0.3 + 0.414 = 0.714(\mathrm{mm})$$

按装配时的最小间隙和基孔制配合，选择基本偏差为 a 系列，查表得

$$a = -520\mu\mathrm{m}$$

$$T_{\mathrm{f}} = 0.3 - 0.1 = 0.2(\mathrm{mm}), \quad T_{\mathrm{f}} = T_{\mathrm{h}} + T_{\mathrm{s}}$$

公差分配按

$$T_{\mathrm{h}} = T_{\mathrm{s}} = 100\mu\mathrm{m}$$

查公差表取精度为 IT9，得配合为

$$\phi 150\mathrm{H9/a9}, \quad \delta_{\min} = 0.52\mathrm{mm}, \quad \delta_{\max} = 0.72\mathrm{mm}$$

2. 尺寸分布的影响

尺寸分布与加工方式有关。一般大批量生产或用数控机床自动加工时，多用调整法加工，尺寸分布可接近正态分布。而正态分布往往靠近对刀尺寸，这个尺寸一般在公差带的平均位置上，如图 12.3(a) 所示；而单件小批量生产时，采用试切法加工，加工者加工出的孔、轴尺寸的分布中心多偏向最大实体尺寸，如图 12.3(b) 所示。因此，对同一配合，是用调整法加工还是用试切法加工，其实际的配合间隙或过盈有很大的不同，后者往往比前者紧得多。

例如，某单位按国外图纸生产铣床，原设计规定齿轮孔与轴的配合用 $\phi 50\mathrm{H7/js6}$，生产中装配工人反映配合过紧而装配困难，而国外样机此处配合并不过紧，装配时也不困难。从理论上说，这种配合的平均间隙为 +0.0135，获得过盈的概率只有千分之几，应该不难装配。分析后发现，由于生产时用试切法加工，其平均间隙要小得多，甚至基本都是过盈。此后，将配合调整为 $\phi 50\mathrm{H7/h6}$，则配合得很好，装配也较容易。

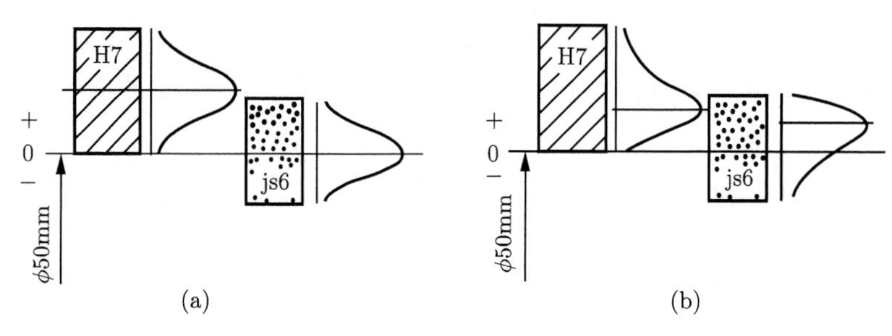

图 12.3　尺寸分布特性对配合的影响

3. 装配变形

在机械结构中，常遇到套筒变形问题。如图 12.4 所示，套筒外表面与机座孔的配合为过渡配合 $\phi70\text{H7/m6}$，套筒内表面与轴的配合为间隙配合 $\phi60\text{H7/f7}$。由于套筒外表面与机座孔的配合有过盈。当套筒压入机座孔后，套筒内孔即收缩，直径变小。当过盈量为 0.03 时，套筒内孔可能收缩 0.045，若套筒内孔与轴之间原有的最小间隙为 0.03，则由于装配变形，此时将有 0.015 的过盈量，不仅不能保证配合要求，甚至无法自由装配。

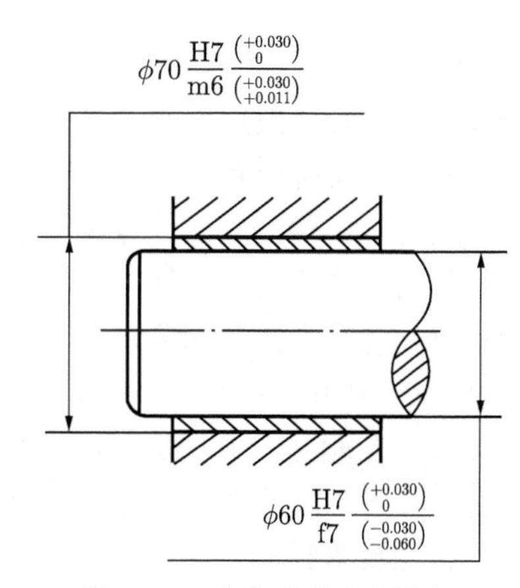

图 12.4　有装配变形的配合

一般装配图上规定的配合应是装配以后的要求，因此，对有装配变形的套筒类零件，在绘图时，应对公差带进行必要的修正。例如，将内孔公差带上移，使孔的尺寸加大，或用工艺措施保证。若装配图上规定的配合是装配以前的要求，则应将装配变形的影响考虑在内，以保证装配后达到设计要求。对于图 12.4 所示的配合，可在零件图中将套筒内孔 $\phi60\text{H7}\left(^{+0.030}_{0}\right)$ 的公差带上移 +0.045，变为 $\phi60\left(^{+0.075}_{+0.045}\right)$，即可满足设计要求。

4. 精度储备

进行机械设计时，不仅要考虑机构的强度储备，即安全系数的取值，还需要考虑机械的使用寿命，也就是要在重要配合部分留有一定的允差储备，即精度储备。

精度储备可用于孔、轴配合，特别适用于间隙配合的运动副。此时的精度储备主要为磨损储备，以保证机械的使用寿命。如某精密机床的主轴，经过试验，间隙在 0.015 以下时都能正常工作而不降低精度，那么可以在设计时，将间隙确定为 0.008，这样可以保证在正常使用一定时间后，间隙仍不会超过 0.015，从而保证了机床的使用寿命。

5. 配合确定性系数 η

可用配合确定性系数 η 来比较各种配合的稳定性。配合确定性系数为

$$\eta=\frac{Z_{\text{av}}}{T_{\text{f}}/2} \tag{12-1}$$

式中，Z_{av} 为平均间隙或过盈；T_{f} 为配合公差。

对于间隙配合，$\eta \geqslant 1$，当最小间隙为零时，$\eta = 1$；而对于所有其他间隙配合，$\eta > 1$。对于过渡配合，$-1 < \eta < 1$。对于过盈配合，$\eta \leqslant -1$。因此，按 η 的取值可以比较配合性质及其确定性。

例如，比较 ϕ50H7/g6 和 ϕ50H8/d6 配合的稳定性。对于 ϕ50H7/g6，有 $\eta_1 = \dfrac{29.5}{41/2} \approx 1.44$；对于 ϕ50H8/d6，有 $\eta_2 = \dfrac{119}{78/2} \approx 3.05$。虽然前者的公差等级比后者高，但就配合的稳定性来说，后者比前者高。

在精度设计时，应根据实际情况，找出对公差与配合影响最大的因素，应避免面面俱到、不分主次，陷入个别烦琐而费时的公式推导或计算中。

12.2.3 装配图精度设计实例

装配图精度设计一般用类比法进行类比，经过设计计算，查阅有关设计手册，并综合各方面影响因素后，可确定有关配合及精度。在精度设计时，要理论联系实际，多进行实际调研对比，然后进行必要的理论计算，对于复杂的机械设计，还需要进行必要的试验验证。总之，精度设计是一个系统性、综合性、复杂性的工程，一定要认真对待。

在分析确定各结合部分的公差与配合时，应从保证机械工作的性能要求开始，反向推算出各结合部分的极限配合要求。具体方法是找出机械制造误差的传递路线，特别是影响力学性能的各处尺寸及配合，也就是寻找主要尺寸。

装配图精度设计一般按如下顺序进行：主要配合件、定位件、基准、非关键件。设计时要逐一分析，按要求标注，不可遗漏。

【例 12-4】某圆锥齿轮减速器如图 12.5 所示，设计输入功率 $P = 4$kW，转速 $n = 1800$r/min，减速比 $i = 1.9$，工作温度 $t = 65$℃。试进行装配图精度设计。

解：圆锥齿轮减速器为一种常见结构形式，其工作时需运转平稳，动力传递可靠。该装配图的配合关系较简单，经过设计计算，查阅设计手册，并且对比同类减速器的精度要求及配合，选择齿轮精度为中等精度等级 8 级。

在本例中，其主要作用尺寸为主动轴、单键 $\rightarrow$ ϕ40 配合面 $\rightarrow$ 两个滚动轴承 7310E$\rightarrow$ 齿轮孔与主动轴 ϕ45、单键连接 $\rightarrow$ 主动锥齿轮 $\rightarrow$ 从动锥齿轮 $\rightarrow$ 齿轮孔 ϕ65 与从动轴、单键连接 $\rightarrow$ 从动轴 $\rightarrow$ 从动轴支承两个轴承 7312E$\rightarrow$ 连接尺寸 ϕ50 及单键连接。它们所形成的这一作用链主要影响减速器的性能及精度，由它们形成的尺寸即为主要配合尺寸。

工作部位直接决定了齿轮能否正常平稳地工作，啮合是否正常，因此，应首先确定其精度和配合。确定锥齿轮，查阅齿轮设计等有关手册，可以确定为 8 级精度；两种轴承为 7310E、7312E，可根据负荷大小、负荷类型及运转时的径向跳动等项目，查阅手册确定两种均为 6x 级精度。

(1) 齿轮孔与传动轴的配合 (ϕ65H7/r6，ϕ45H7/r6)。齿轮孔与传动轴的配合为一般光滑圆柱体孔、轴配合，根据配合基准选用的一般原则，优先选用基孔制，可确定配合为基孔制。该配合有单键附加连接以传递转矩，工作时要求耐冲击，且要便于安装拆卸。对于这类配合，一般不允许出现间隙，因此适宜稍紧的过渡配合 (指公差带过盈概率较大的过渡配合)。为保证齿轮精度，可以对照齿轮的精度等级要求，选择齿轮孔的精度等级为 7 级，然后，按工艺等价的原则，选择相配合的轴等级为 IT6 级。

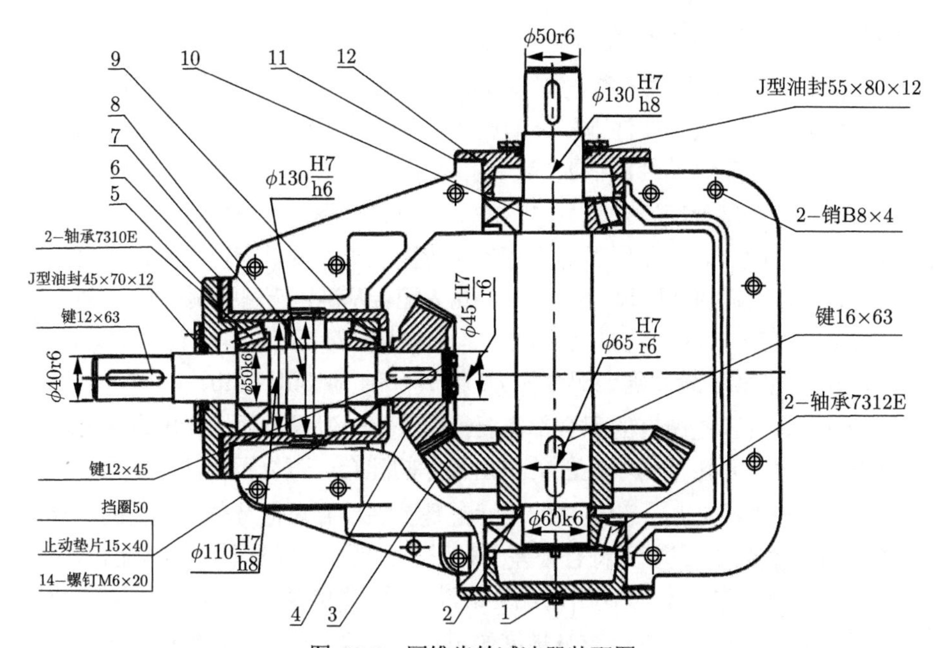

图 12.5　圆锥齿轮减速器装配图

1, 5, 12-轴承端盖；2, 9-轴套；3-从动锥齿轮；4-主动锥齿轮；6, 11-调整垫片；

7-轴承套杯；8-主动轴；10-从动轴

因此，对于图例所选的 ϕ65H7/r6、ϕ45H7/r6，从安装的角度分析，安装拆卸比较困难，所选过盈配合偏紧，但是配合稳定性好。本例也可选小过盈配合 ϕ65H7/p6、ϕ45H7/p6 或选偏于过盈的过渡配合 ϕ65H7/n6、ϕ45H7/n6。

齿轮孔与轴间的单键在工作时起传递转矩及运动的功能，为一常用多件配合。其毂 (这里指齿轮孔部件)、轴共同与单键侧面形成同一尺寸的配合，按多件配合的选用原则，用基轴制配合，键宽为共同尺寸，查设计手册，可直接选键与轴键槽、键与轮毂槽的配合均为 P9/h9。

(2) 支承定位部分。滚动轴承有两种：7310E(ϕ50/ϕ110) 和 7312E(ϕ60/ϕ130)。已经初步确定了轴承精度等级为 6x，减速器为中等精度，轴承对负荷的承受没有特别过高的要求，外圈承受固定负荷的作用，内圈承受旋转负荷的作用。因此，按常规的光滑圆柱体与标准件的配合规定，以轴承为配合基准，即轴承外壳孔与轴承外圈的配合按基轴制配合，内圈与轴颈的配合按类似于基孔制的配合。

对于配合性质的确定，根据承受的负荷类型及负荷大小，轴承外圈与外壳孔的配合按过渡或小间隙 (如 g、h 类) 配合，轴承内圈与轴颈的配合选有较小过盈的配合 (也可直接查表确定)，这样，外圈在工作时有部分游隙，可以消除轴承的局部磨损，内圈在上极限偏差为零的单向布置下，可保证有少许过盈，工作时可有效保证连接的可靠性。对于配合精度，可根据轴承的精度等级，查阅设计手册，直接确定外壳孔的精度等级为 IT7，轴颈的精度等级为 IT6。因此，选择外壳孔为 ϕ110H7、ϕ130H7，轴颈为 ϕ50k6、ϕ60k6。

ϕ130H7/h6 是较重要的定位件配合，起定位支承作用，支承轴承、轴等，配合间隙不可太大；为了便于安装和拆卸，按一般原则优先选用基孔制，其精度以保证齿轮、轴承的工作精度为宜，所选精度要为同级或高一级，孔可选 IT7，相应的轴为 IT6，配合性质选最小间隙为零间隙的 h 类。最终确定配合为 ϕ130H7/h6。

(3) 非关键件。非关键件并不是没有精度要求，它们同样对力学性能有影响，只是与工作部分、定位部分相比，其重要性不如它们罢了。对于非关键件的各处配合，宜在满足性能的基础上，优先考虑加工时的经济性要求。

本设计有两处非关键件配合：ϕ110H7/h8、ϕ130H7/h8。2 个端盖与轴承外壳孔处于同一尺寸的孔，为多件配合。端盖用于防尘密封，防尘密封处可以有较大允许误差。按多件配合的选用原则，应以它们的共同尺寸部件——孔为配合基准，选基孔制配合。从经济性考虑，可降低精度等级为 IT8～IT9。选择此配合时，还要考虑安装、拆卸方便。因此，选 h 或 g 小间隙均可，这里用 h8。最后确定配合为 ϕ110H7/h8、ϕ130H7/h8。

在标注配合时，并不是所有的配合都需要给出来，一般只需要标注出影响力学性能的配合尺寸，而对那些基本不影响力学性能的自由尺寸的配合，可以不予注出。

标注完极限配合与公差后，验证装配尺寸链是否满足要求也是非常重要的一环，如果不符合机械的使用性能要求，或者不符合公差分配及工艺要求，就需要调整其配合、精度等 (具体验证、计算见尺寸链部分)，以使所选配合既满足设计性能要求，又制造容易可行。

主要配合尺寸是指影响力学性能及精度的尺寸，是首先需要得到保证的尺寸。在精度设计中，公差与配合的选择应根据力学性能及工作精度要求，区分配合的主要部分和次要部分，区别哪些是主要尺寸，哪些是非主要尺寸。只有抓住影响力学性能及工作精度的主要尺寸中的关键尺寸，确定出孔、轴的配合精度等级和配合公差，才能保证整个机械的设计要求。而对于非关键件，应兼顾其经济性，适当降低精度要求，以提高其制造的经济性。

【例 12-5】某行星齿轮减速器装配图如图 12.6 所示，试进行精度设计。

解：本例为一行星齿轮减速器装配图的精度设计。这种减速器是一种常见的减速器形式，它具有传动比大、体积小、效率高、结构简单等特点。这种类型的减速器工作时要求传动平稳可靠，齿轮啮合正确，运转灵活，无大的冲击或过大的运动间隙。工作温度一般为 45～65°C。

本例中，减速器能否正常工作，运转是否正常，首先要看齿轮部分能否正确啮合。因此，精度设计应从行星齿轮件的精度入手，通过对比同类行星减速器的配合及精度要求，查阅有关设计手册，进行必要的设计计算，然后对减速器的工作精度指标进行分解，就可以给出总体精度。

对于减速器中的关键件及传动中的关键部分，孔的精度等级宜选取 IT7，相应的轴的精度等级选取 IT6 (按工艺等价原则)；而对于承受载荷较复杂、工作时运动精度要求较高的个别部件或尺寸，可考虑精度调高一级；对于齿轮精度，对比实例，查阅有关设计手册，初步取 8 级精度为宜 (即运动精度、工作平稳精度、接触精度)；对于一般部位的配合，从制造经济角度考虑，适当降低精度，可降低 1～2 级。具体工作按下面的顺序进行：工作部分及主要配合件 → 定位部分的定位件、基准 → 非关键件。

各部分可按如下划分进行配合及公差等级选择。

工作部分及主要配合件：行星齿轮件、齿圈、输入轴、输出轴。

定位部分：系列轴承、ϕ345H7/h6 处。

非关键件：端盖、透盖、ϕ90H7/f8 处等。

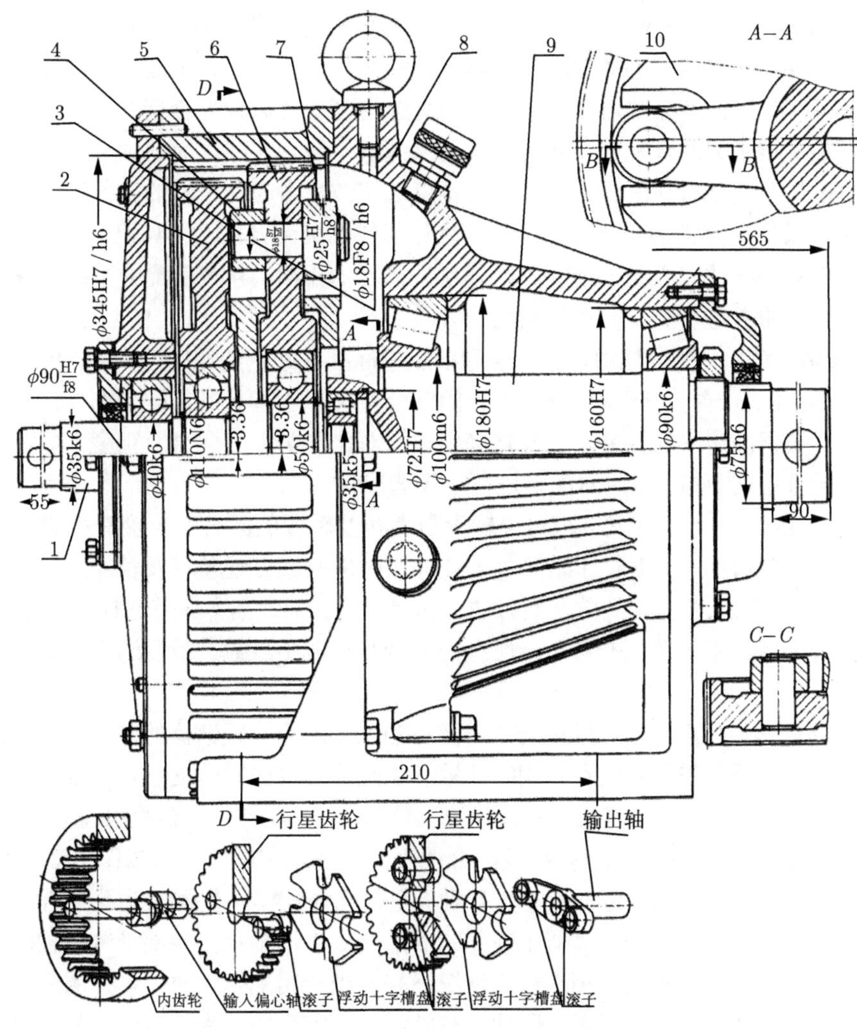

图 12.6　行星齿轮减速器装配图

1-输入偏心轴；2, 6-行星齿轮；3-销轴；4, 7-滚子；5-内齿轮；8-机座；
9-输出轴；10-十字槽盘

1) 工作部分及主要配合件

(1) 工作部分及系列支承轴承。

该减速器中首先需要控制的精度为行星齿轮件，它决定了减速器的主要性能。行星齿轮及齿圈精度已初步确定，销轴与行星齿轮、滚子为多件配合；轴承为运动的主要支承件，同时决定了轴的旋转精度。设计时，查手册并对比同类构件，以轴承承受负荷的类型、大小、转速、径向游隙等指标为设计参数，确定为 6 级轴承。配合选择如下。

① 行星齿轮件。

配合基准：销轴 $\phi18$ 与行星齿轮、滚子为多件配合，根据配合基准的选用原则，这 3 件按基轴制配合，以销轴 $\phi18$ 为配合基准。

配合性质：滚子工作时，需转动灵活，不得有卡滞现象发生，对照相同类型行星齿轮的配合，修正润滑油温度对间隙的影响，间隙应取稍大些，但不能太松，故选间隙配合 F/h；销轴与行星齿轮件工作时为一整体运动件，承受动载荷，连接可靠，不能有松动，选中等过盈配合 S/h，可有效保证连接的可靠性。配合精度选用可参考齿轮啮合精度，以及减速器的工作精度，销轴与滚子为间隙配合，孔的精度可以调低一级选 IT8，而销轴与行星齿轮为过盈配合，需对过盈量变动有较好的控制，孔的精度选 IT7，考虑孔、轴的工艺等价原则，轴可选为 ϕ18h6。最后选定销轴与滚子、销轴与行星齿轮的配合分别为 ϕ18F8/h6、ϕ18S7/h6。

ϕ25H7/h8，滚子与输出轴一起动作，需小间隙定心配合。精度及配合基准的确定可根据孔、轴的配合性质并进行类比分析后得出。

② 输入轴。壳孔、轴颈与轴承的配合可参照与标准件配合的原则，轴承外圈与壳孔配合按类似基轴制的配合选择，轴承内圈与轴颈的配合按类似于基孔制的配合选择，它们的精度及配合类型，根据减速器的性能及工作精度要求，对比同类型的配合及精度，以及轴承的精度等级，查设计手册直接选出 (本配合还可查表选出)。

ϕ160H7/ϕ90k6，一般情况下，对于轴承与壳孔及轴颈的配合，外圈有少量游隙，以利于消除滚道的局部磨损，同时便于消除外壳孔加工时的同轴度误差以及轴加工时的同轴度误差的影响，保证了轴承的径向间隙在要求的工作范围内；轴颈基本偏差选择用于过渡配合类，内圈在上极限偏差为零的单向布置下，所选的配合须形成小过盈。最后选定与轴承的配合为 ϕ160H7/ϕ90k6。

ϕ72H7/ϕ35k5，外圈与输出轴配合，内圈与输入轴配合。减速器的差速比大，外圈近似承受固定负荷，内圈承受旋转负荷，同时，轴承还是输出轴的回转支承点，要求配合精度比其他部位高一级才行。因此，该轴承精度选高一级较好，这里选 5 级轴承，轴颈的精度选择 IT5，壳孔精度选 IT7。根据配合基准及配合性质，最后选定配合为 ϕ72H7/ϕ35k5。

ϕ110N6/ϕ50k6。配合基准选择与以上轴承配合选择一样，外圈与壳孔配合按类似基轴制的配合，内圈与轴颈的配合按类似于基孔制的配合。由于轴承内圈承受输出轴的旋转负荷作用，外圈也承受旋转负荷的作用，受力情况不好，当选用配合性质时，外圈配合应基本无间隙才行，同时不能有太大的过盈。因此，与轴承外圈配合的外壳孔应选在配合时形成的过渡配合但有较大过盈概率的 N6，或选形成的是过盈配合的 P6，轴承内圈与轴颈的配合相类似，为 k6，所确定的配合 ϕ110N6/ϕ50k6 比较合理。

③ 输出轴。轴承 ϕ180H7/ϕ100m6 的配合基准选择同以上输入轴。轴承外圈承受固定负荷作用，选 H7 即可；内圈承受循环负荷作用，与输入轴轴承相比，承受负荷较大，类比以上配合 ϕ160H7/ϕ90k6，应取稍紧一点，选 m6。其精度可根据轴承的精度选择，类比以上轴承配合的精度，最后选定配合为 ϕ180H7/ϕ100m6。

(2) 与外部连接的配合。

为什么输入部分选用 ϕ35k6，而输出部分选用 ϕ75n6 呢？从转矩、转速大小考虑，输入转矩小，速度高，且有单键辅助连接以传递转矩，考虑到装配要求，选 k6 就可以了；对于输出部分，输出转矩较大，速度低 (原因是减速器差速比很大)，要求承受一定的动载荷，且便于安装、拆卸，故应选有少许过盈的配合，因此，选择在配合时能形成较大过盈概率的 ϕ75n6，当然，也可选择完全过盈的 ϕ75p6。

2) 定位部分

ϕ345H7/h6 配合为定位尺寸，以输入轴为基准，要求定位准确可靠，便于安装、拆卸，此配合基本不受力。选用基准按一般原则，确定为基孔制配合；轴基本偏差选 h，其最小配合间隙为零，能较好地保证定位要求 (当然也可选 g、j、js 等，只要能保证定位精度即可，但若过盈太大，则不易安装)。其配合精度可根据减速器的工作精度，类比同类的配合确定，这里选择孔的精度为 IT7，相应的轴的精度 IT6，最后确定配合为 ϕ345H7/h6。

3) 非关键件

ϕ90H7/f8 为非关键件，与轴承孔、轴承为多件配合，精度可适当降低，透盖选 IT8~IT9 即可。

例 12-4 和例 12-5 主要对配合性质和配合精度进行了分析，而对于设计参数与配合间关系的分析，可通过性能设计计算，综合各项性能指标，查有关设计手册取得。

从以上案例的分析求解，可以总结出装配图精度设计的工作步骤如下。

步骤 1：分析设计所给误差性能指标、工作环境等因素，类比同类部件后，通过查阅有关手册，计算各项性能参数，确定出一般零部件装配后的误差允许值。对于关键件部分，还须进行尺寸链计算。

步骤 2：依靠步骤 1 所确定的整机性能的设计要求 (几何量)，计算运动件装配后需要达到的工作精度 (这里指装配图中运动件所需达到的精度)，以及定位件配合需要的定位精度。

步骤 3：根据步骤 1、步骤 2 的结果，确定主要尺寸的配合性质 (间隙配合、过渡配合、过盈配合)、精度等级 (即极限公差的大小)、拆装要求，以及定位是否可行。查阅极限配合及公差手册，得出间隙或过盈的数值范围。

步骤 4：查极限配合及公差表，确定非关键尺寸各零件部位的极限配合类型及公差等级。如静连接件、紧固件、连接的结合面等。

步骤 5：复验各部分的配合类型及精度是否合适，极限公差分配是否合理；用装配尺寸链对主要尺寸进行验算；考察是否有非线性精度过高或关键件定位精度过低问题，是否存在定位间隙过大问题，以及是否存在过盈配合的装配问题等，最后对配合及公差进行调整。

步骤 6：对影响配合的其他方面因素进行修正。如须估计机器工作温度对配合性能的影响是多大，不同材质之间的配合与同材质配合有多大不同，确定制造方法是采用调整法加工还是试切法加工，所加工的零件尺寸分布怎样，以及设计时机械的精度储备如何等，对这些进行综合后才能对配合进行修正。

参 考 文 献

陈晓华, 2010. 机械精度设计与检测 [M]. 2 版. 北京：中国计量出版社.

甘永立, 2013. 几何量公差与检测 [M]. 10 版. 上海：上海科学技术出版社.

黄云清, 2019. 公差配合与测量技术 [M]. 4 版. 北京：机械工业出版社.

李必文, 2012. 机械精度设计与检测 [M]. 长沙：中南大学出版社.

刘斌, 2011. 机械精度设计与检测基础 [M]. 北京：国防工业出版社.

刘笃喜, 王玉, 2013. 机械精度设计与检测技术 [M]. 2 版. 北京：国防工业出版社.

刘丽鸿, 等, 2015. 公差配合与技术测量实训 [M]. 北京：北京航空航天大学出版社.

罗冬平, 2016. 互换性与技术测量 [M]. 北京：机械工业出版社.

马惠萍, 2019. 互换性与测量技术基础案例教程 [M]. 2 版. 北京：机械工业出版社.

毛平淮, 2018. 互换性与测量技术基础 [M]. 3 版. 北京：机械工业出版社.

孙全颖, 唐文明, 2014. 机械精度设计与质量保证 [M]. 3 版. 哈尔滨：哈尔滨工业大学出版社.

孙玉芹, 袁夫彩, 2007. 机械精度设计基础 [M]. 2 版. 北京：科学出版社.

王伯平, 2019. 互换性与测量技术基础 [M]. 5 版. 北京：机械工业出版社.

薛岩, 刘永田, 等, 2015. 互换性与测量技术基础 [M]. 2 版. 北京：化学工业出版社.

杨光龙, 金文中, 陈佳彬, 2020. 公差配合与测量技术 [M]. 北京：电子工业出版社.

姚海滨, 王庭俊, 2013. 机械精度设计与检测基础 [M]. 2 版. 北京：高等教育出版社.

张琳娜, 赵凤霞, 郑鹏, 2015. 机械精度设计与检测标准应用手册 [M]. 北京：化学工业出版社.

张卫, 方峻, 2021. 互换性与测量技术 [M]. 北京：机械工业出版社.

张晓宇, 刘伟雄, 2020. 公差配合与测量技术 [M]. 2 版. 武汉：华中科技大学出版社.

张也晗, 刘永猛, 刘品, 2019. 机械精度设计与检测基础 [M]. 10 版. 哈尔滨：哈尔滨工业大学出版社.

赵丽娟, 冷岳峰, 2011. 机械几何量精度设计与检测 [M]. 北京：清华大学出版社.